2021 STEP 우수 이러닝 '고용노동부장관상'
2020 STEP 우수 이러닝 '한국기술교육대총장상'
2019 훈련이수자평가 3D프린터 'A등급'
2017 훈련이수자평가 기계설계 'A등급'

인벤터 50시간 완성

《조립 · 도면편》

신동진 지음

훈련·행정·
실무 전문가
집필

NCS 기반
3D형상모델링
검토

유튜브
무료동영상
강의

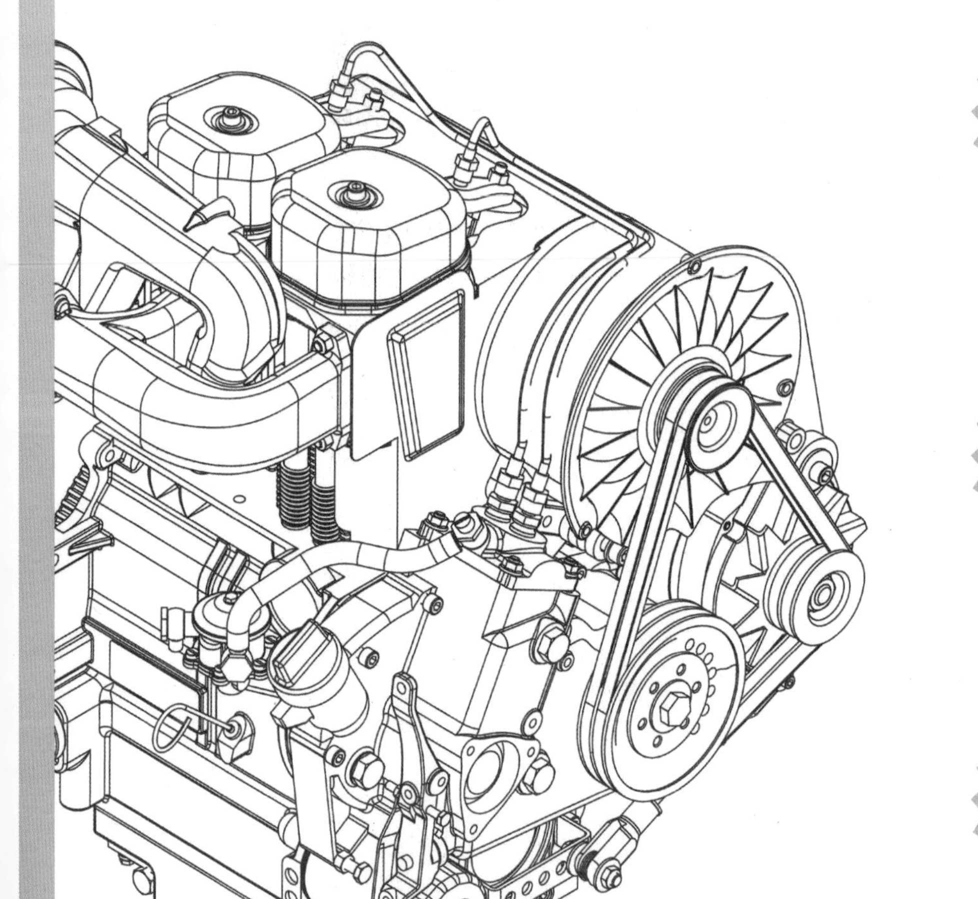

피앤피북

인벤터 50시간 완성 〈조립 · 도면편〉

초판발행 2022년 01월 07일
2쇄 2023년 11월 15일

지은이 신동진

발행인 최영민
발행처 피앤피북
주소 경기도 파주시 신촌로 16
전화 031-8071-0088
팩스 031-942-8688
전자우편 pnpbook@naver.com
출판등록 2015년 3월 27일
등록번호 제406-2015-31호

ISBN 979-11-91188-52-3 (93550)

인벤터 이제 나도 할 수 있다!

이 책을 찾아주시는 독자님들께 진심으로 감사드립니다.
수년간의 직업능력개발훈련 및 교육 노하우를 바탕으로 인벤터를 처음 접하는 독자의 입장에서 작성된 교재입니다.
효과적인 학습방법으로 높은 학업성취를 달성할 수 있도록 내용을 구성하였습니다.
또한 학습진도에 적절한 연습도면을 완성해봄으로써 단기간에 실력을 향상시킬 수 있습니다.
본 교재를 통해 인벤터 전문가로 성장할 수 있기를 기원합니다. 감사합니다.

신동진

현) 기계설계&3D프린팅 직업훈련교사
dongjinc@koreatech.ac.kr

수상

2021 STEP 우수이러닝 콘텐츠 '대상'
2020 STEP 우수이러닝 콘텐츠 '최우수상'
2019 훈련이수자평가 3D프린터 'A등급'
2018 훈련이수자평가 3D프린터 'B등급'
2017 훈련이수자평가 기계 설계 'A등급'

자격

국가/민간자격 '기계가공기능장 외 11개'
중등교사자격 '중등학교 정교사 2급(기계금속)'
직훈교사자격 '기계설계 2급 외 15개'

연수

3D Printer Fabrication Professional 외 15회

저서

오토캐드 40시간 완성
인벤터 50시간 완성〈모델링편〉
인벤터 50시간 완성〈조립/도면편〉
3D프린터운용기능사 실기 30시간 완성〈인벤터편〉

이 책을 보는 순서

PART 1 3D형상모델링 조립

PART 2 3D형상모델링 분해

PART 3 3D형상모델링 도면

3.1 조립도 및 분해도 작성 82

3.2 부품도 작성 128

PART

01

3D형상모델링 조립

SECTION

1.1 조립품 생성

학습목표
- 3D형상모델링의 관련 정보를 도출하고 수정할 수 있다.
- 각각의 단품으로 조립형상 제작 시 적절한 조립 구속조건을 사용하여 조립품을 생성할 수 있다.
- 작업환경에 적합한 템플릿을 제작하여 형식을 균일화시킬 수 있다.

1 모델링 파일 관리 중요 Point

https://cafe.naver.com/dongjinc/1101

3D모델링은 프로젝트로 진행되며 모델링 파일 관리는 매우 중요합니다. 3D모델링의 부품(ipt), 조립품(iam), 분해품(ipn), 도면(idw)은 모두 서로 연결 되어 있기 때문에 파일의 위치 또는 이름이 변경되거나 삭제될 경우 오류가 발생합니다. 따라서 1개의 프로젝트에서 저장되는 모든 파일은 1개의 폴더 안에 저장하고 관리하는 것이 좋습니다.

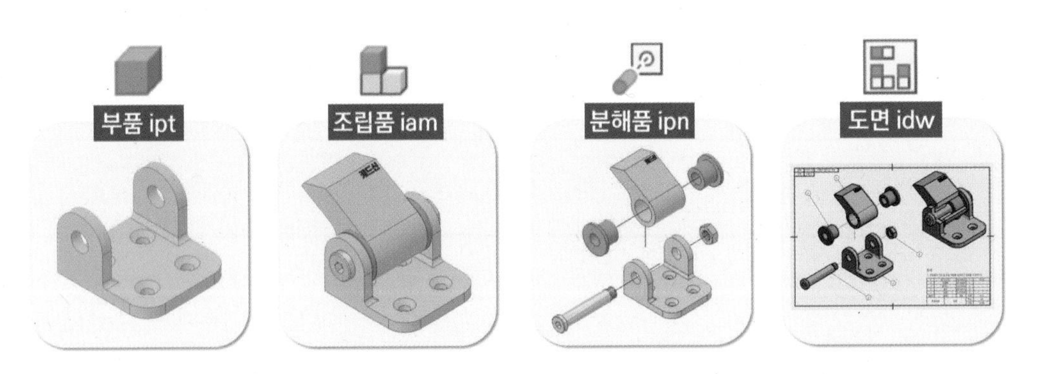

1개의 부품을 모델링한 것을 부품이라고 하며 확장자는 ipt입니다. 2개 이상의 부품을 조립한 것을 조립품이라고 하며 확장자는 iam입니다. 모든 확장자는 꼭 외우시기 바랍니다.

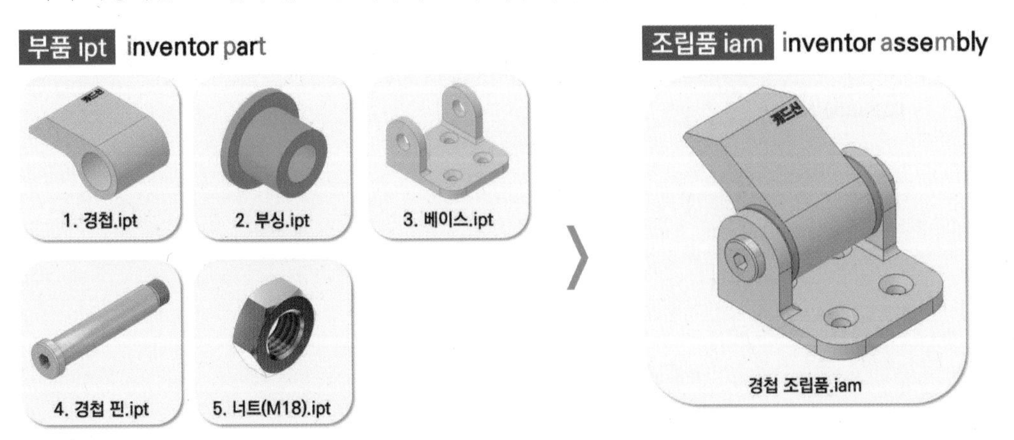

2개 이상의 부품을 분해한 것을 분해품이라고 하며 확장자는 ipn입니다.

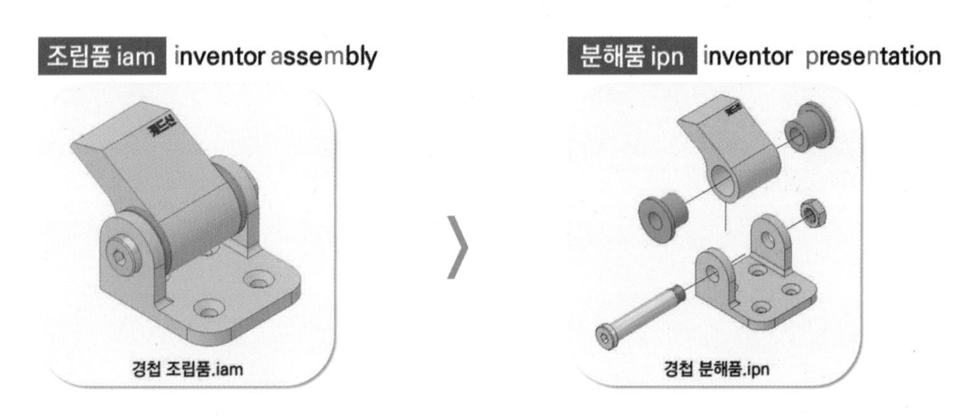

경첩 조립품.iam

경첩 분해품.ipn

1개의 부품 제작을 위한 도면을 부품도, 2개 이상의 부품을 조립한 관계를 나타낸 도면을 조립도, 분해 관계를 나타낸 도면을 분해도라고 하며 확장자는 idw입니다.

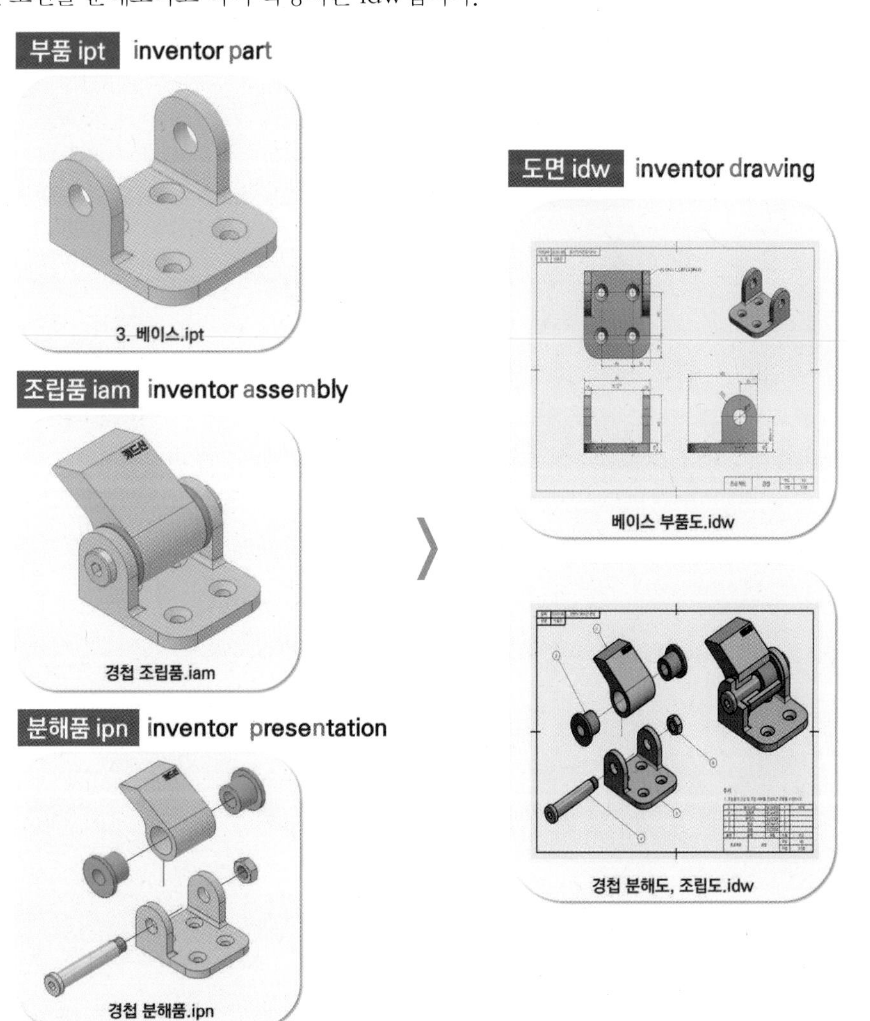

3. 베이스.ipt

경첩 조립품.iam

경첩 분해품.ipn

베이스 부품도.idw

경첩 분해도, 조립도.idw

2 조립 조건 중요 Point

우리는 일상생활에서 부품을 조립할 때 무의식중에 조립합니다. 하지만 인벤터로 부품을 조립하기 위해서는 아래와 같이 조립을 위한 조건을 사전에 구상하고 그 조건을 정확하게 적용해야 합니다.

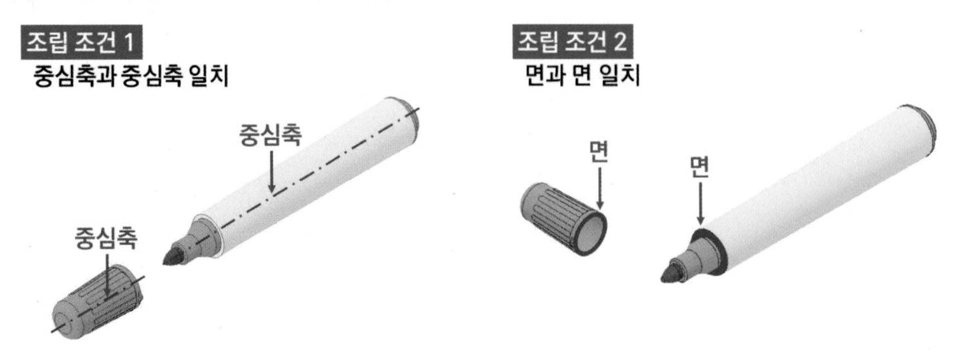

이러한 조건을 만족한다면 각 부품들이 정확하게 조립됩니다.

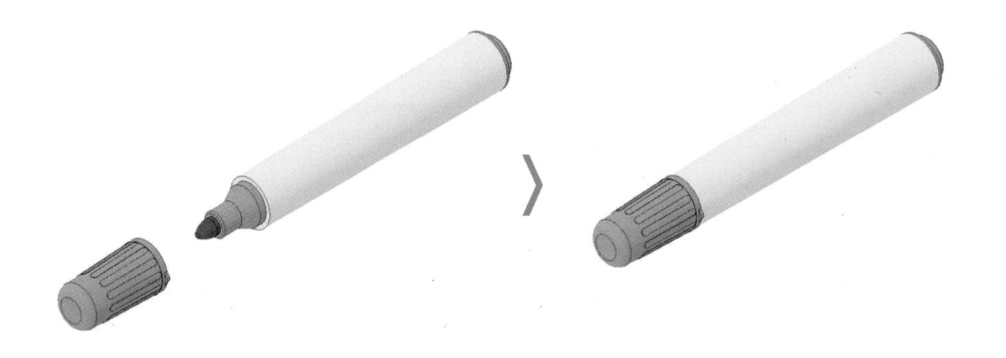

하지만 조립 조건을 중복으로 적용하거나 잘못된 조건을 적용할 경우 오류가 발생합니다.

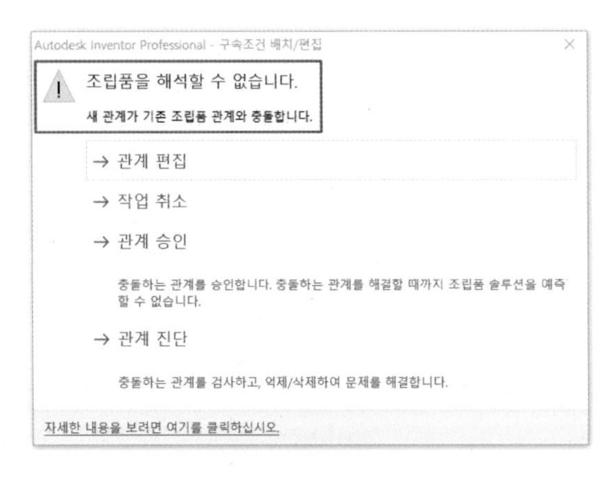

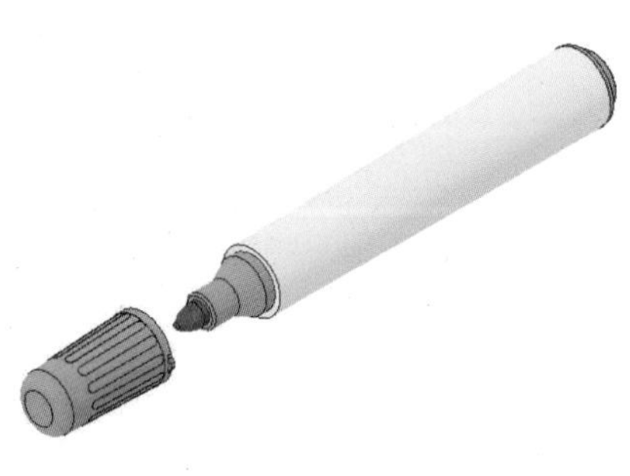

3 조립 조건 구상 중요 Point

붙임 자료 「연습도면 1. 경첩」을 보고 조립관계를 파악해서 조립을 위한 조건을 구상합니다.

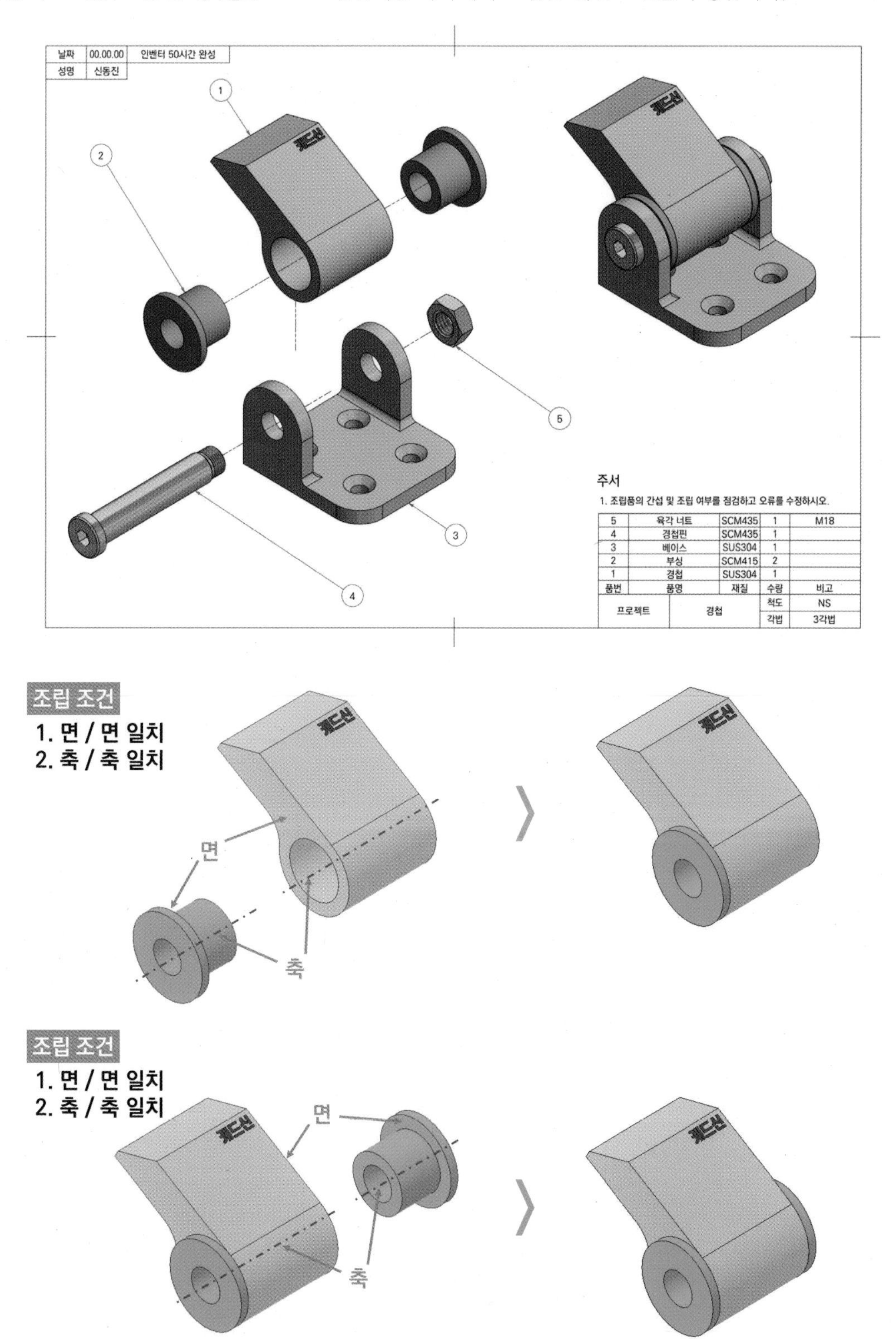

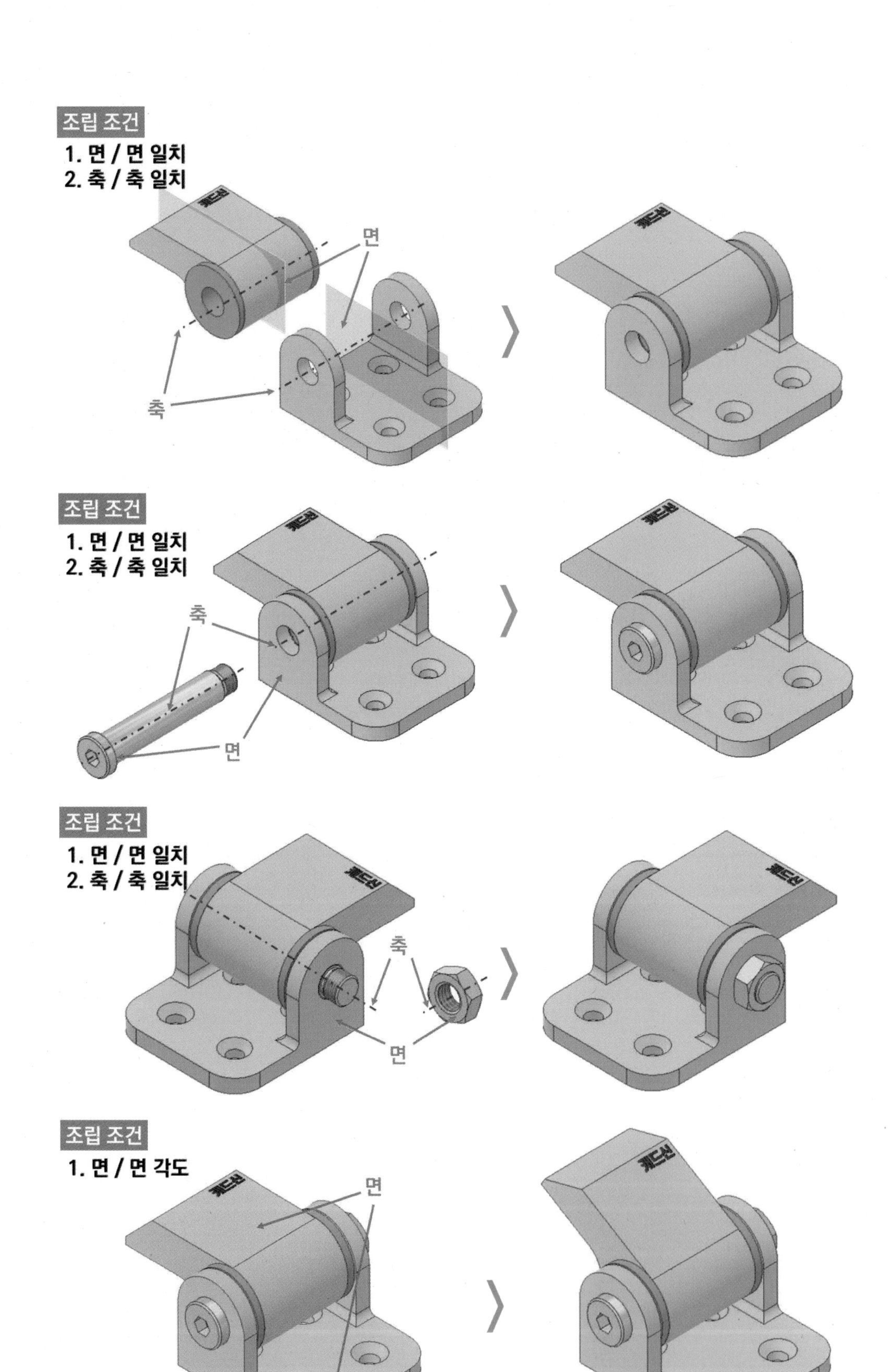
조립 조건
1. 면 / 면 일치
2. 축 / 축 일치
캐드신
면
축
캐드신
조립 조건
1. 면 / 면 일치
2. 축 / 축 일치
캐드신
축
면
캐드신
조립 조건
1. 면 / 면 일치
2. 축 / 축 일치
캐드신
축
면
캐드신
조립 조건
1. 면 / 면 각도
캐드신
면
캐드신

4 조립품 템플릿 저장 실습 Point

1 「새로 만들기」를 클릭하고 「 standard.iam」를 더블 클릭하여 실행합니다.

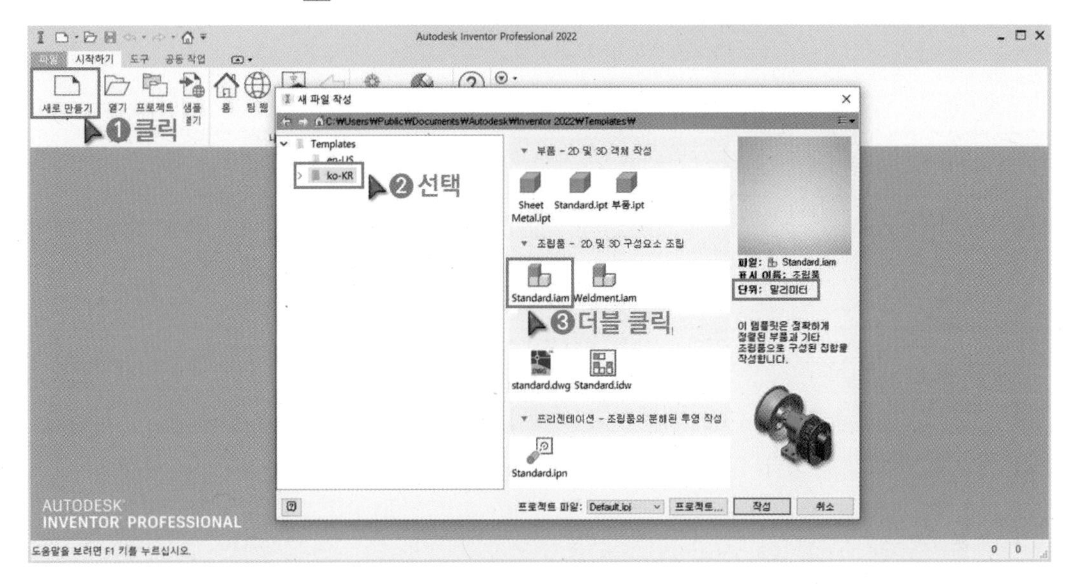

2 뷰큐브에서 마우스 우클릭하여 「옵션」을 실행합니다. 뷰큐브의 크기를 「큼」으로 선택합니다.

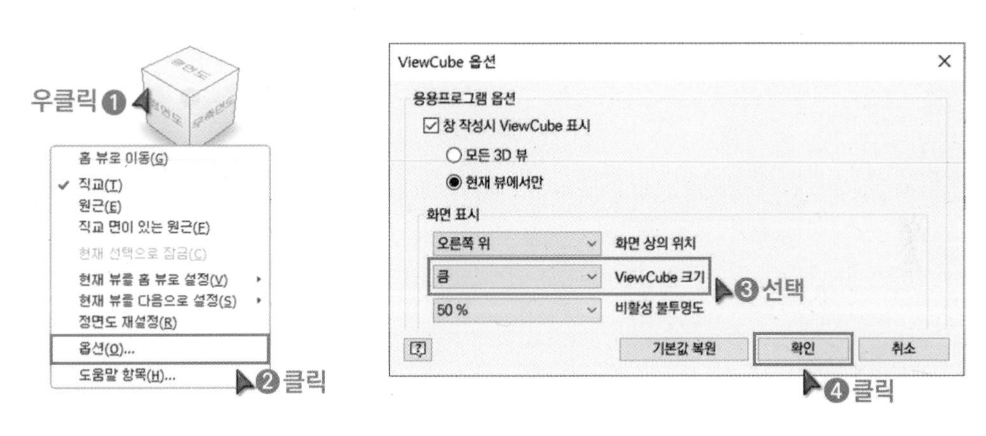

3 뷰큐브의 꼭짓점을 클릭하여 정면도, 우측면도, 평면도가 보이도록 합니다. 「뷰에 맞춤」을 클릭하여 현재 상태를 홈뷰로 설정합니다.

4 작업트리의 작업평면을 선택하고 「F2」를 눌러 뷰큐브와 동일하게 작업평면의 이름을 변경합니다. 중심점을 원점으로 변경합니다.

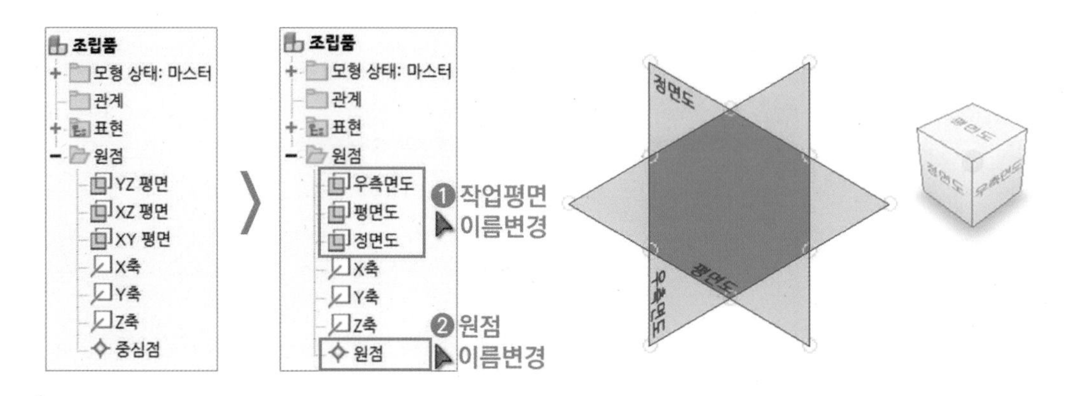

5 ☰ 드롭다운 메뉴에서 「구속조건 상태 표시」를 클릭합니다. 구속조건 상태를 표시하면 각 부품의 조립 구속 여부를 파악할 수 있습니다.

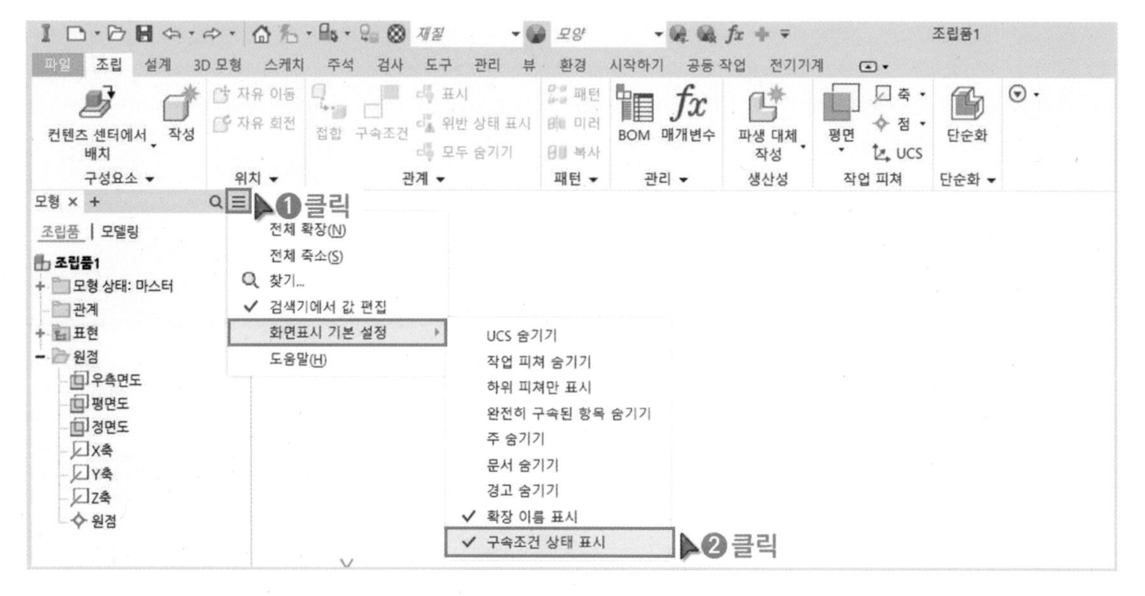

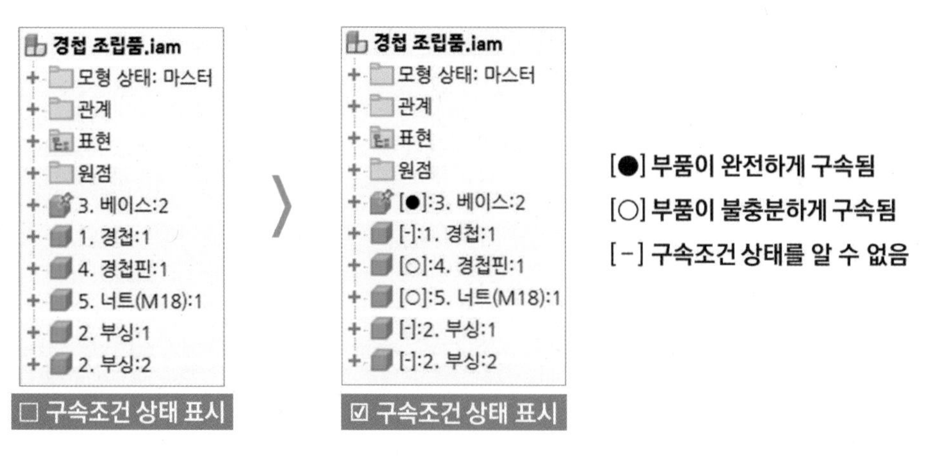

6 「문서설정」을 클릭합니다. 조립품의 형상이 잘 보이도록 「기본 라이트」, 「모서리로 음영처리」를 선택합니다. (활성 조명 스타일에 기본 라이트가 없는 경우 회색 공간을 선택)

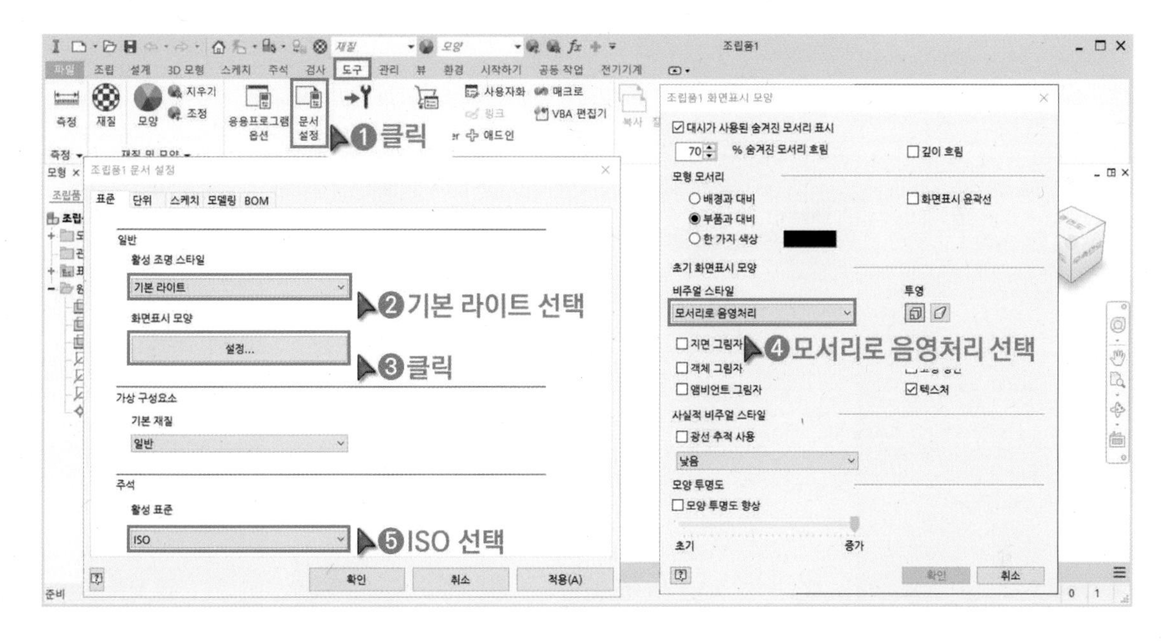

7 「템플릿으로 사본 저장」을 클릭하고 템플릿 파일 이름을 「조립품」으로 저장합니다. 템플릿 폴더의 위치는 'C:\Users\Public\Documents\Autodesk\Inventor 2022\Templates\ko-KR'입니다.

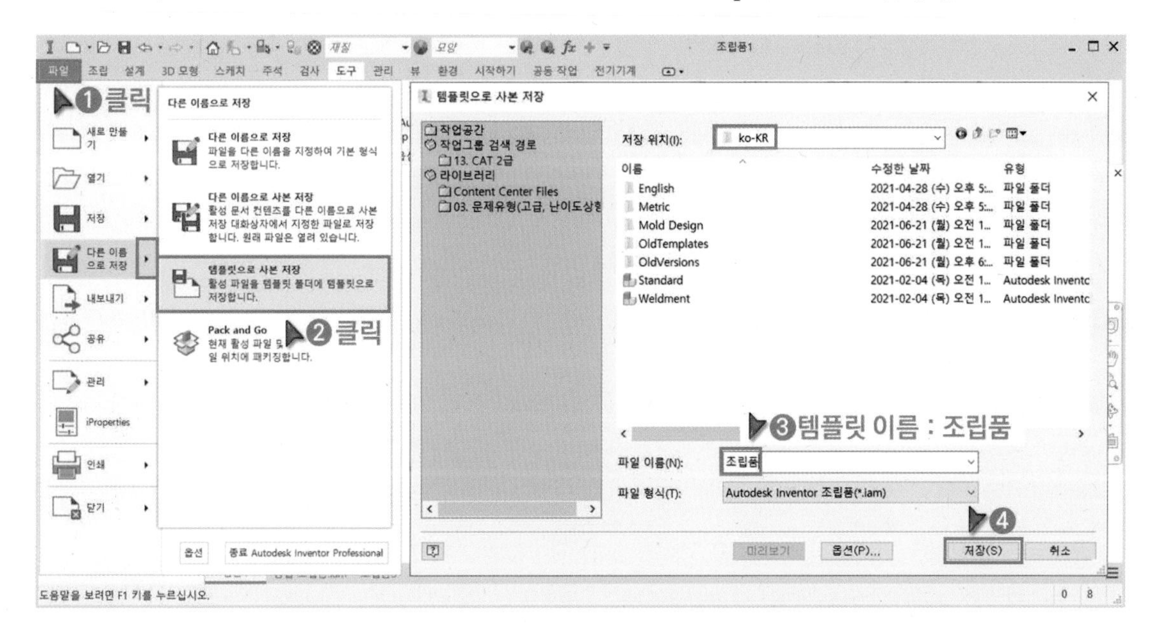

5 조립품 생성 중요 Point 실습 Point

https://cafe.naver.com/dongjinc/1102

붙임 자료의「연습도면 1. 경첩」을 참고해서 조립품(iam)을 생성합니다.

1 「새로 만들기」를 클릭하고「조립품.iam」를 더블 클릭하여 실행합니다.

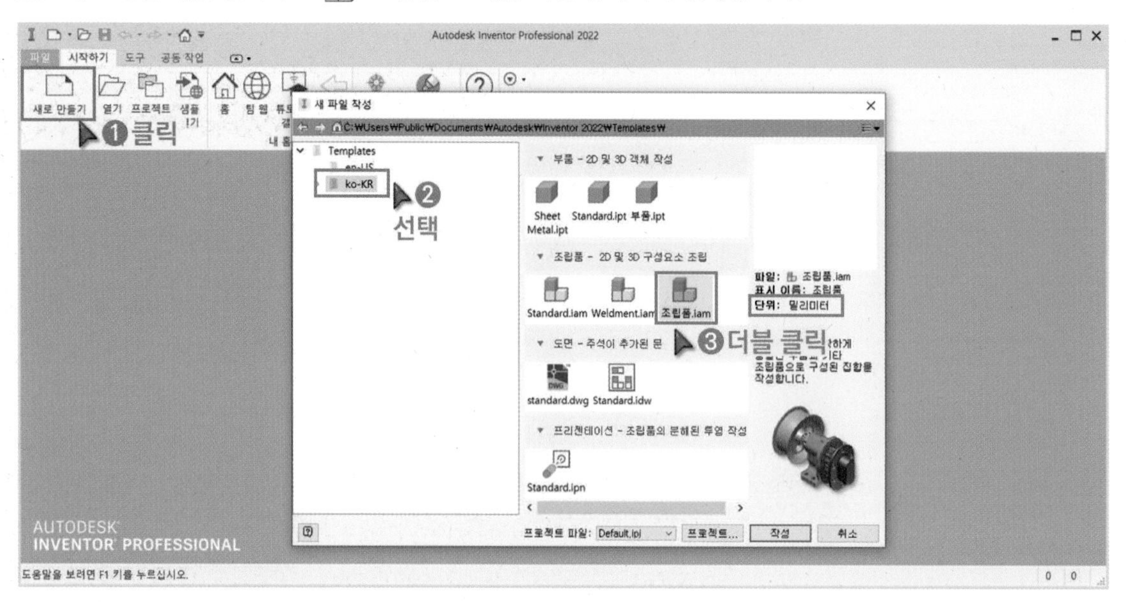

2 「연습도면1」 폴더의 「3. 베이스.ipt」 파일을 작업화면으로 드래그 앤 드롭합니다. 처음 삽입하는 부품은 고정되어 움직이지 않기 때문에 움직임이 없는 부품을 삽입해야 합니다.

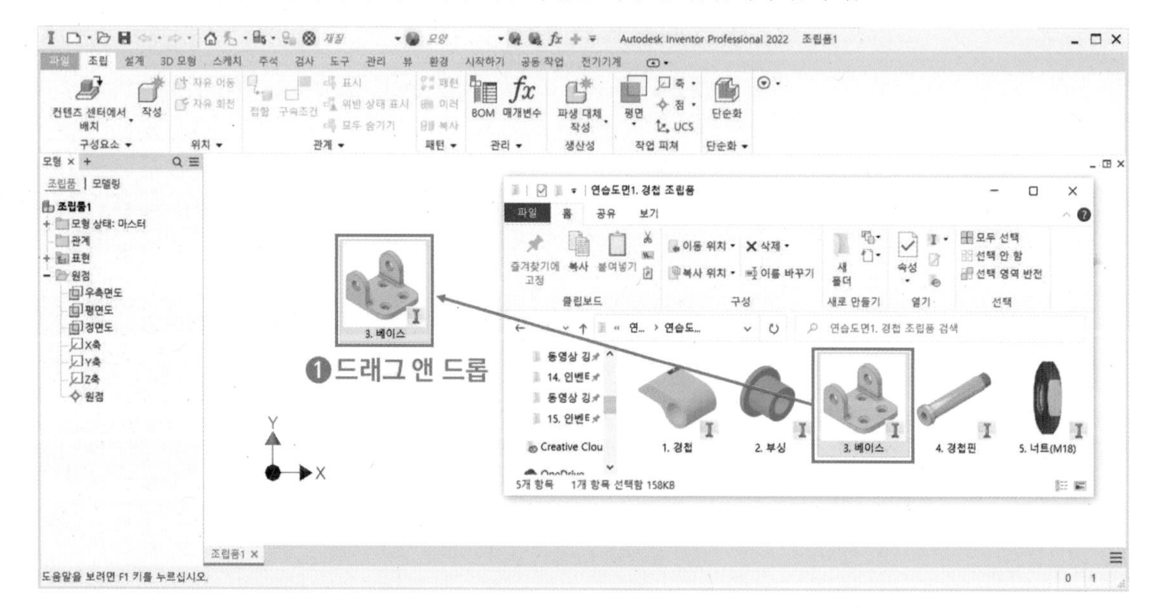

3 「 1.경첩.ipt」 파일을 작업화면으로 드래그 앤 드롭합니다.

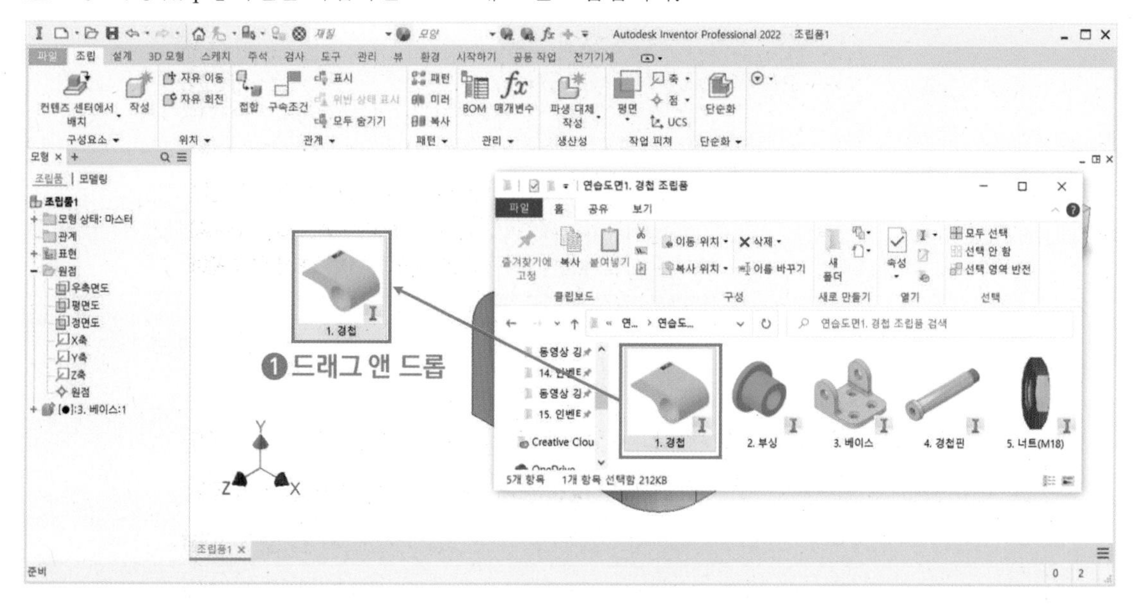

4 작업트리 구성을 보면 부품(ipt)은 조립품(iam)에 종속됩니다. 작업트리의 작업평면, 작업축, 원점을 이용해서 각 부품을 조립할 수 있습니다. 가장 처음에 삽입한 부품은 고정되며 이동, 회전 등이 불가능합니다. 따라서 처음에 삽입하는 부품은 움직임이 없는 고정시킬 부품을 삽입해야 합니다.

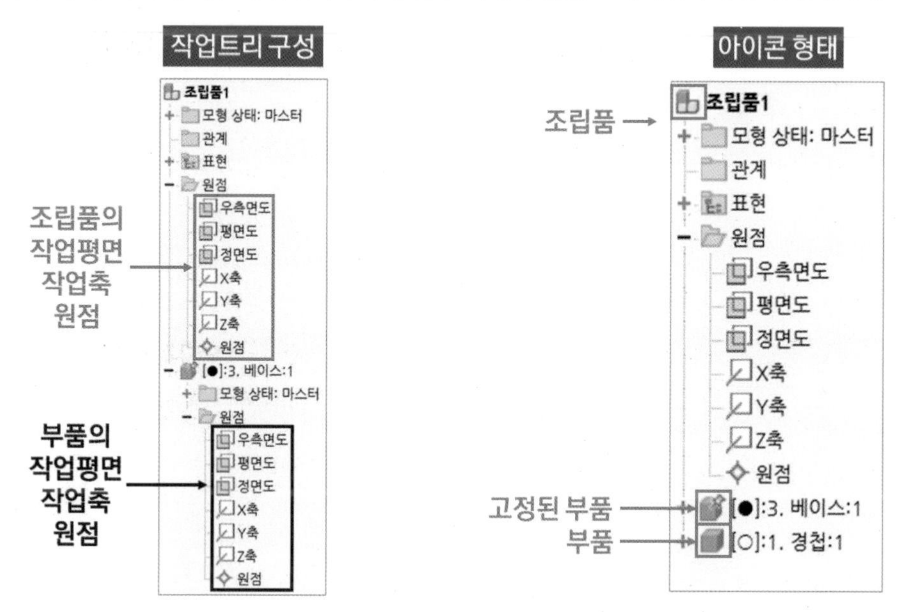

5 「 자유회전」을 클릭하고 부품을 회전시킵니다. 아래의 내용을 보고 마우스 사용방법을 숙지하세요.

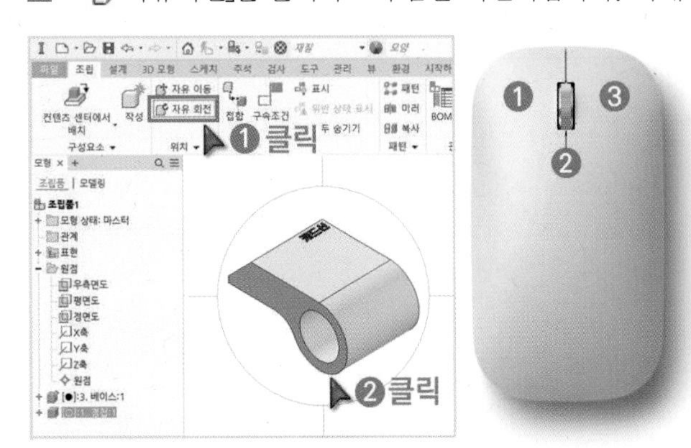

❶ 좌클릭 : 객체 선택, 작업 실행

❷ 휠 회전 : 작업화면 확대 및 축소

❷ 휠 드래그 : 작업화면 이동

❷ SHIFT + 휠 드래그 : 작업화면 회전

❷ 휠 더블 클릭 : 작업화면 틀에 맞게 확대

❸ 우클릭 : 보조기능 및 옵션 선택

❸ 우클릭 드래그 : 마우스 단축키 사용

6 「 Ctrl 키를 사용해서 여러 부품을 선택하고 작업화면에 드래그 앤 드롭합니다.

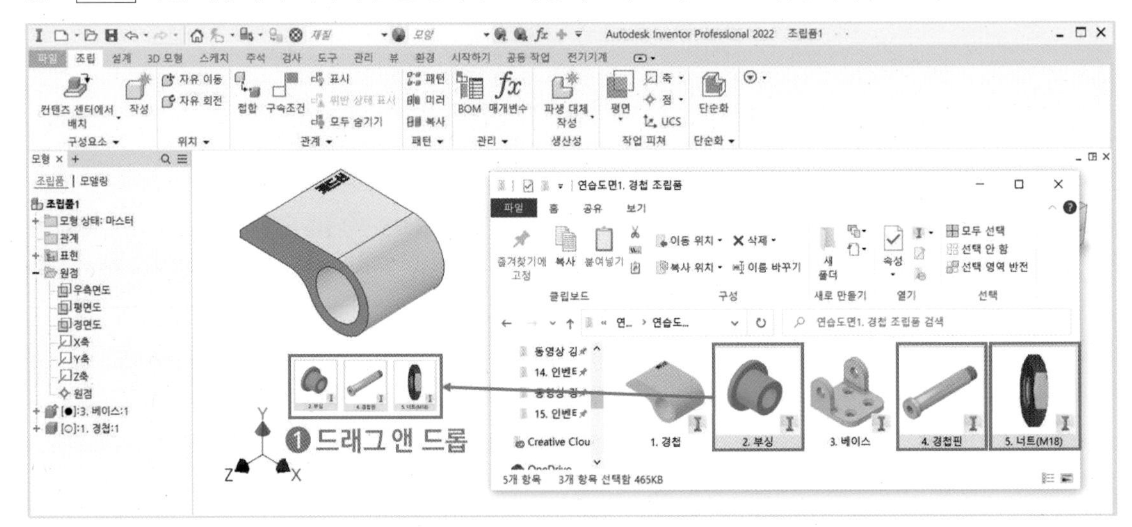

7 「 부싱」을 클릭하고 Ctrl + C, Ctrl + V를 입력해서 부싱의 사본을 생성합니다.

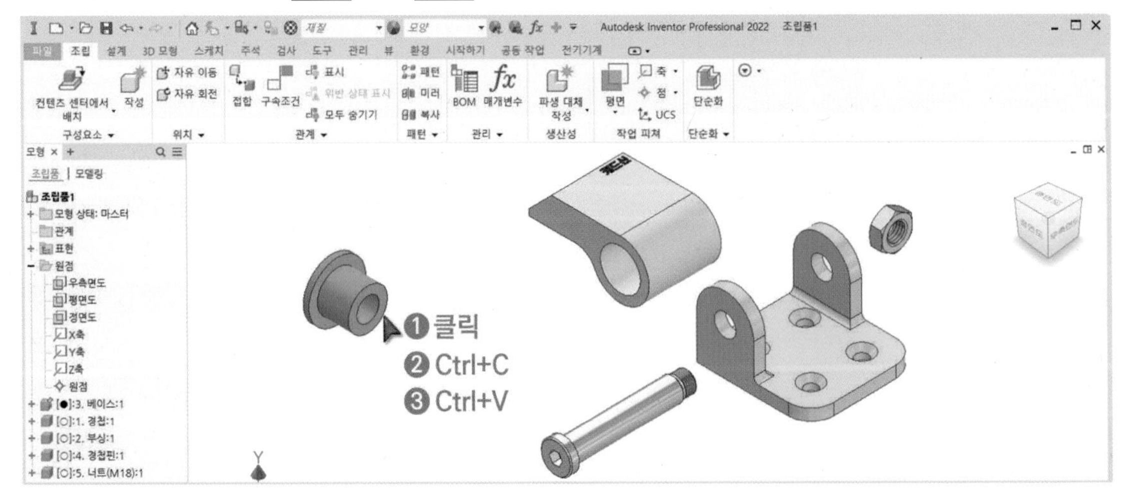

8 「 구속」을 클릭합니다. 「 부싱」의 면과 「 경첩」의 면을 클릭해서 면과 면을 일치시킵니다.

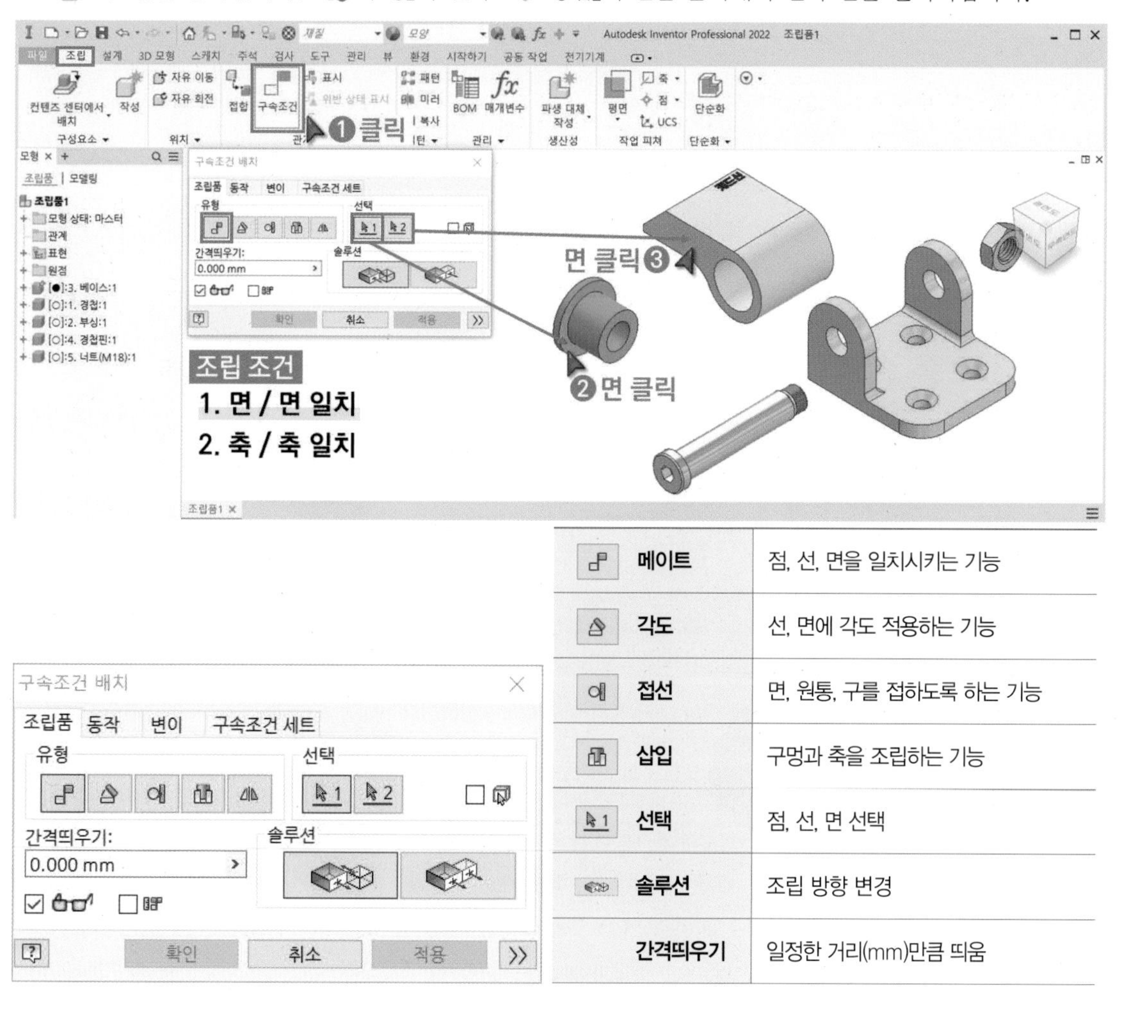

구분	설명
메이트	점, 선, 면을 일치시키는 기능
각도	선, 면에 각도 적용하는 기능
접선	면, 원통, 구를 접하도록 하는 기능
삽입	구멍과 축을 조립하는 기능
선택	점, 선, 면 선택
솔루션	조립 방향 변경
간격띄우기	일정한 거리(mm)만큼 띄움

9 선택 요소, 간격, 조립 방향을 검토하고 「확인」을 클릭합니다.

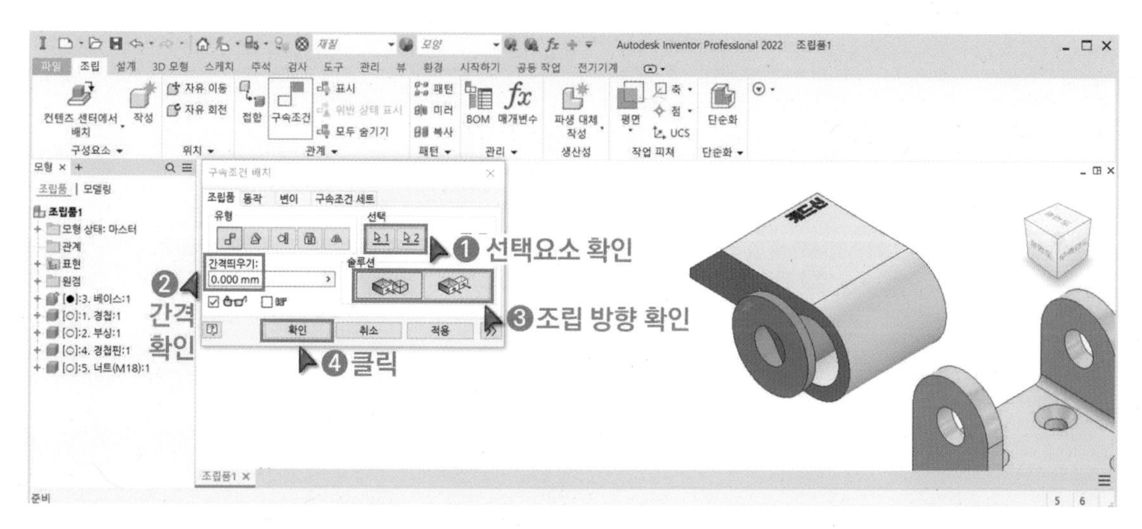

10 「구속」을 클릭합니다. 「경첩」, 「부싱」의 원통 면을 클릭해서 축과 축을 일치시킵니다. 원통의 옆면을 클릭하면 축이 선택됩니다. 모서리를 클릭할 경우 점이 선택되니 주의하셔서 선택하시기 바랍니다.

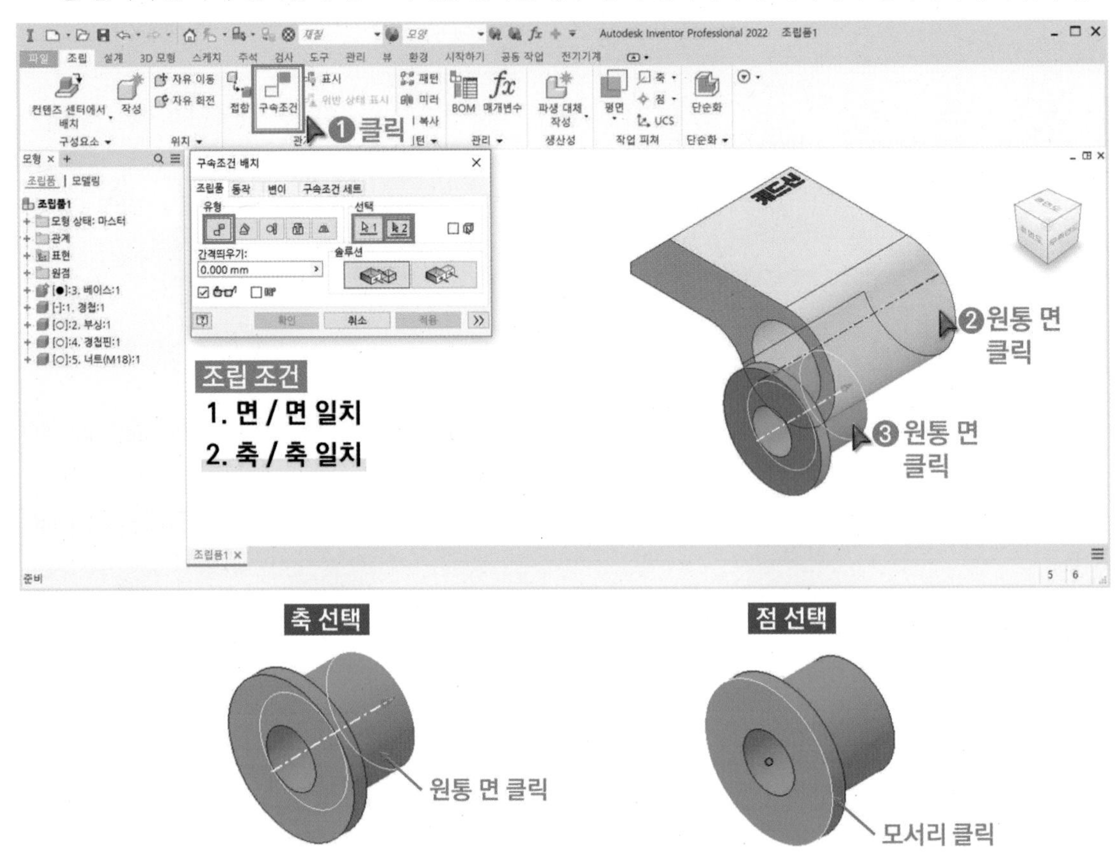

11 선택요소, 간격, 조립 방향을 검토하고 「확인」을 클릭합니다.

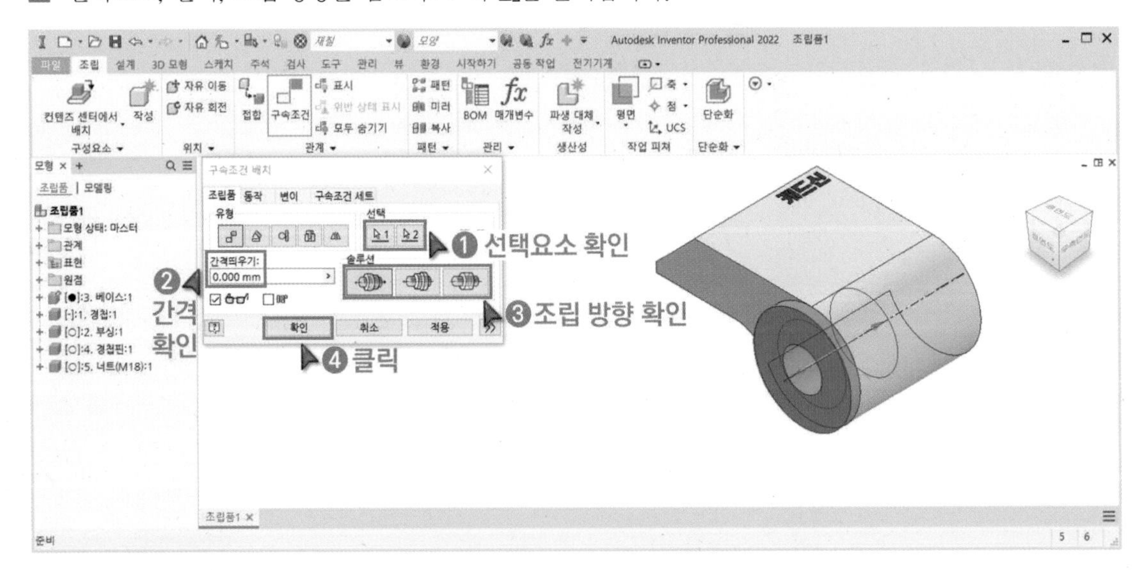

⑫ 각 부품에 종속된 조립 구속조건을 확인합니다.

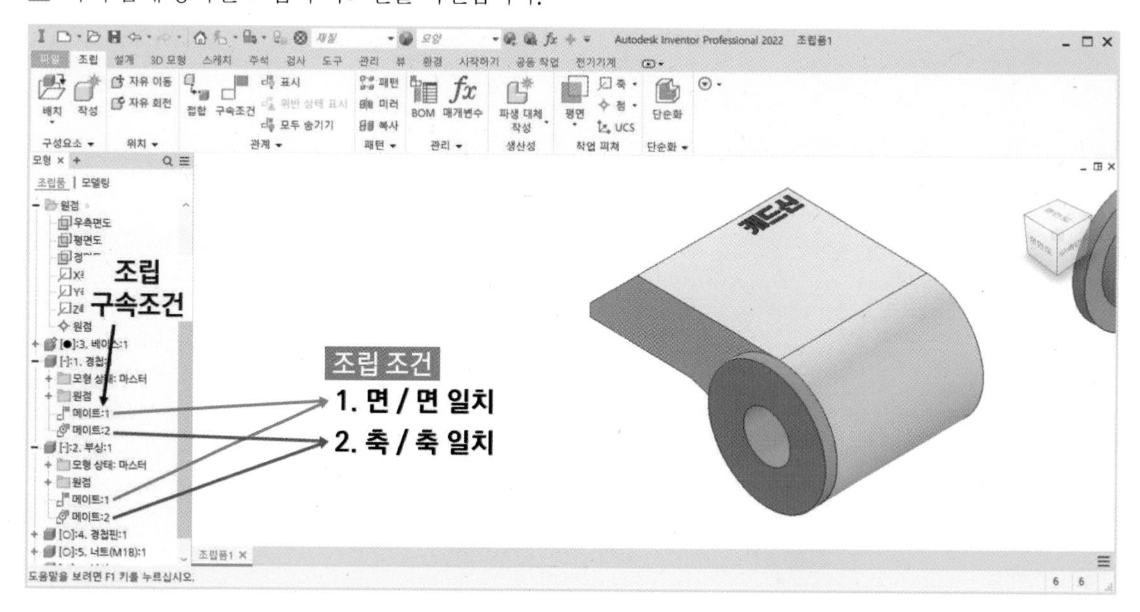

⑬ 「구속」을 클릭합니다. 「 삽입 구속조건」을 클릭합니다. 「 경첩」, 「 부싱」이 일치하는 면의 모서리를 클릭합니다. 삽입 구속조건은 면과 면, 축과 축을 동시에 조립하는 기능입니다.

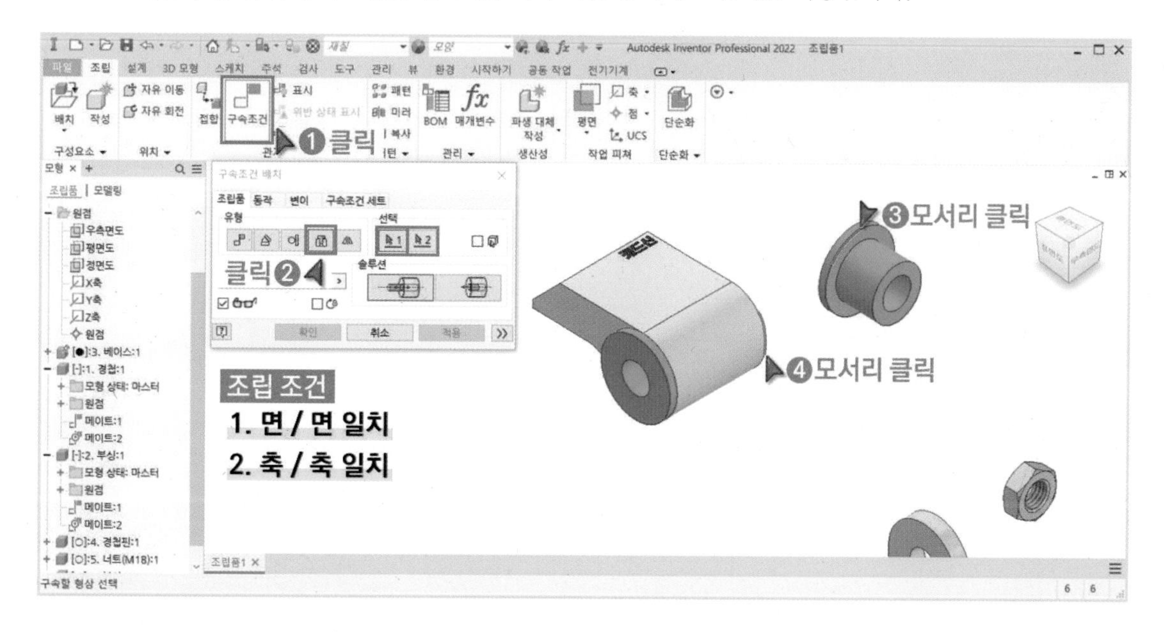

⑭ 선택요소, 간격, 조립 방향을 검토하고「확인」을 클릭합니다.

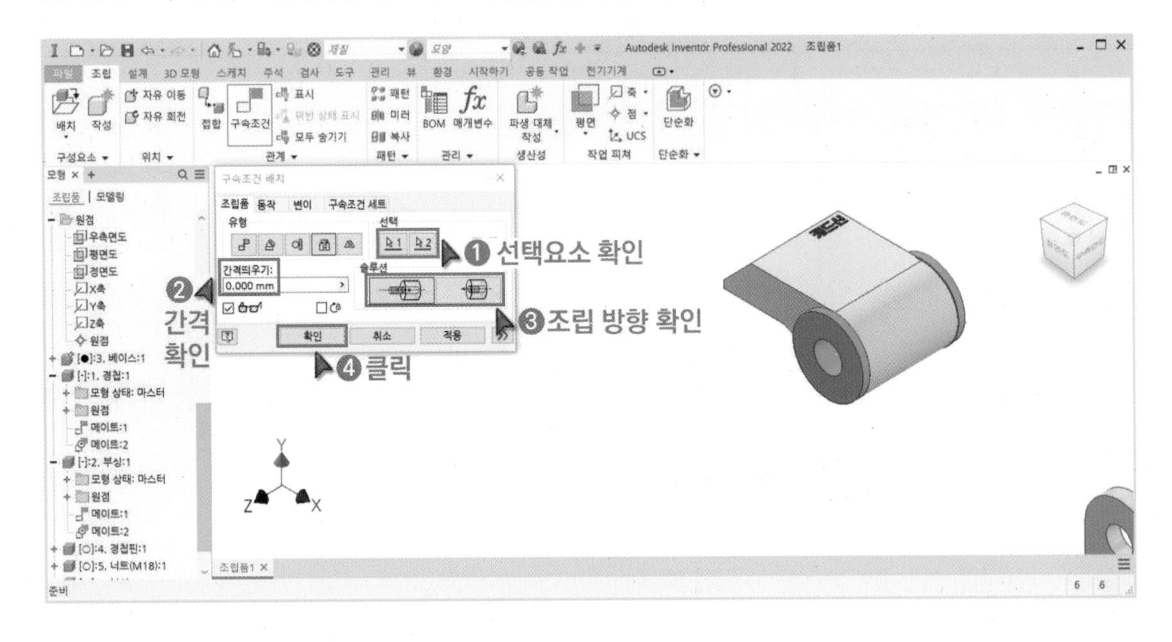

⑮ 각 부품에 종속된 조립 구속조건을 확인합니다.

⑯ 「 측정」을 클릭합니다. 「 베이스」의 내부 면을 클릭해서 거리를 측정합니다. 동일한 방법으로 「 부싱」의 양 끝 면을 클릭해서 거리를 측정합니다. 측정 결과 2mm 차이가 나는 것을 파악할 수 있습니다.

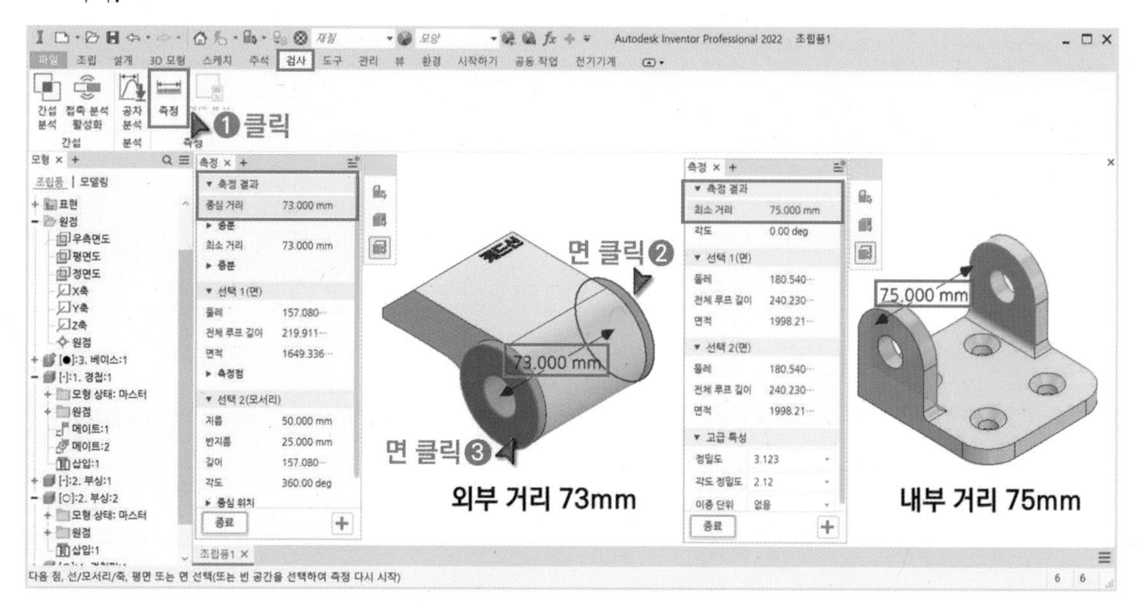

⑰ 「구속」을 클릭합니다. 「 두 부품」의 정면도를 클릭해서 면과 면을 일치시킵니다.

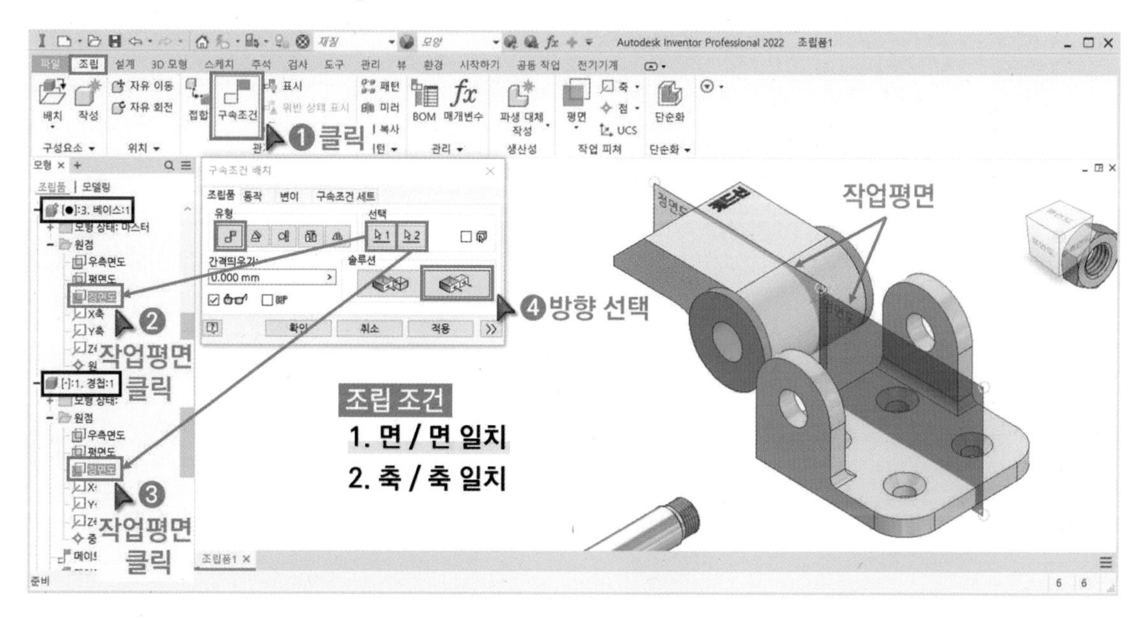

18 선택요소, 간격, 조립 방향을 검토하고「확인」을 클릭합니다.

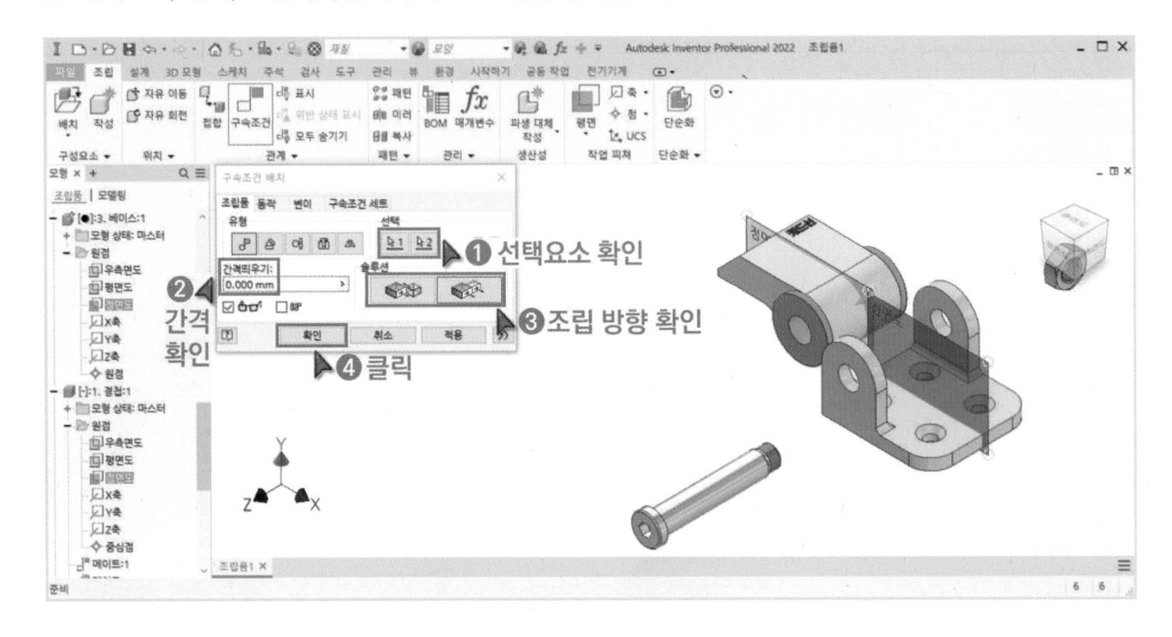

19「구속」을 클릭합니다.「 두 부품」의 원통 면을 클릭해서 축과 축을 일치시킵니다.

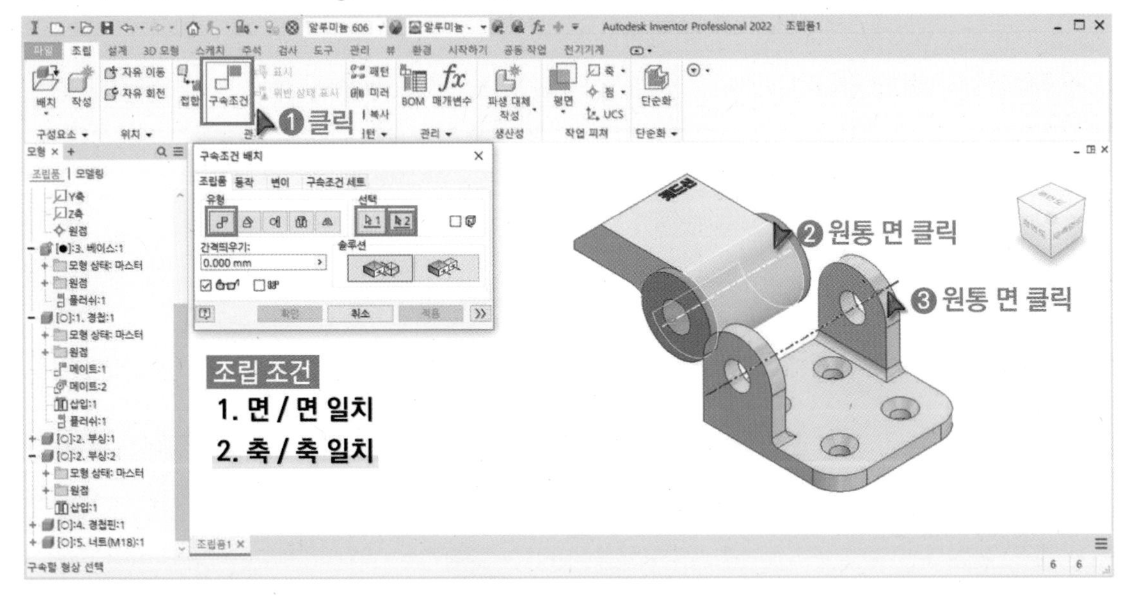

20 선택요소, 간격, 조립 방향을 검토하고「확인」을 클릭합니다.

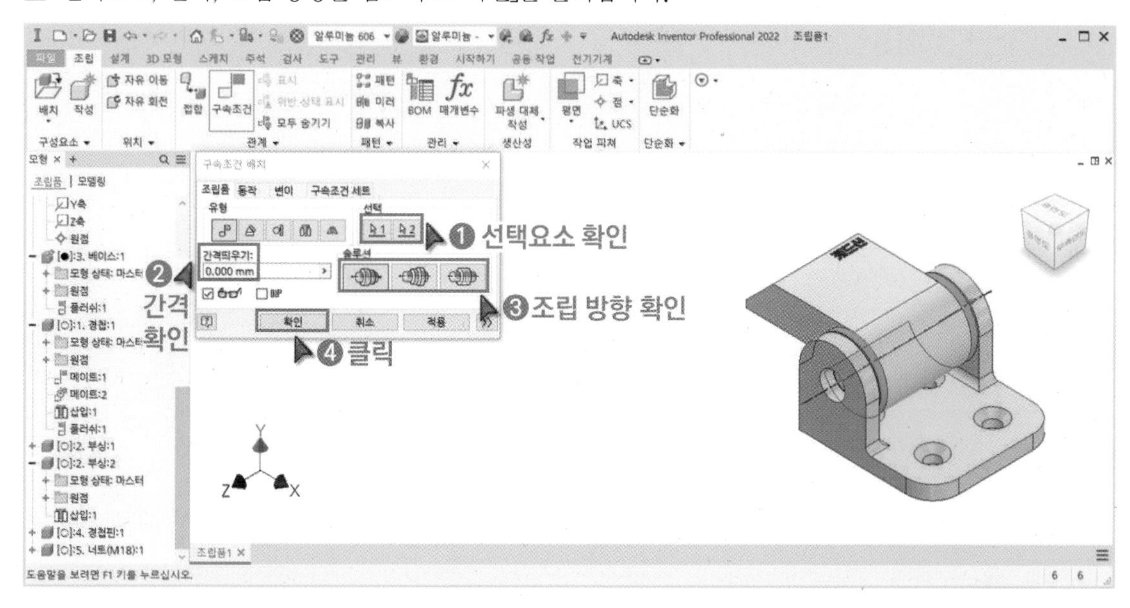

21 각 부품에 종속된 조립 구속조건을 확인합니다.

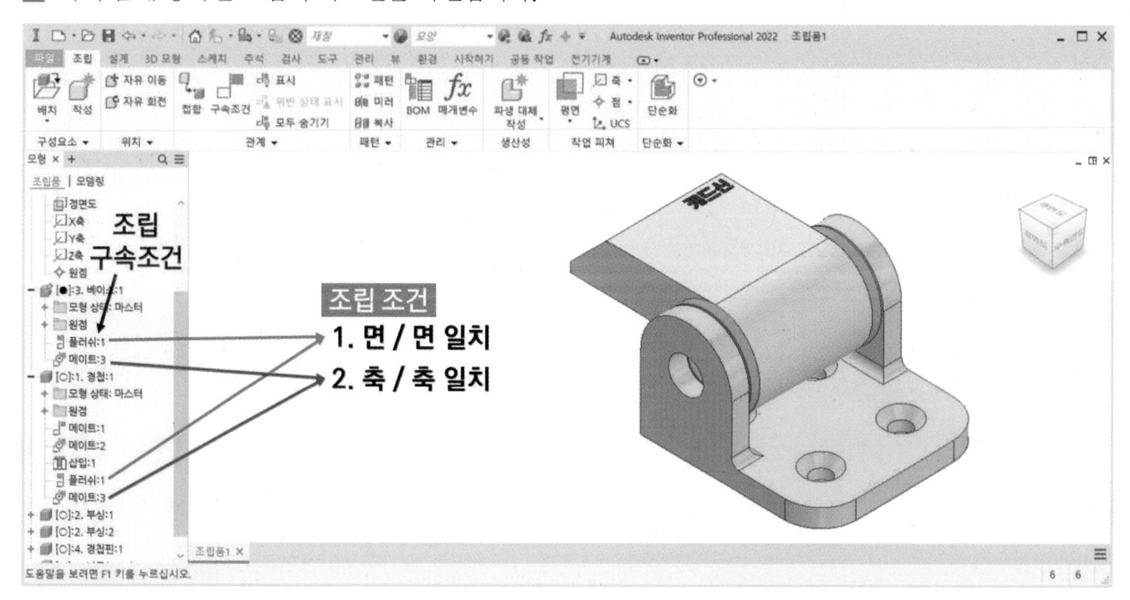

㉒ 「구속」을 클릭합니다. 「 경첩 핀」의 원통 면, 「 베이스」의 구멍 내부면을 클릭해서 축과 축을 일치시킵니다. 여기서 클릭한 면(베이스의 구멍 내부면)을 잘 기억하시기 바랍니다.

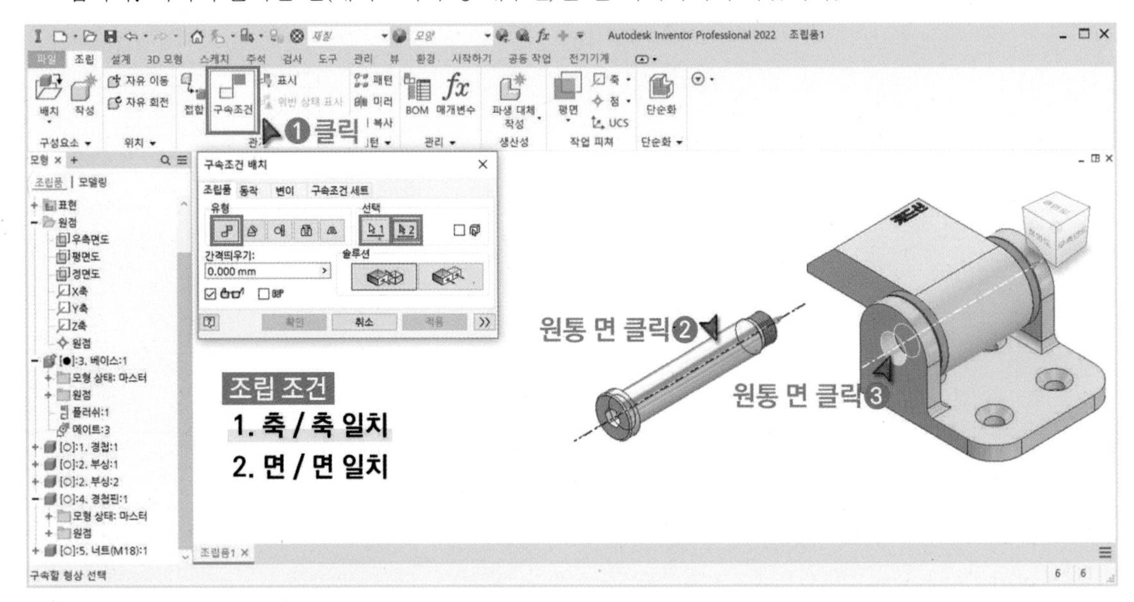

㉓ 선택요소, 간격, 조립 방향을 검토하고 「확인」을 클릭합니다.

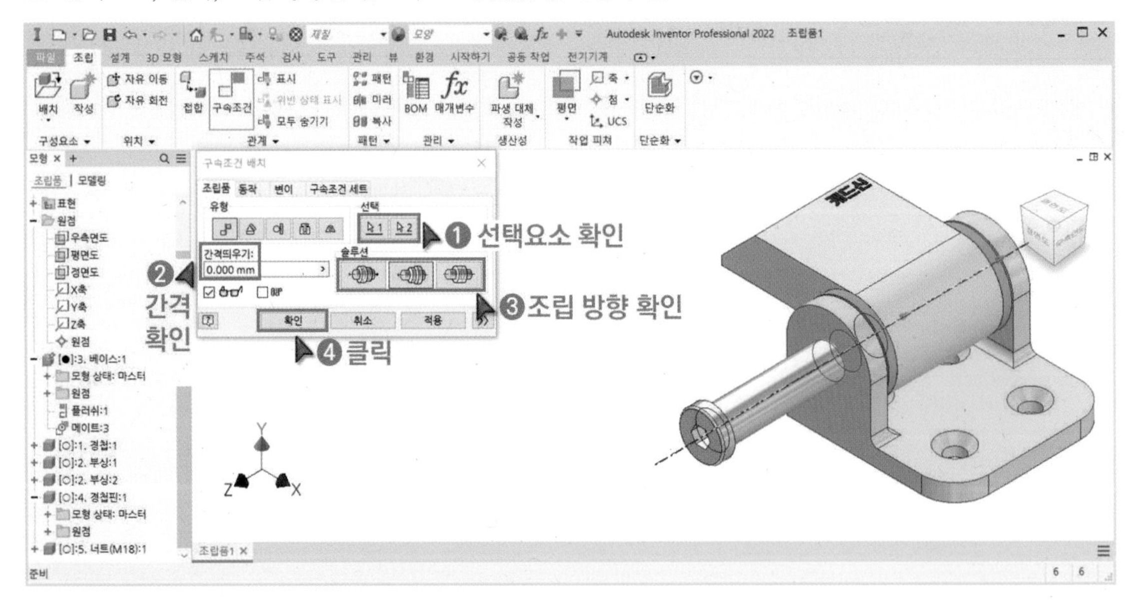

24 「구속」을 클릭합니다. 「베이스」의 옆면, 「경첩 핀」 머리 아랫면을 클릭해서 면과 면을 일치시킵니다.

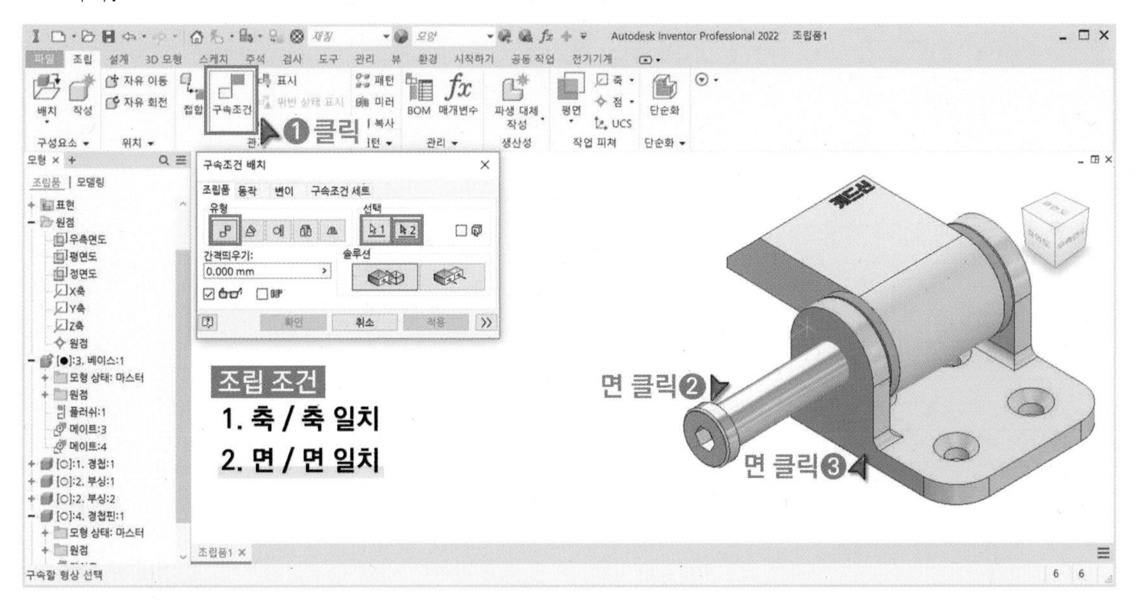

25 선택요소, 간격, 조립 방향을 검토하고 「확인」을 클릭합니다.

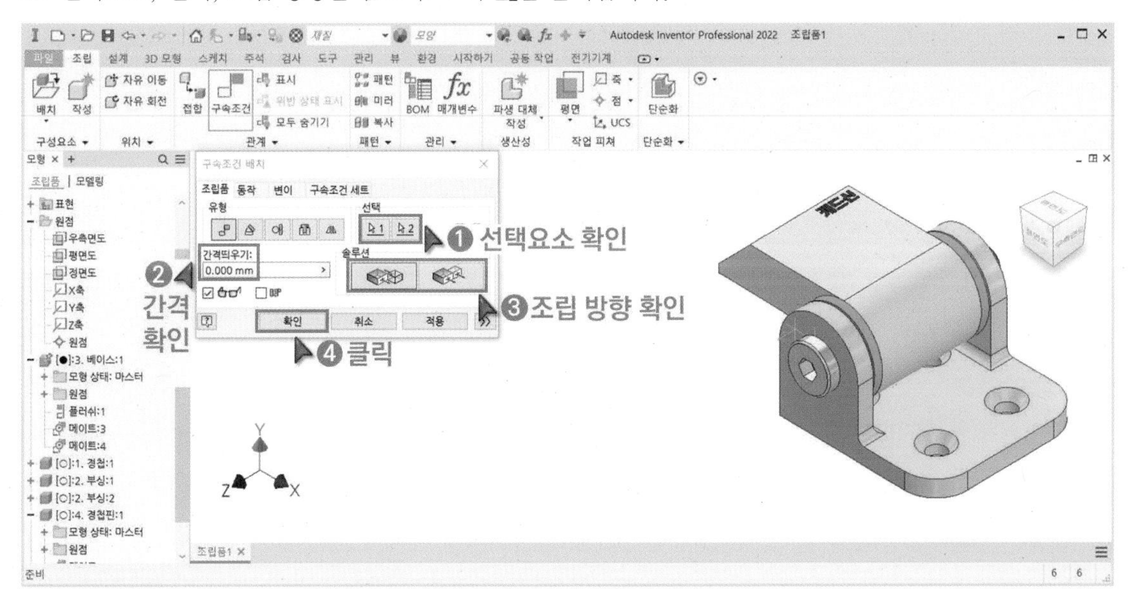

26 각 부품에 종속된 조립 구속조건을 확인합니다.

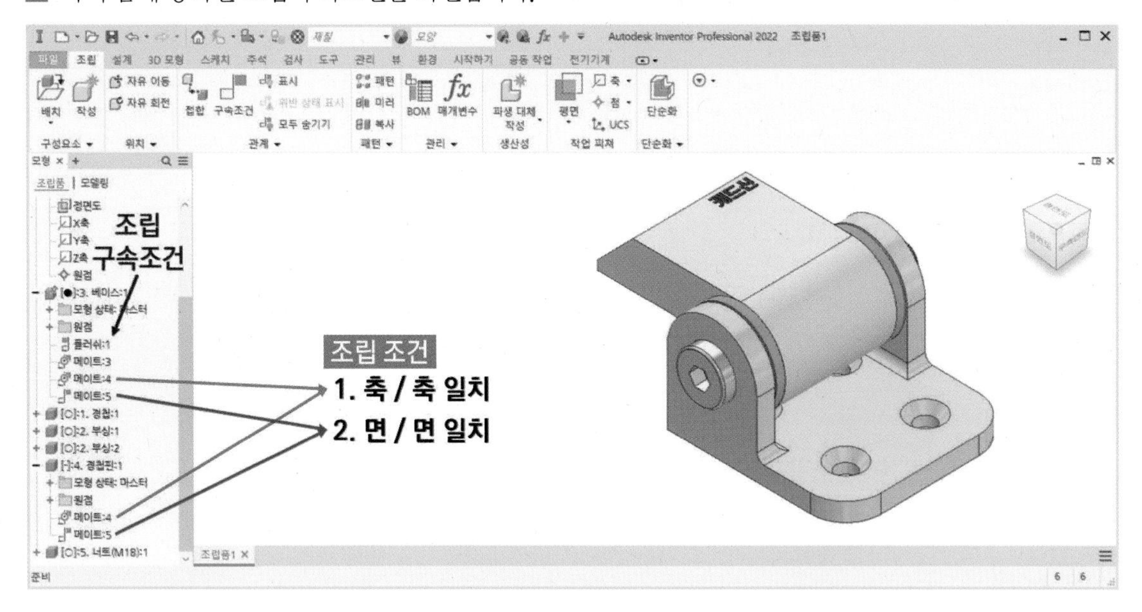

27 「구속」을 클릭합니다. 「삽입 구속조건」을 클릭합니다. 「 베이스」와 「 너트」의 모서리를 클릭해서 면과 축을 동시에 일치시킵니다.

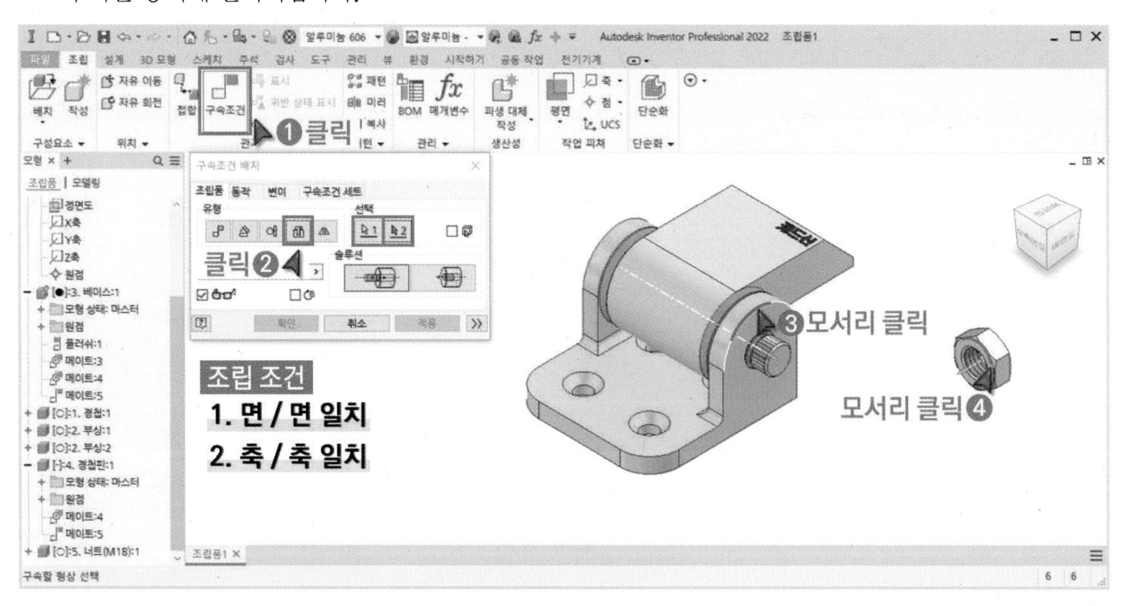

28 선택요소, 간격, 조립 방향을 검토하고 「확인」을 클릭합니다.

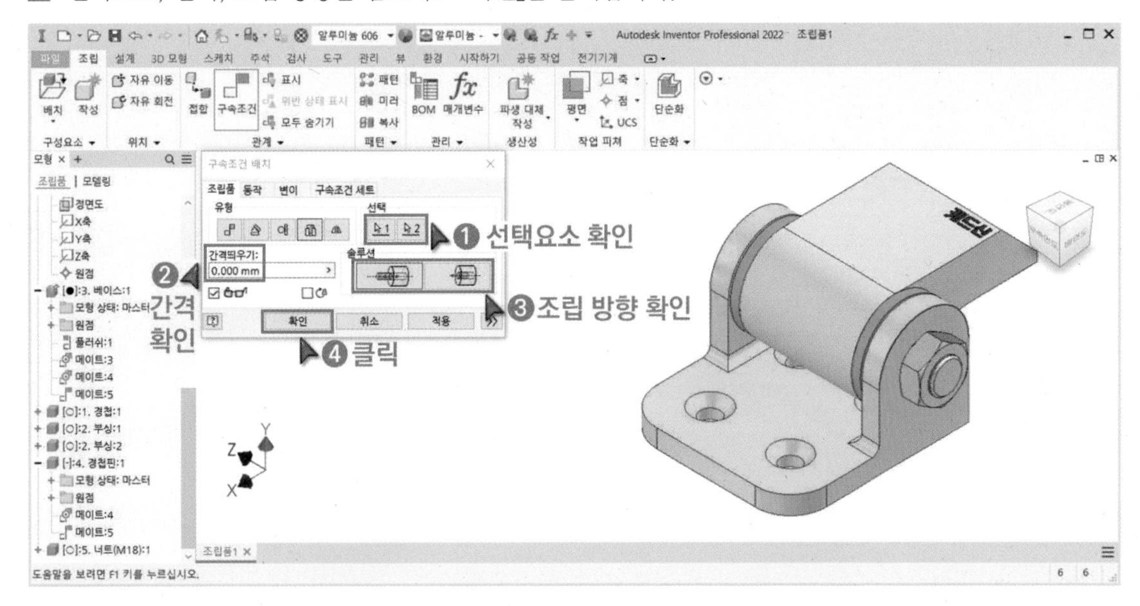

29 각 부품에 종속된 조립 구속조건을 확인합니다.

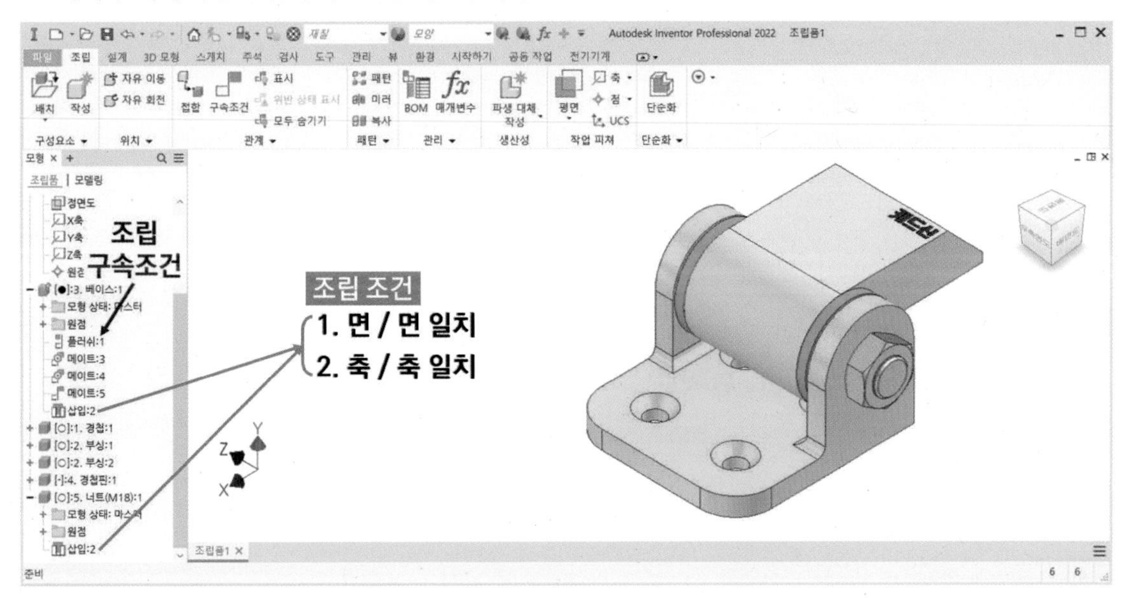

30 「구속」을 클릭합니다. 「 각도 구속조건」을 클릭합니다. 「 두 부품」의 면을 클릭하고 각도 값을 입력해서 면과 면에 각도를 적용합니다.

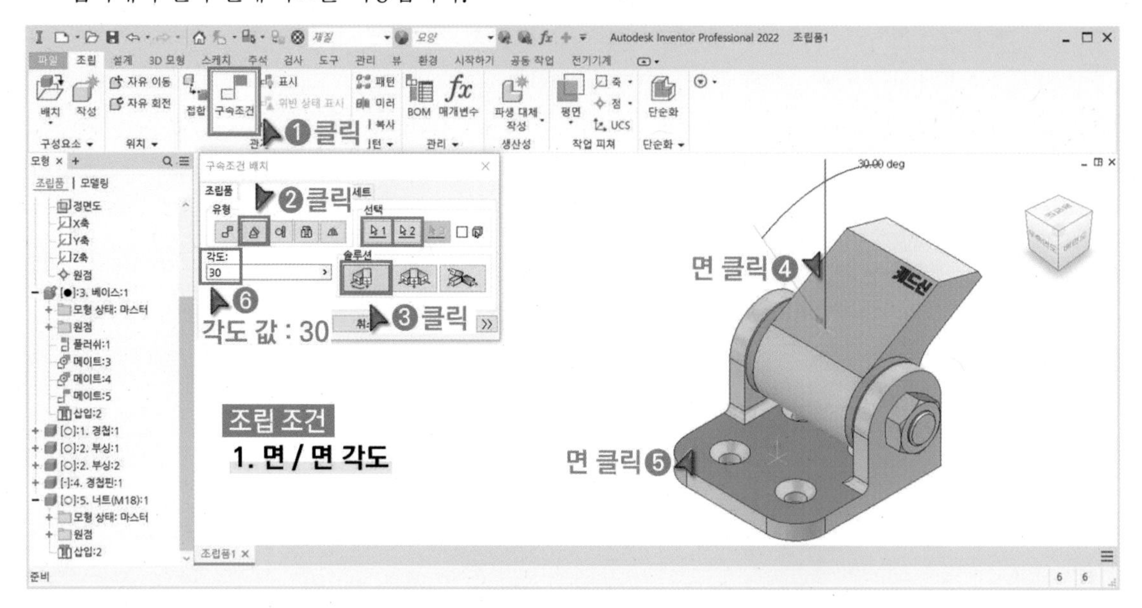

31 각 부품에 종속된 조립 구속조건을 확인합니다.

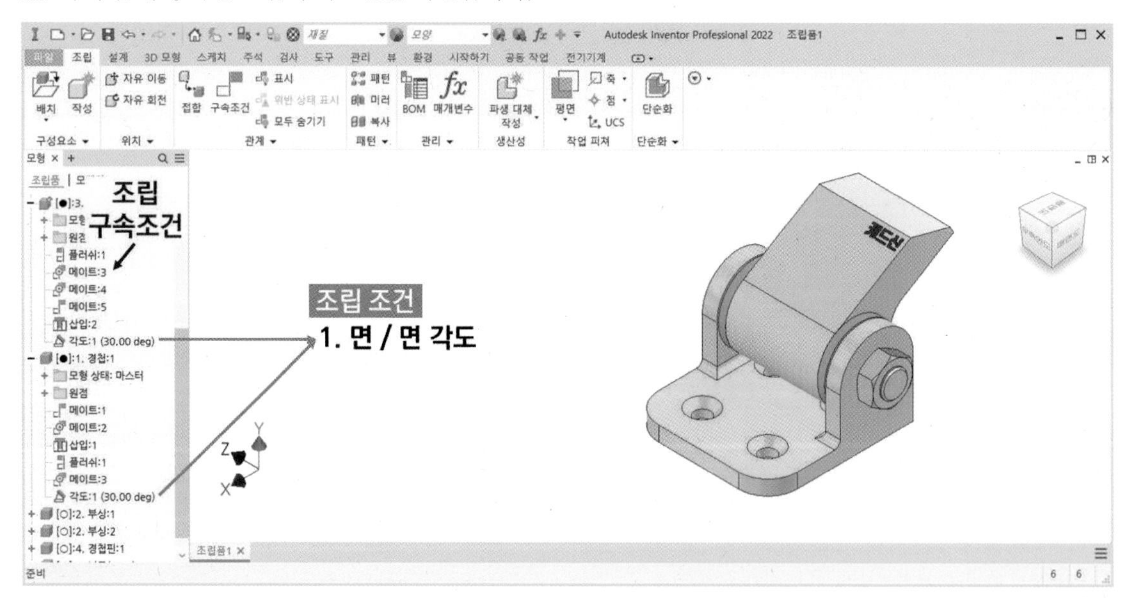

32 작업트리의 「관계」 폴더를 확인합니다. ⚠ 아이콘은 조립 구속조건의 오류를 의미합니다. 조립 구속조건의 오류는 구속조건 중복과 충돌에 의해 발생합니다. 오류가 발생한다면 해당 조립 구속조건을 삭제하고 다시 조립을 진행하면 됩니다.

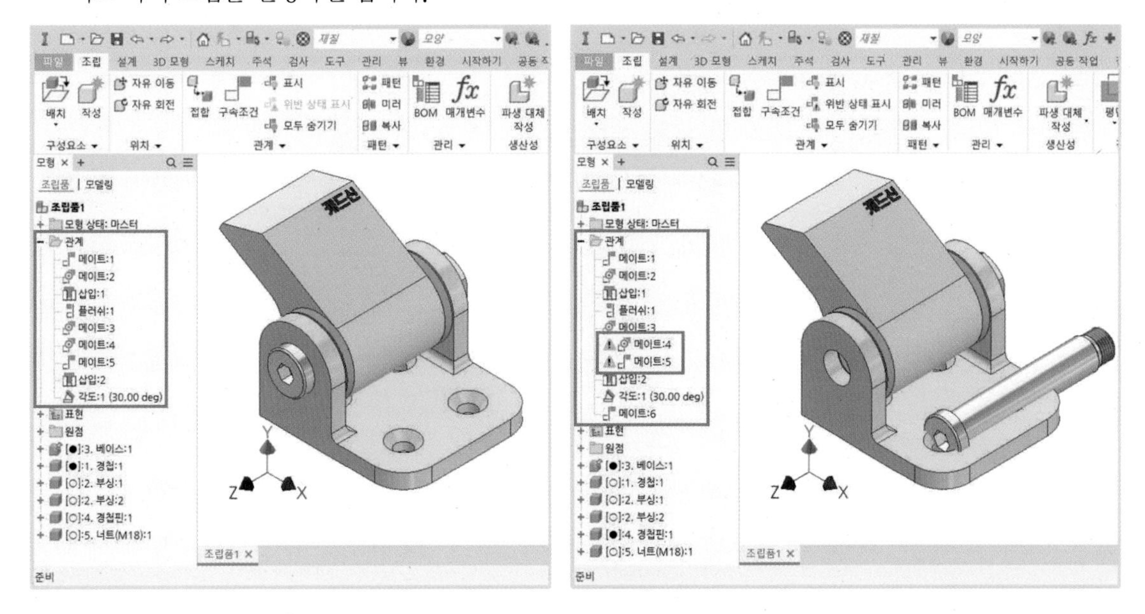

33 「저장」을 클릭합니다. 위치를 지정하고 파일 이름을 「경첩 조립품」으로 저장합니다.

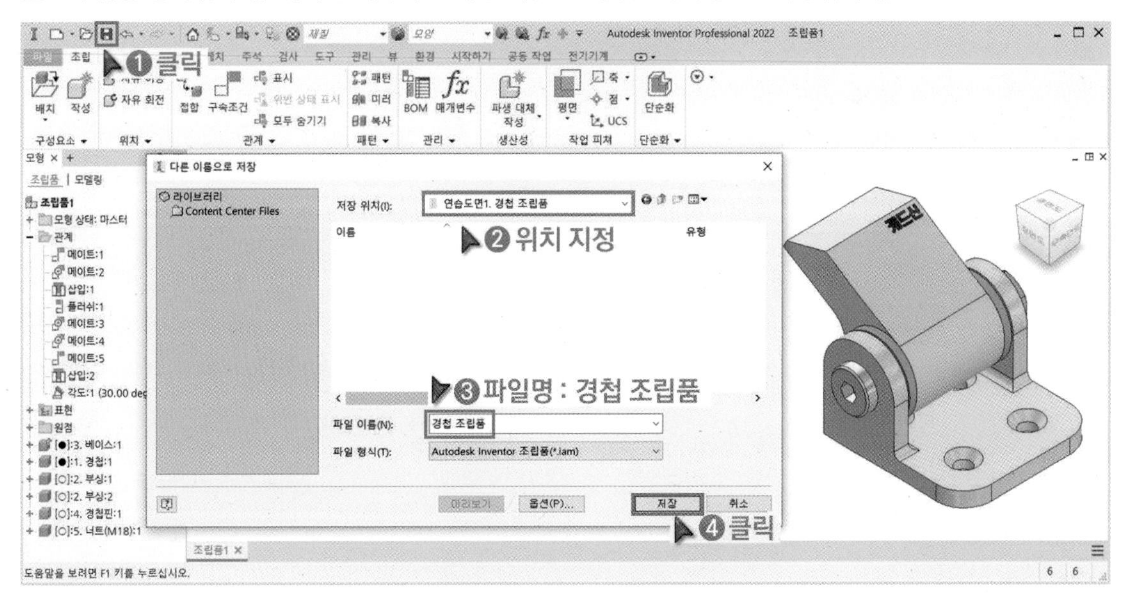

SECTION

1.2 간섭 분석 및 수정

학습목표
- 조립품의 간섭 및 조립여부를 점검하고 수정할 수 있다.
- 편집기능을 활용하여 모델링을 하고 수정할 수 있다.
- 3D CAD 데이터 형식에 대한 각각의 용도 및 특성을 파악하고 이를 변환하여 저장할 수 있다.

1 간섭 분석 중요 Point 실습 Point

https://cafe.naver.com/dongjinc/1103

현장에서 제품 조립 시 발생하는 부품의 간섭은 간섭 분석 기능을 통해 사전에 파악할 수 있습니다. 만약 모델링 조립품에 간섭이 발생한다면 실제 현장에서 제품이 조립되지 않습니다. 따라서 조립품을 완성한 후에는 수시로 간섭 분석을 해야 합니다.

1 「경첩 조립품.iam」을 실행합니다. 작업화면을 드래그해서 모든 부품을 선택합니다.

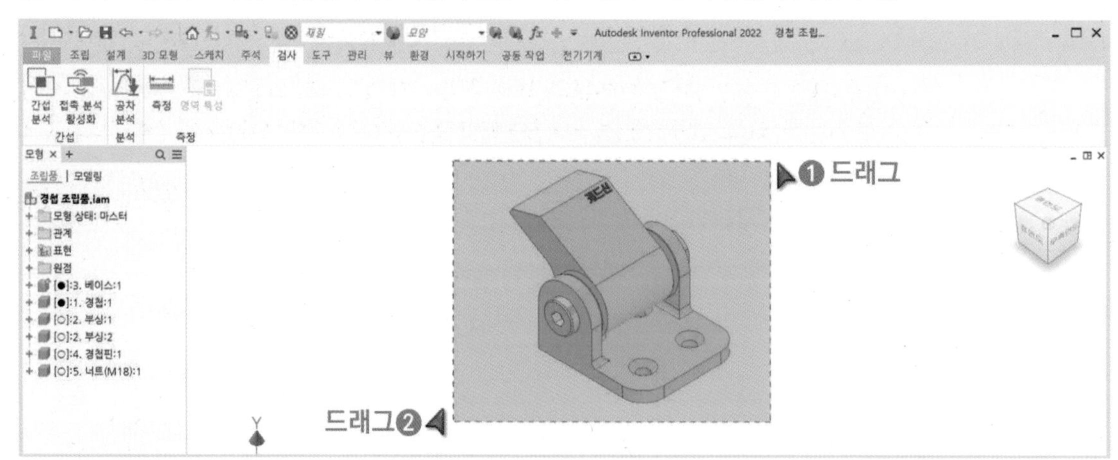

2 「 간섭 분석」을 클릭합니다. [>>] 아이콘을 클릭해서 세부 내용을 확인합니다.

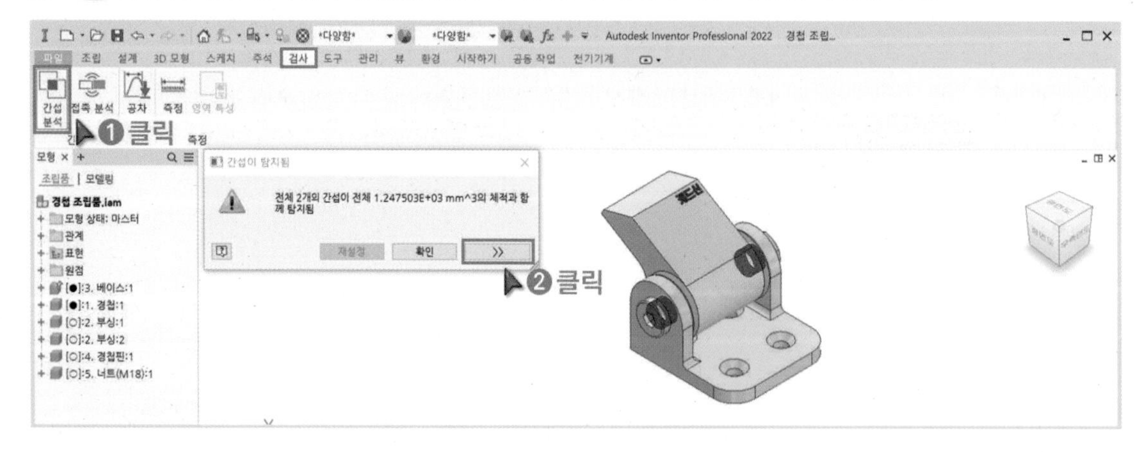

3 간섭 유형을 모두 체크합니다. 🔍 아이콘을 클릭하고 간섭이 발생하는 위치를 파악합니다.

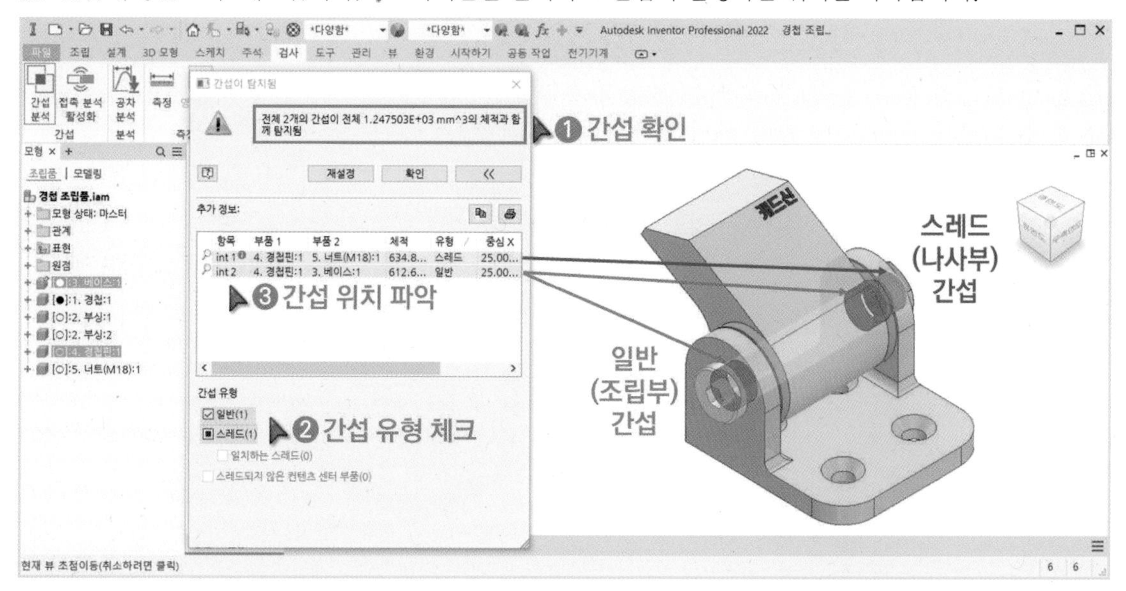

4 볼트, 너트는 실제 형상과는 다르게 간략히 모델링합니다. 나사의 산과 골을 모델링 하지 않고 직선의 형태로 표현하기 때문에 간섭이 발생할 수밖에 없습니다. 따라서 스레드(나사부)의 간섭은 무시해도 됩니다.

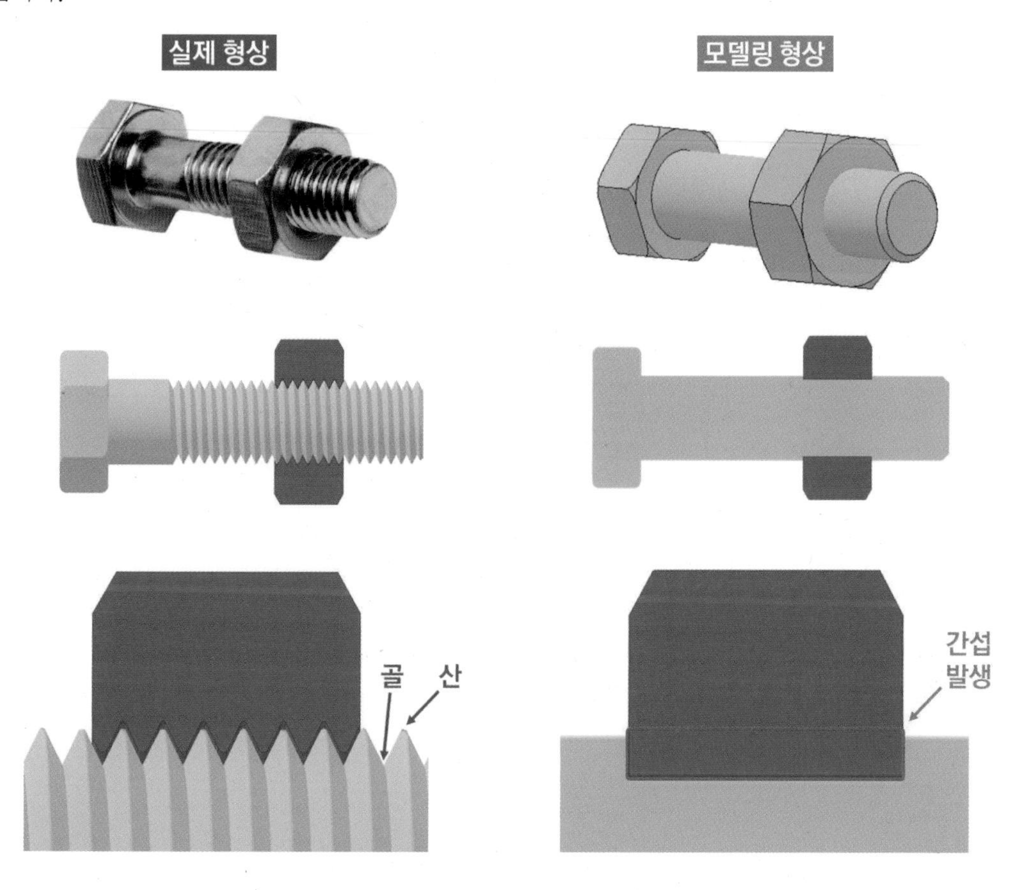

5 「 반 단면도」를 클릭합니다. 부품의 면을 드래그합니다.

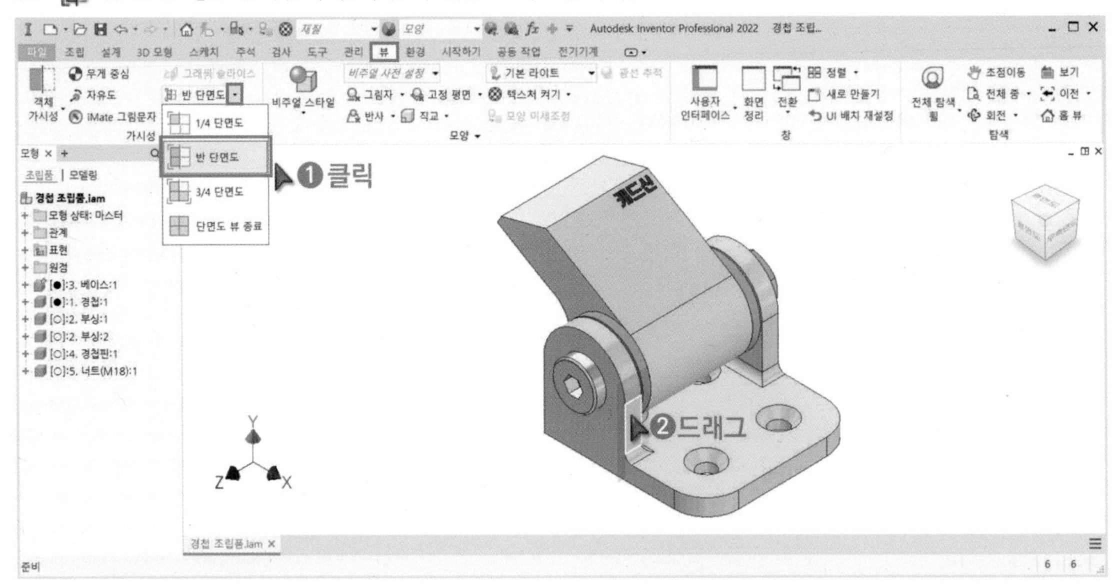

6 간섭이 발생한 위치로 절단 평면을 드래그합니다. 정확한 거리를 입력하거나 임의의 위치로 드래그해도 됩니다.

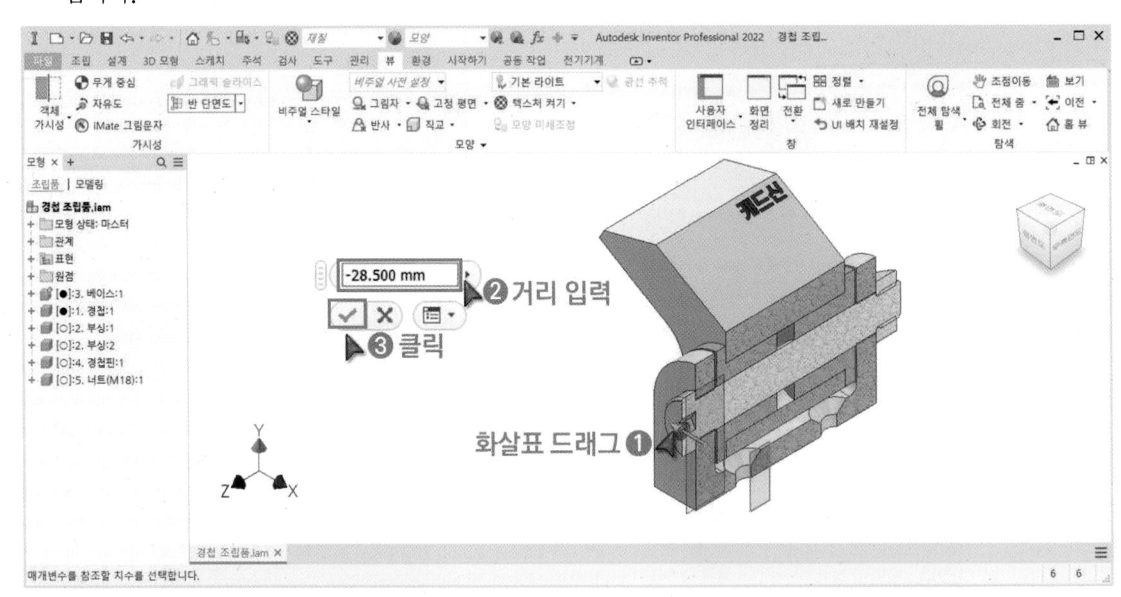

7 「반 단면도」가 적용된 상태에서 「간섭 분석」 기능을 사용하려면 작업트리에서 부품을 선택해야 합니다. Ctrl 키를 사용해서 모든 부품을 선택하고 「간섭 분석」을 클릭합니다.

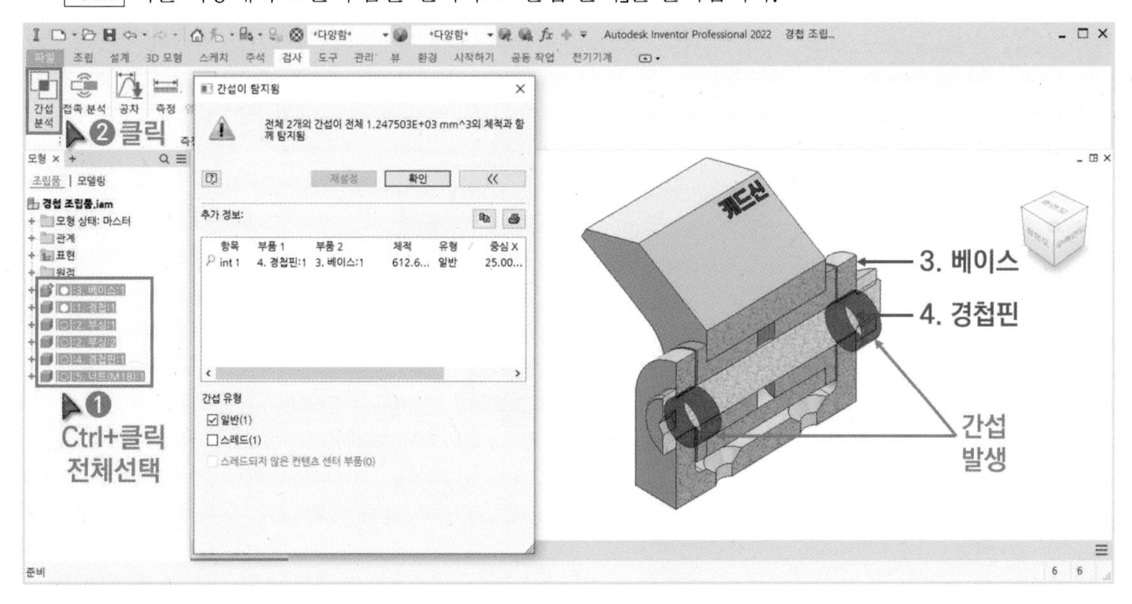

8 간섭 분석 결과 「 베이스」, 「 경첩 핀」 조립부에 간섭이 발생한 것을 확인할 수 있습니다.

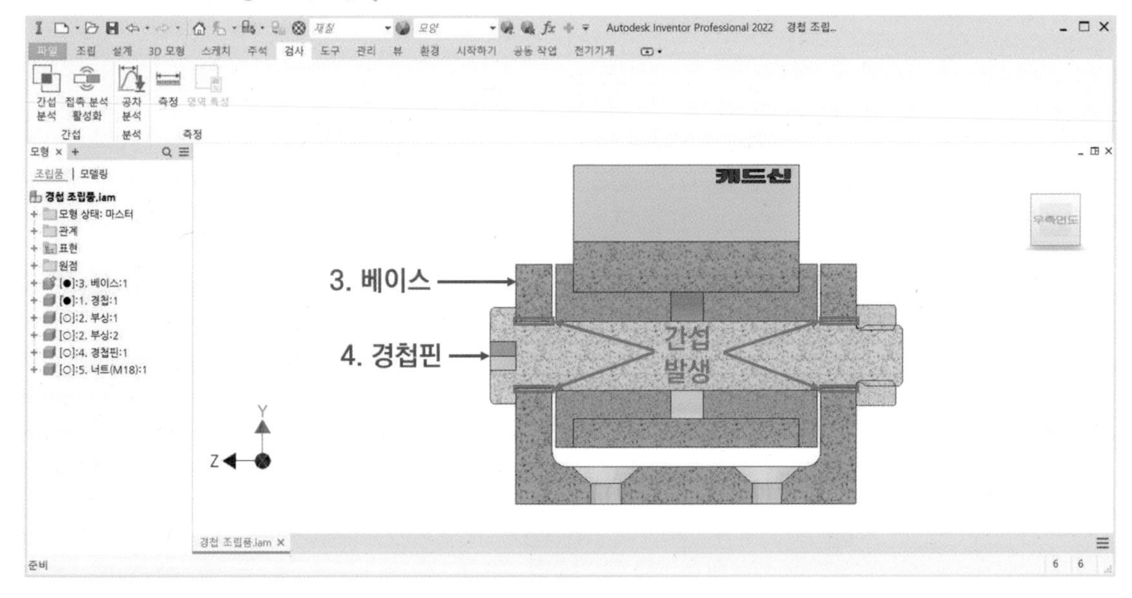

9 「단면도 뷰 종료」를 클릭합니다.

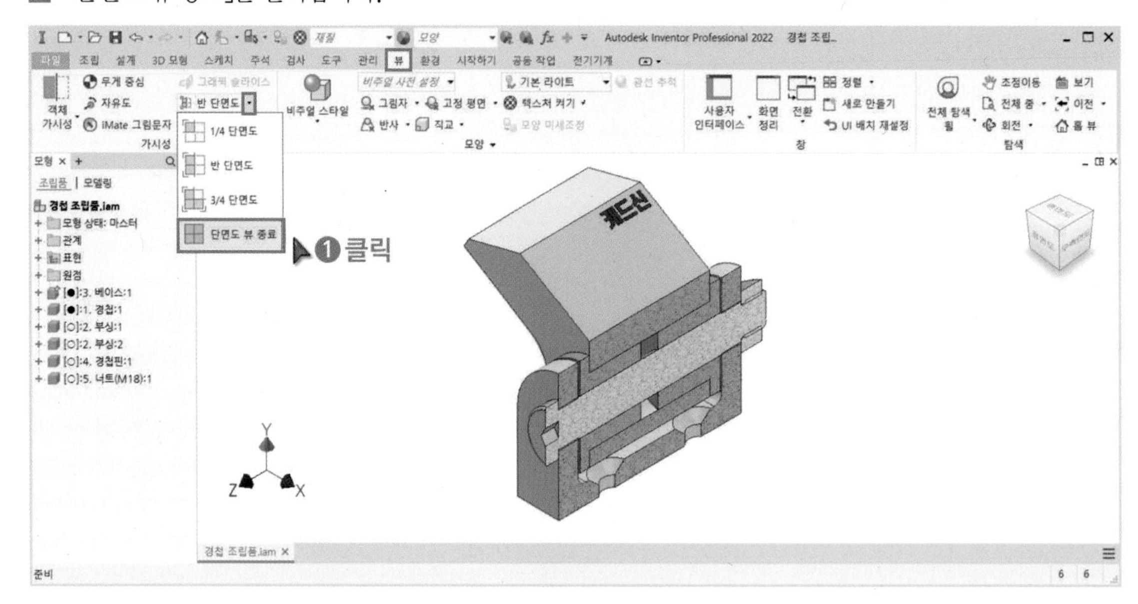

10 간섭이 발생하는 부품 「 경첩 핀」에서 우클릭하고 「열기」를 클릭합니다. 동일한 방법으로 「 베이스」에서 우클릭하고 「열기」를 클릭합니다.

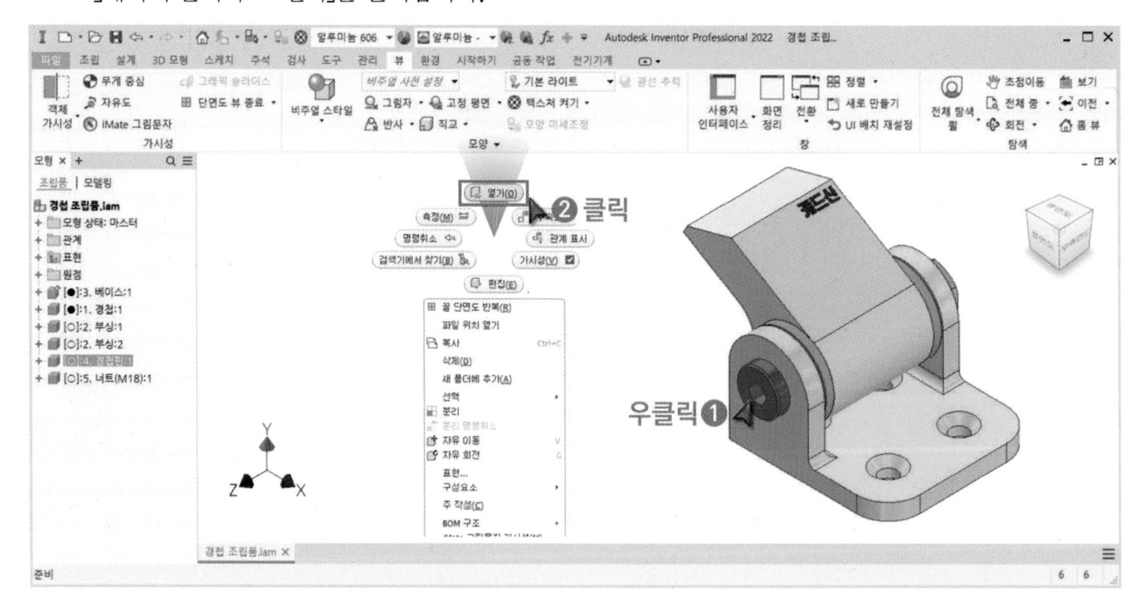

11 「측정」을 클릭하고 간섭이 발생하는 곳의 크기를 확인합니다. 「 두 부품」의 조립부에서 1mm의 간섭이 발생하는 것을 확인할 수 있습니다.

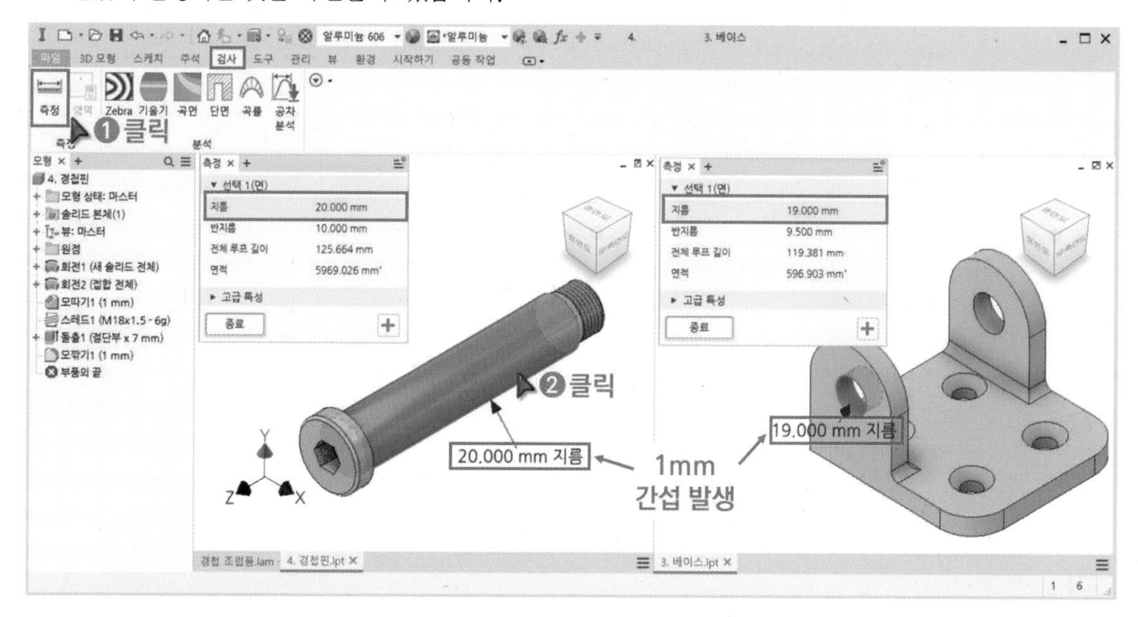

12 「조립품.iam」을 제외한 창은 닫습니다.

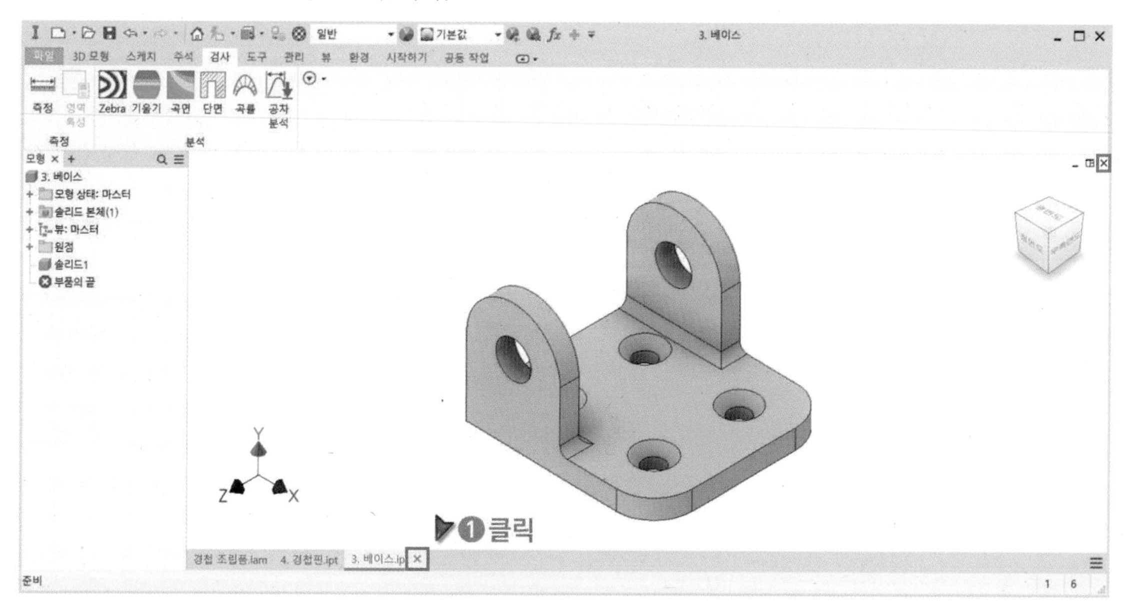

2 간섭 수정 중요 Point 실습 Point

간섭 분석을 통해「 두 부품」에 간섭이 발생한 것을 확인했습니다. 두 부품 중 한 개의 부품을 선정해서 간섭을 수정합니다. 간섭하는 부품을 수정하는 방법은 2가지가 있습니다.

첫 번째 방법은 부품(ipt) 파일을 열어서 수정하는 방법입니다.

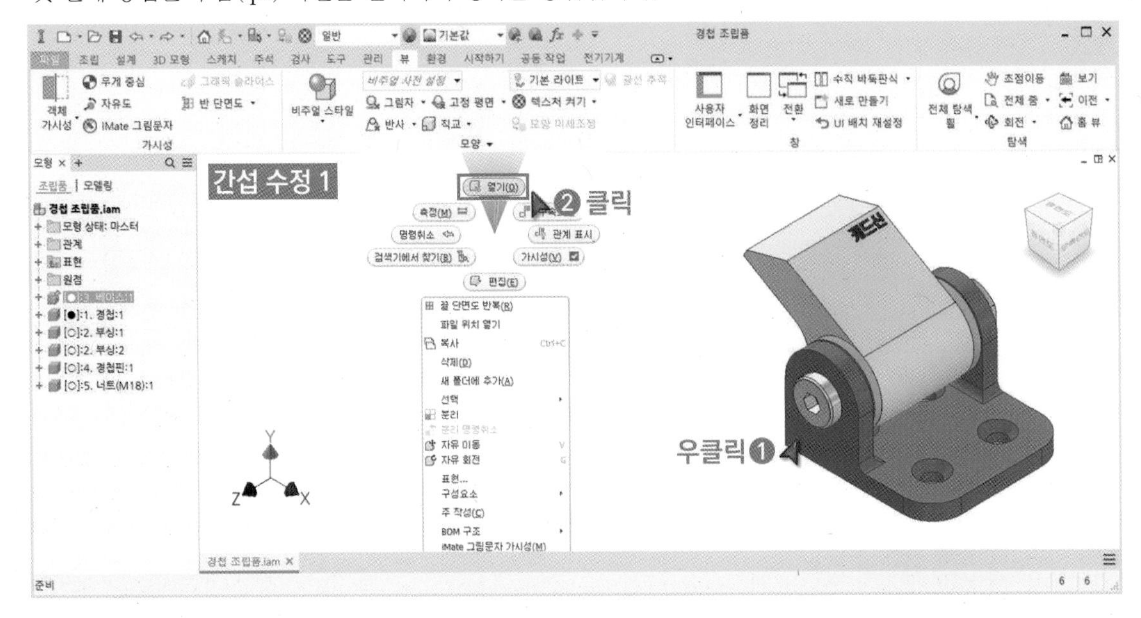

부품(ipt)을 수정하고 저장하면 수정내용이 조립품(iam)에 반영됩니다.

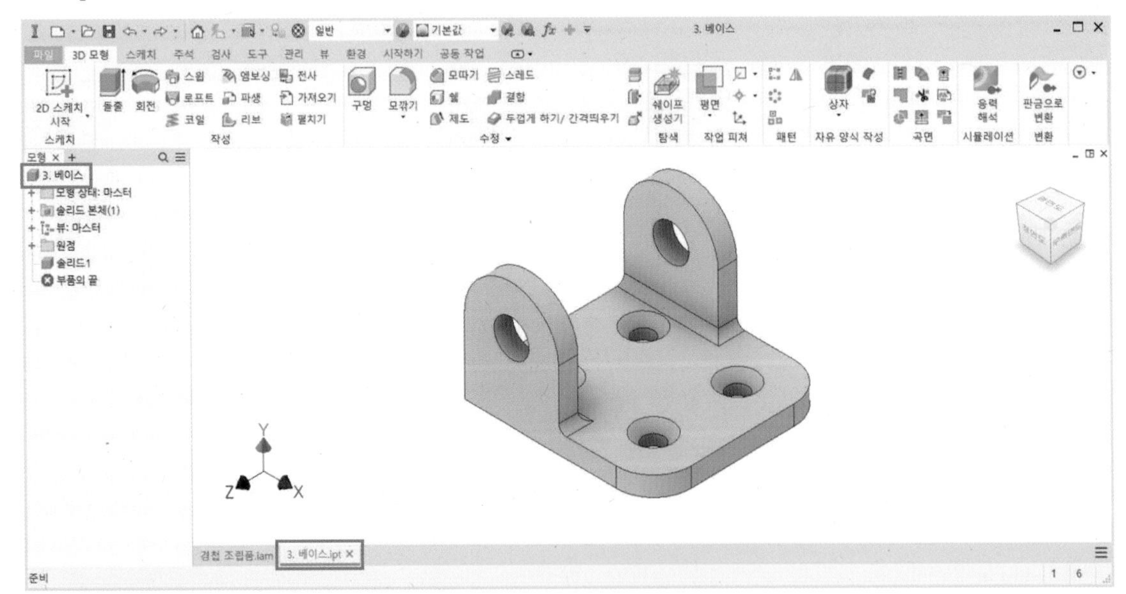

두 번째 방법은 조립품(iam)에서 해당 부품을 더블 클릭하고 수정하는 방법이 있습니다.

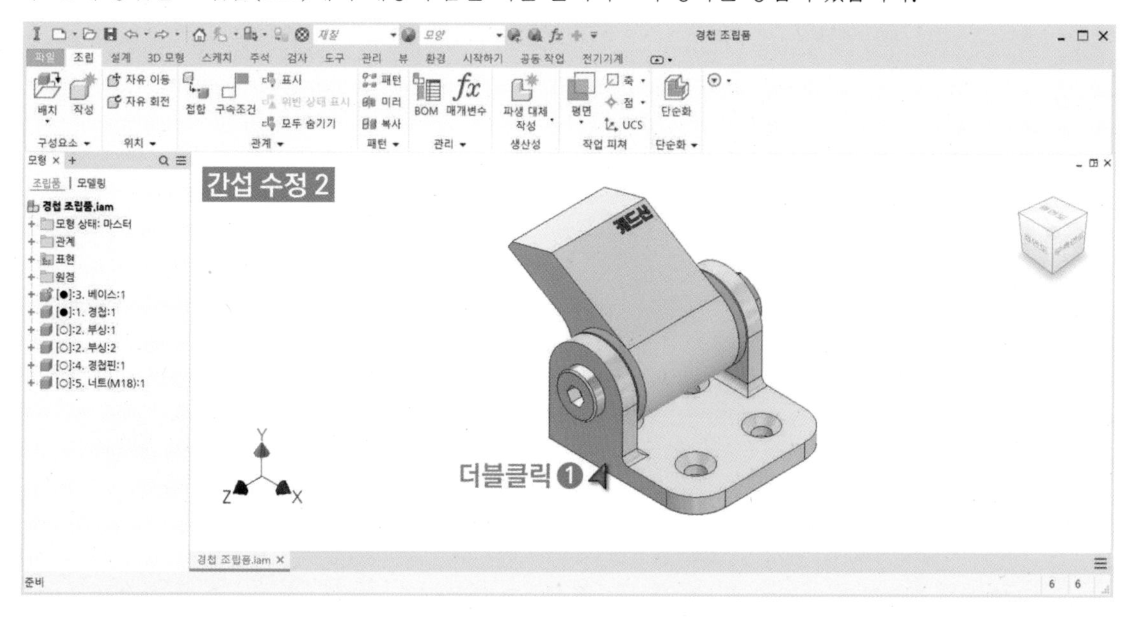

부품을 더블 클릭할 경우 작업트리의 형태가 바뀌며 상단에는 '복귀' 이이콘이 활성화 됩니다. 나머지 부품은 투명 상태가 되어 조립관계를 파악하면서 수정할 수 있는 장점이 있습니다.

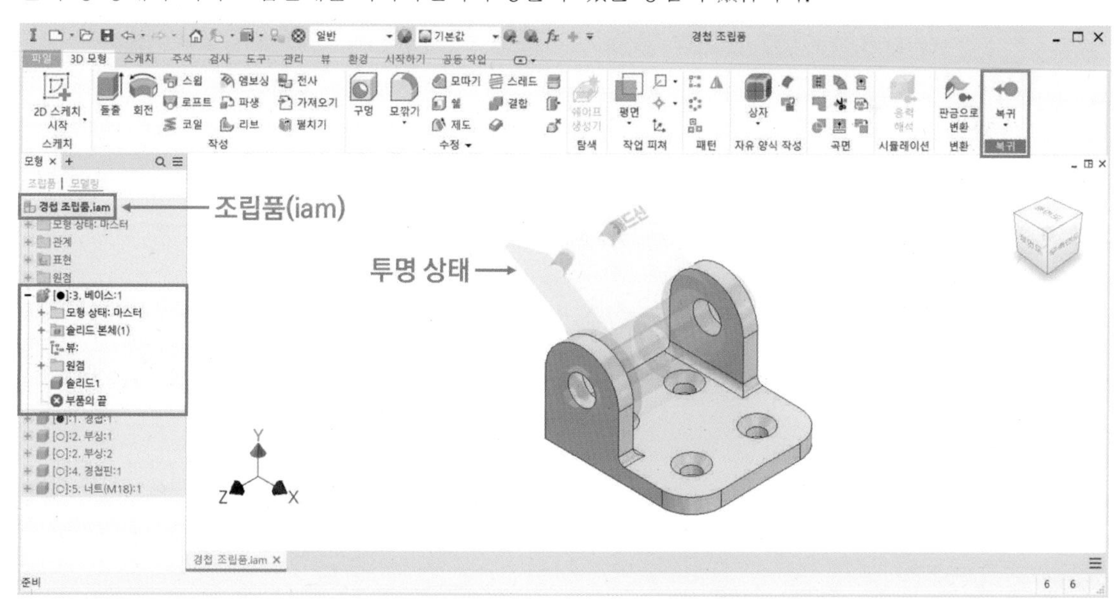

1 간섭 수정을 위해 「 베이스」에서 우클릭하고 「열기」를 클릭합니다.

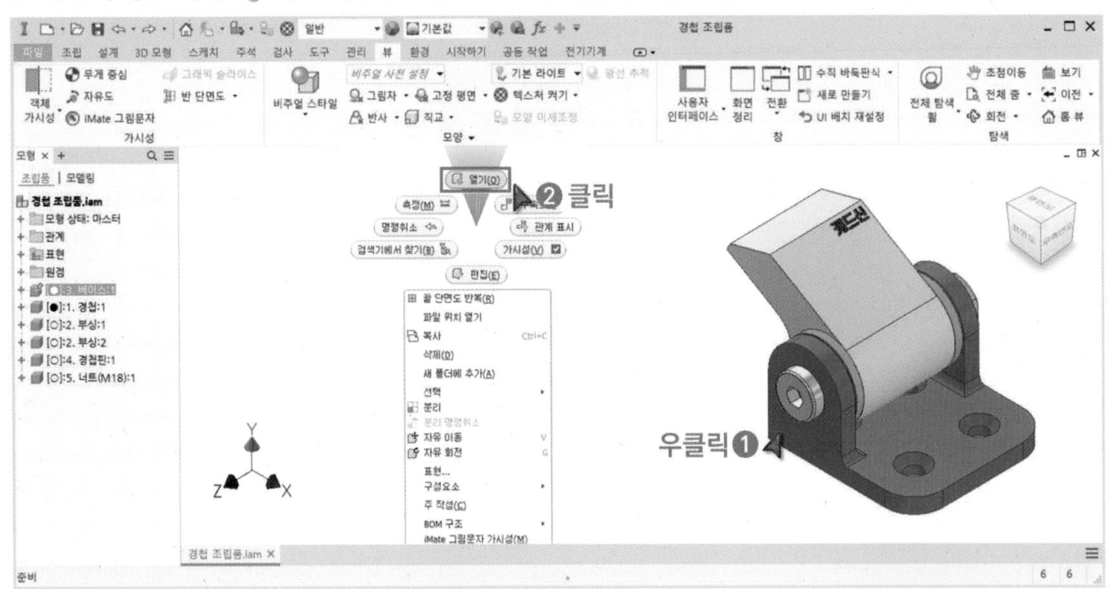

2 옆면을 클릭하고 「2D스케치 시작」을 클릭합니다.

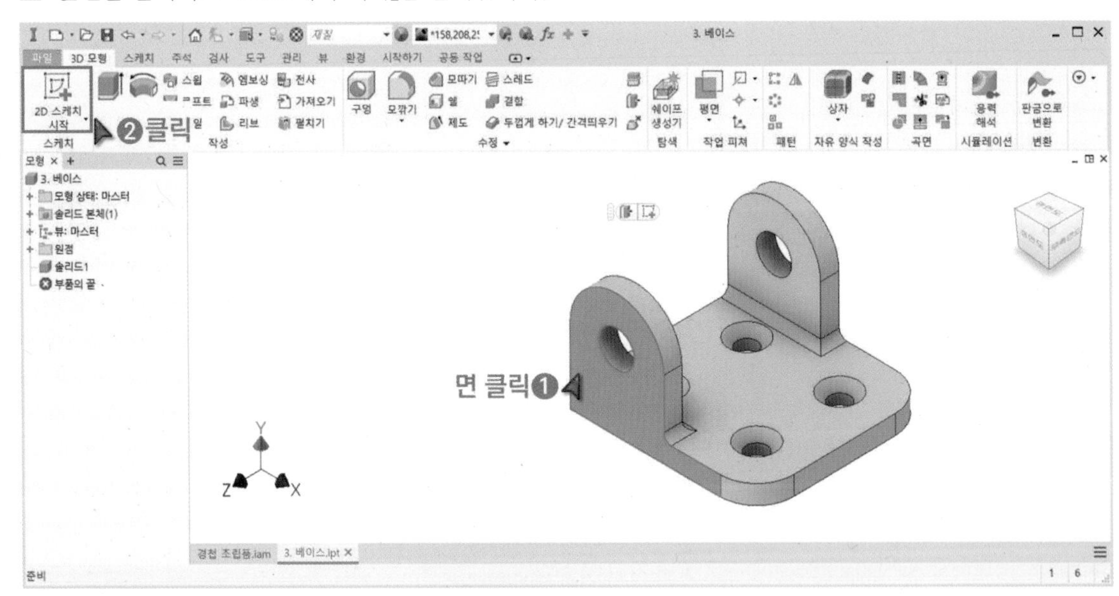

3 「형상투영」을 클릭하고 구멍의 모서리 선을 투영시킵니다.

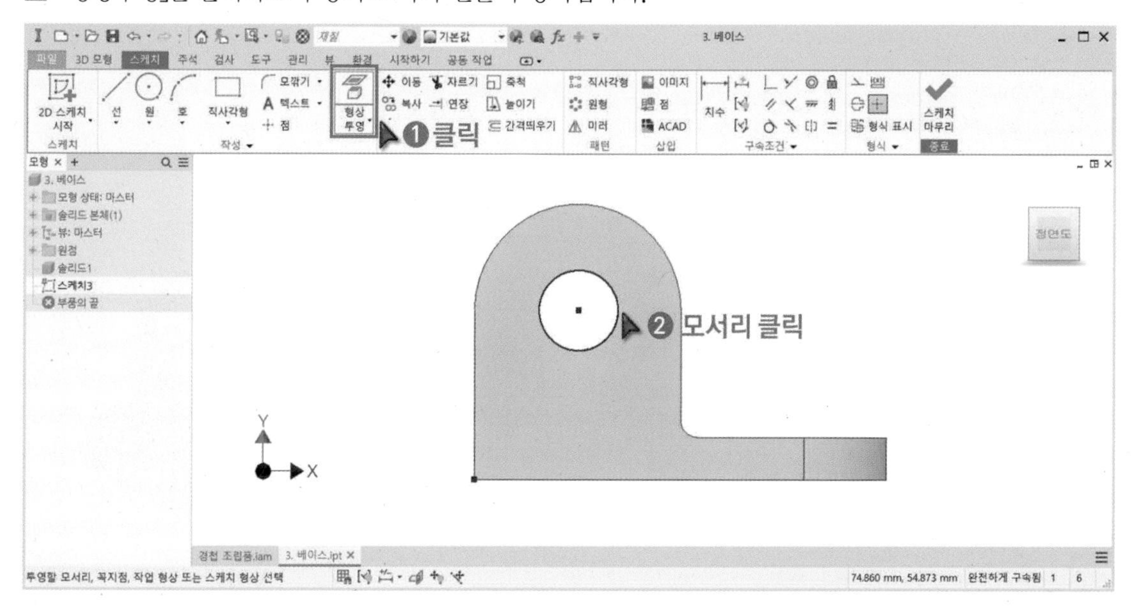

4 「원」을 클릭하고 지름 21mm의 원을 작성합니다.(경첩 핀 지름 20mm)

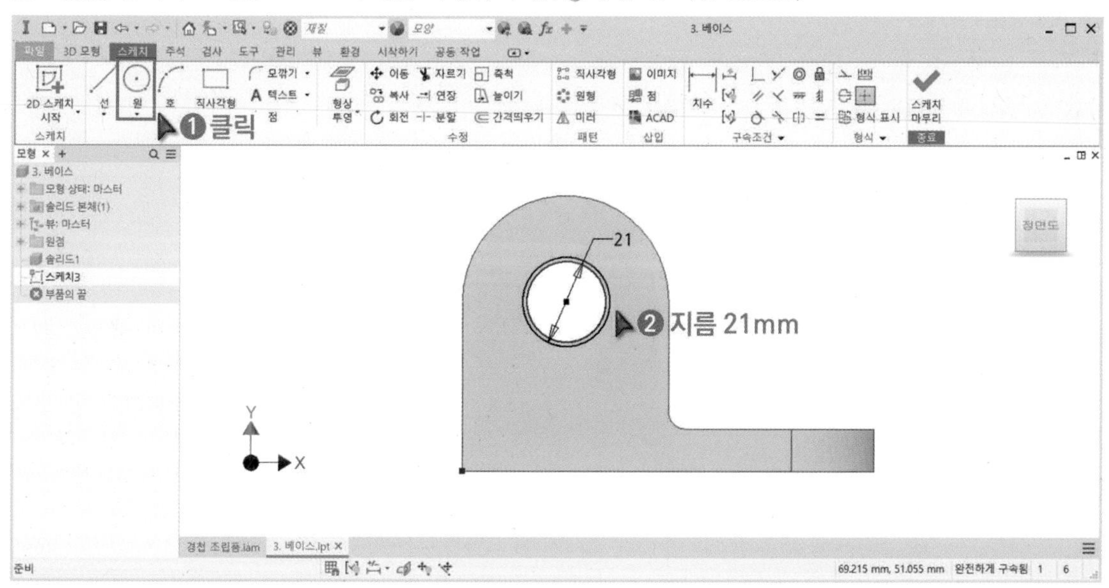

5 「돌출」을 클릭하고 지름 21mm의 영역을 제거합니다.

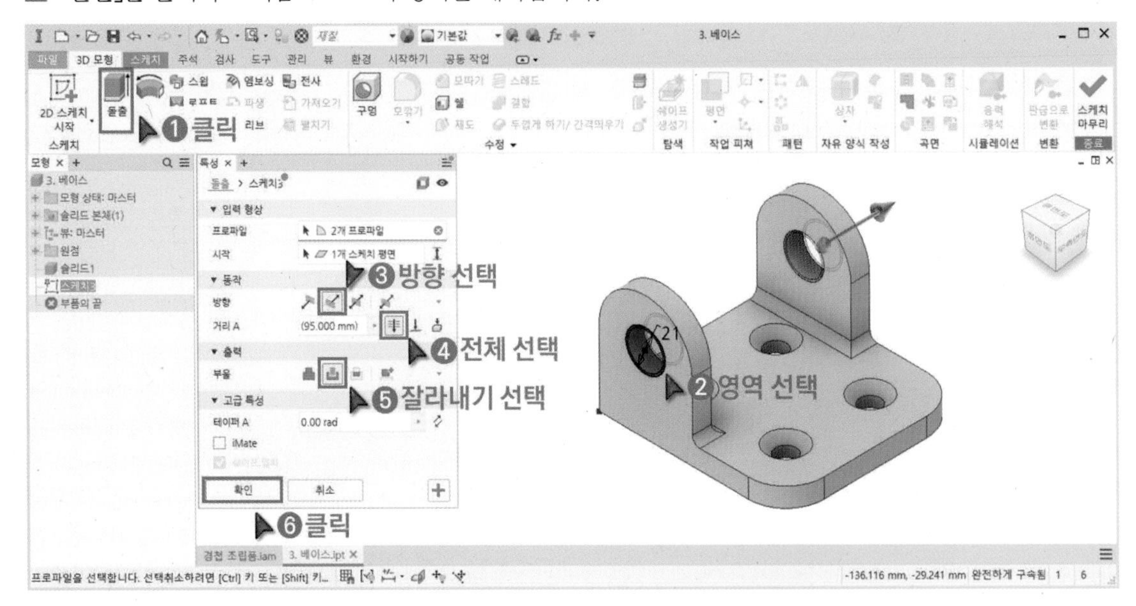

6 저장 후 파일을 닫습니다.

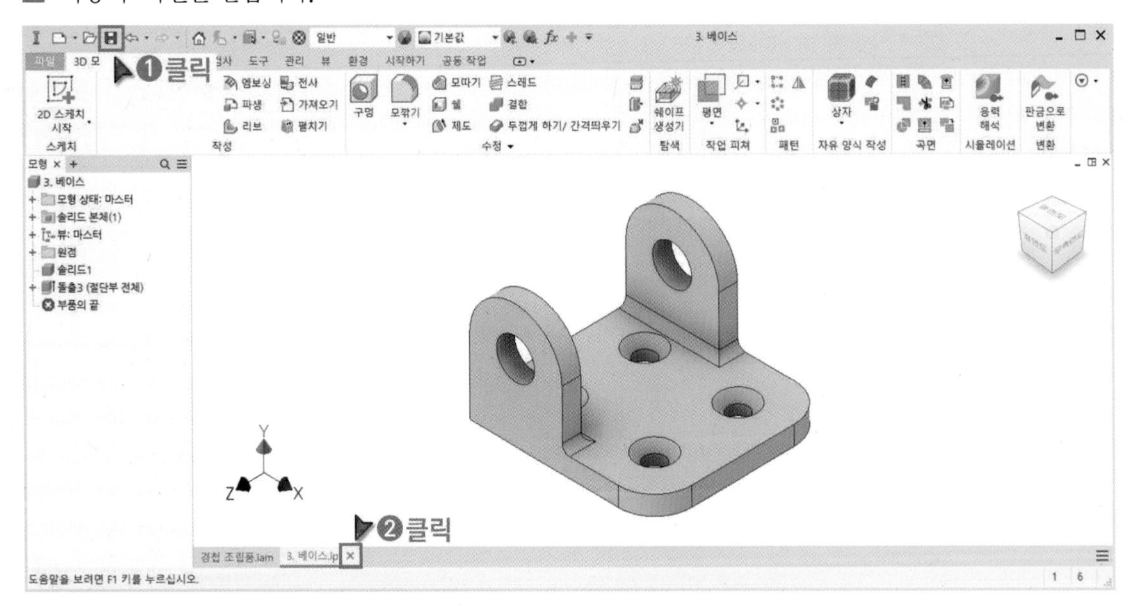

7 「베이스」 부품의 모델링 수정사항을 적용하기 위해 「업데이트」를 클릭합니다.

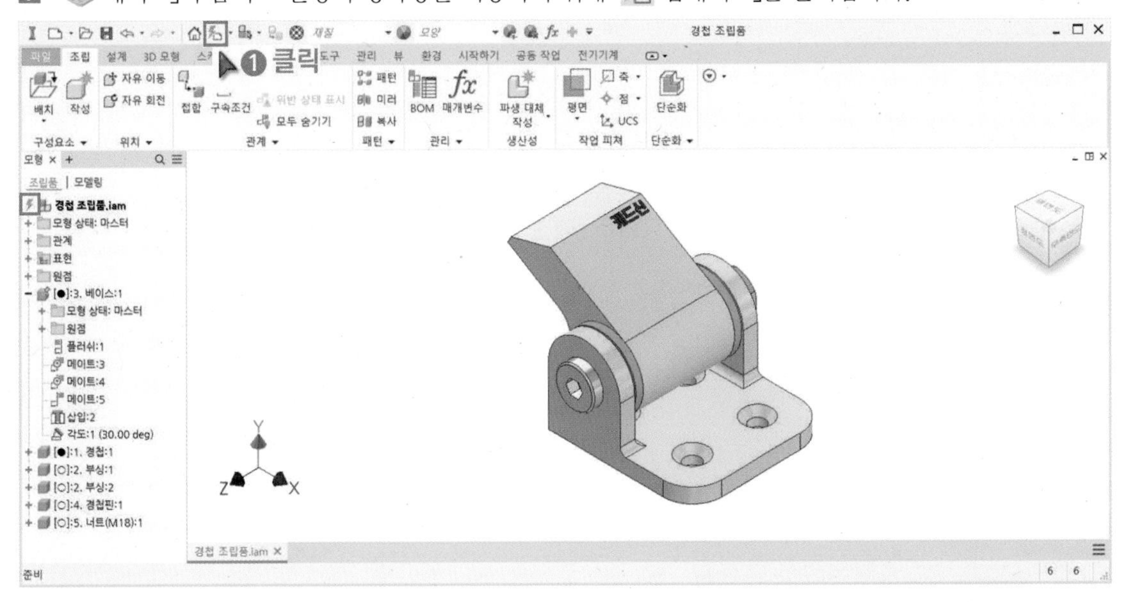

8 업데이트 과정 중 오류가 발생한다면 아래와 같은 창이 활성화됩니다. 「취소」를 클릭할 경우 오류를 해결할 수 없습니다. 오류를 해결하기 위해 「승인」을 클릭합니다.

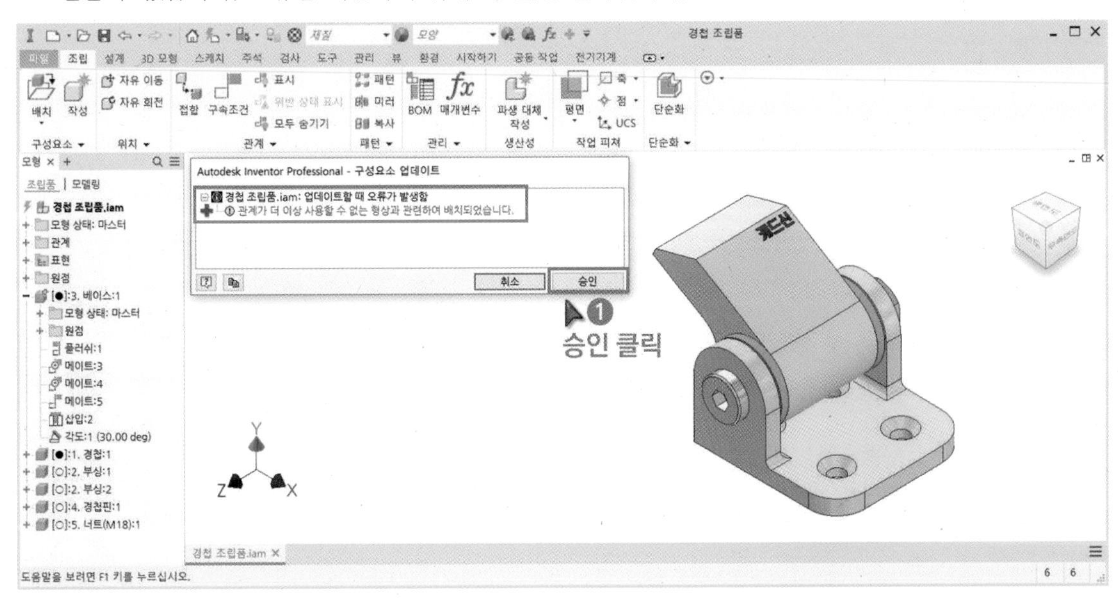

9 작업트리의 ⚠ 오류 기호를 확인합니다. 오류가 발생한 구속조건을 찾고 우클릭 후 「나머지 반」을 클릭합니다.

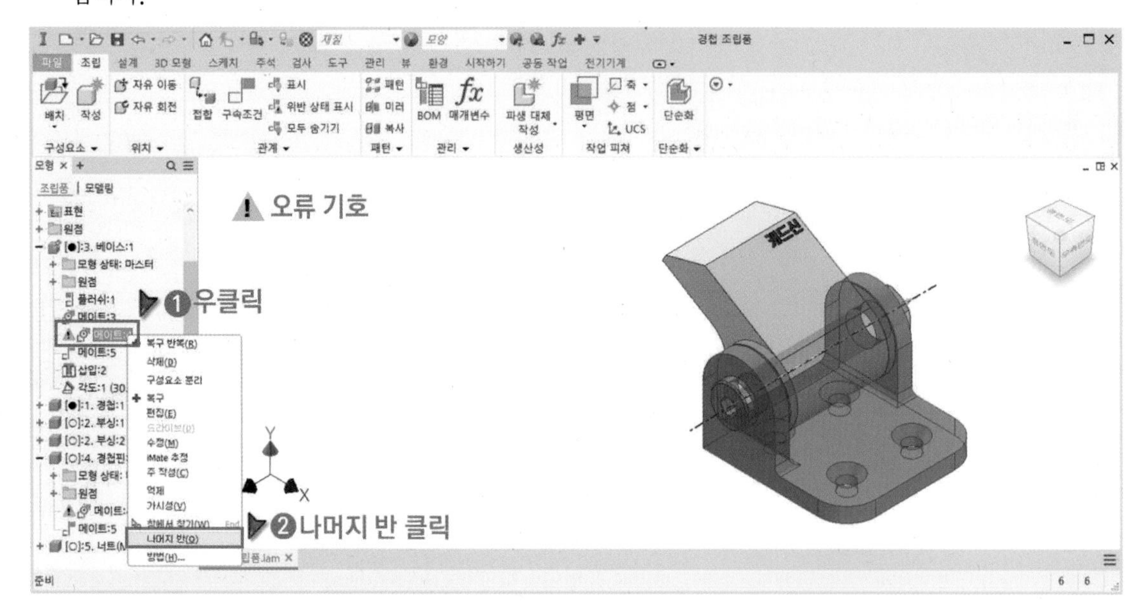

10 작업트리에서 ⚠오류가 발생한 조립 구속조건을 파악합니다. 「 베이스」와 「 경첩 핀」의 축과 축 일치 구속조건에서 오류가 발생한 것을 확인할 수 있습니다.

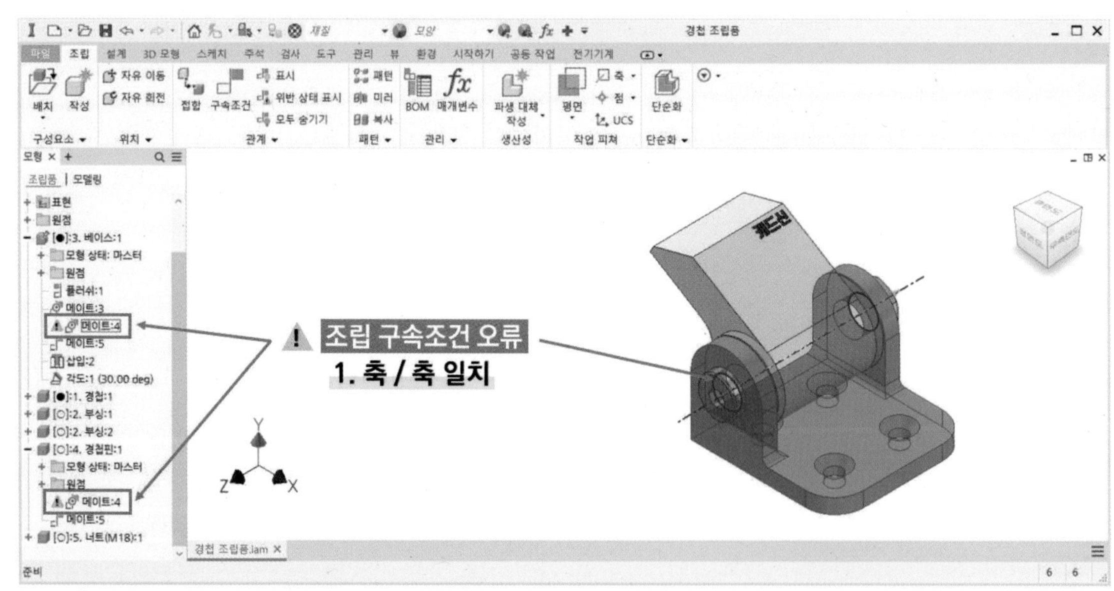

3 조립품 오류 원인과 해결 방법 중요 Point 실습 Point

조립품 생성 시 다양한 원인에 의해 오류가 발생합니다. 이러한 오류를 해결하지 않으면 조립품을 생성하기 어렵습니다. 따라서 오류의 원인을 분석하고 해결하는 방법은 매우 중요합니다. 조립품에서 발생하는 오류는 크게 2가지가 있습니다.

첫 번째 오류는 부품(ipt)에서 형상을 수정하는 과정에서 발생합니다. 형상 수정 중 조립 구속조건에서 선택했던 요소가 제거 됐을 경우 오류가 발생합니다. 이를 해결하는 방법은 조립 구속조건 편집에서 선택요소를 재선택하면 오류를 해결할 수 있습니다.

오류 원인 1

기존 선택요소(점, 선, 면) 제거

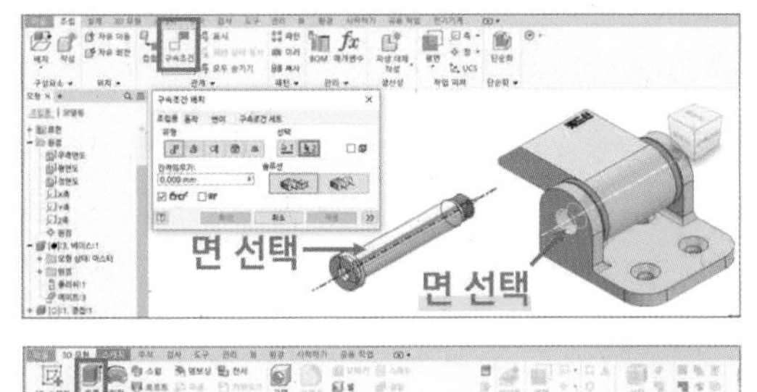

해결 방법 1

구속조건 편집에서 선택요소 재선택

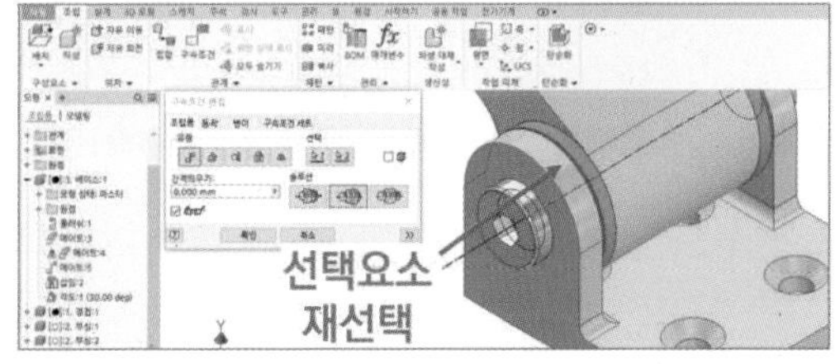

두 번째 오류는 조립품(iam)에서 조립 구속조건을 적용하는 과정에서 발생합니다. 조립 구속조건을 중복 또는 초과 적용할 경우 오류가 발생합니다. 이를 해결하는 방법은 오류가 발생한 구속조건을 삭제하면 오류를 해결할 수 있습니다.

오류 원인 2

조립 구속조건 중복, 초과 적용

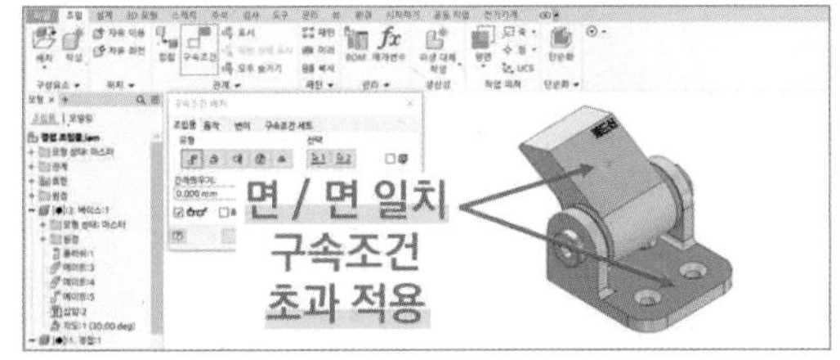

해결 방법 2

중복, 초과 구속조건 삭제

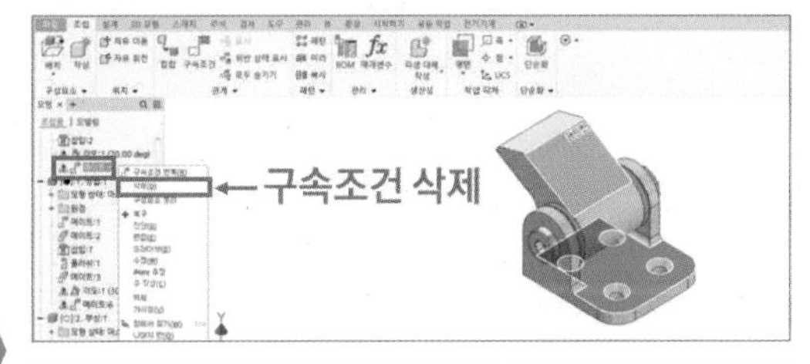

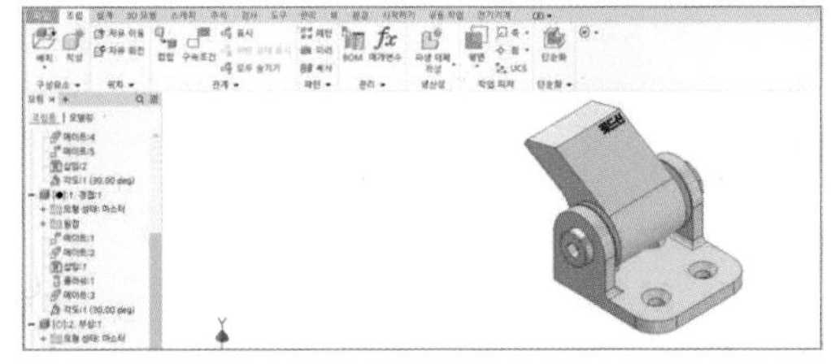

1 오류가 발생한 조립 구속조건에서 우클릭하고 「편집」을 클릭합니다.

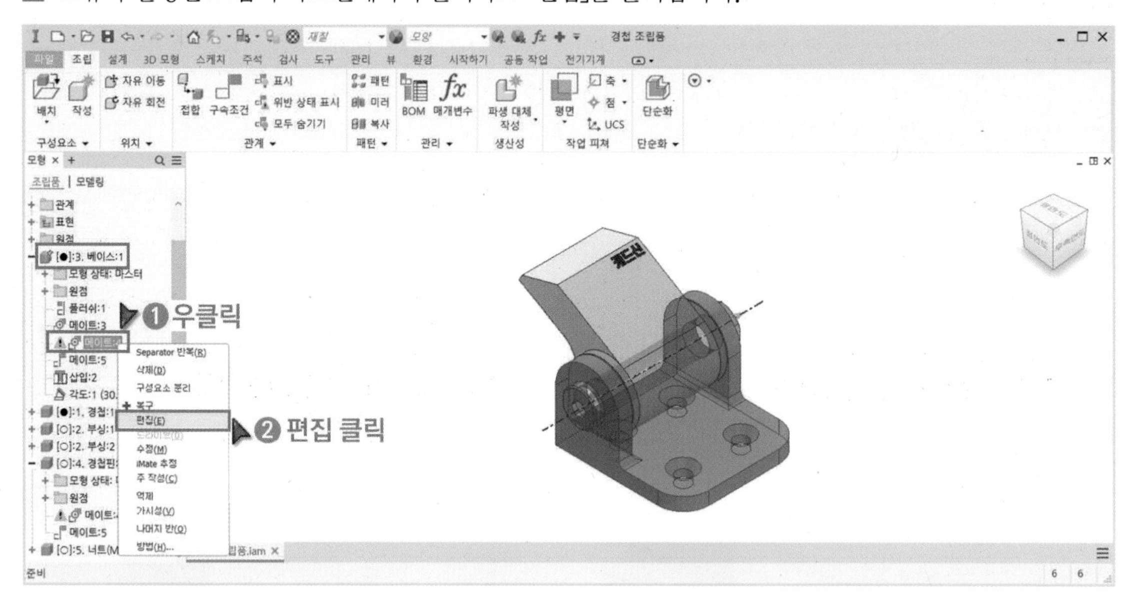

2 형상 수정으로 인해 두 번째 선택요소가 제거된 것을 확인합니다.

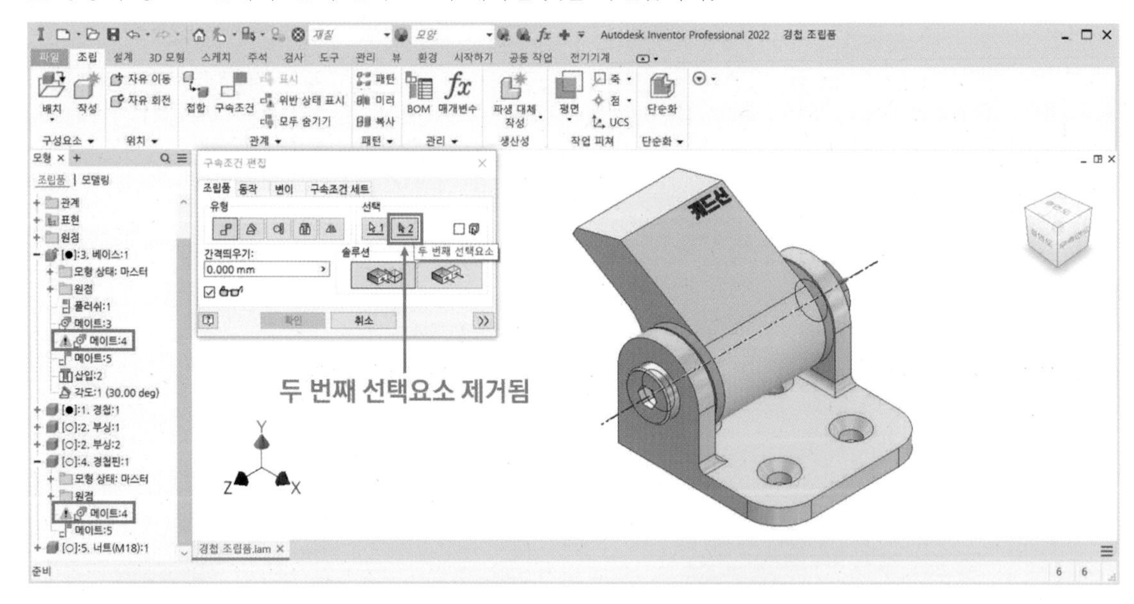

3 제거된 면을 대체할 다른 면을 재선택해서 축과 축을 일치시킵니다.

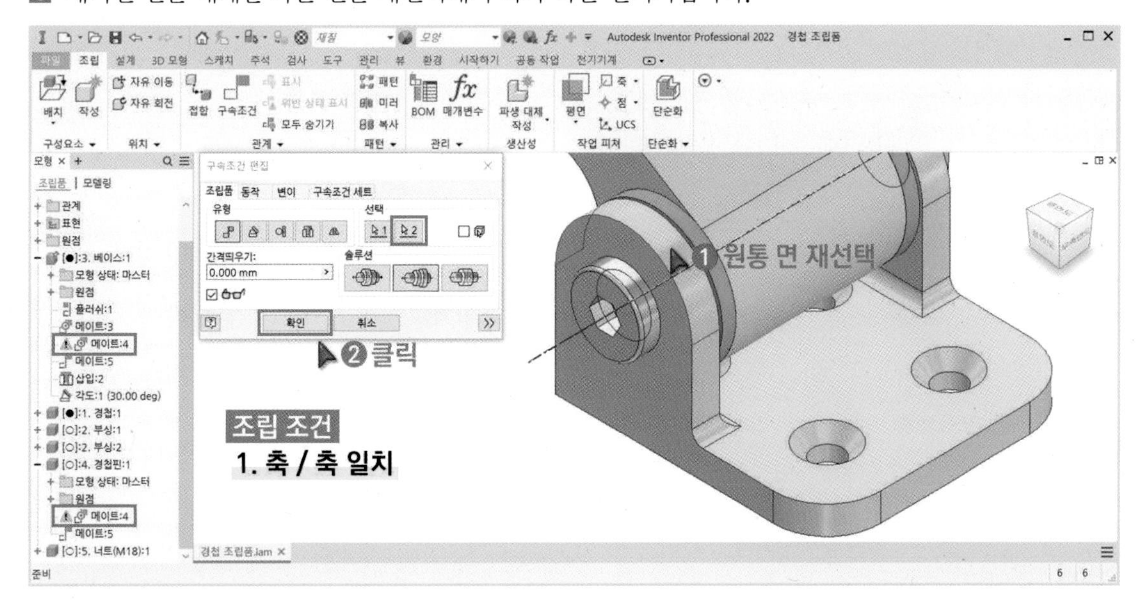

4 오류가 해결된 것을 확인합니다.

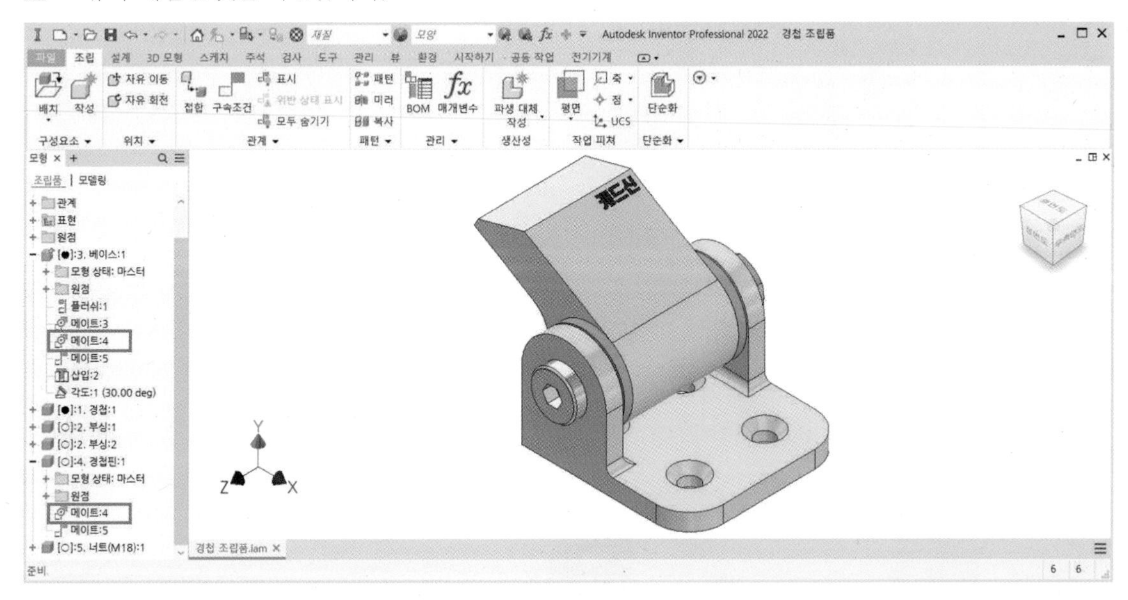

4 데이터 호환 및 저장 중요 Point 실습 Point

https://cafe.naver.com/dongjinc/1104

상위 버전에서 저장한 파일은 하위 버전에서 실행 할 수 없습니다. 뿐만 아니라 다른 모델링 프로그램에서 저장된 파일은 호환이 불가능해서 실행 할 수 없습니다. 이럴 경우 중립파일 형식(STEP, IGES 등)으로 저장하면 다른 버전 및 프로그램에서 파일을 실행할 수 있습니다.

구분	인벤터 2010 프로그램	인벤터 2022 프로그램	기타 프로그램
인벤터 2010 파일	실행 가능 ○	실행 가능 ○	실행 불가능 ×
인벤터 2022 파일	실행 불가능 ×	실행 가능 ○	실행 불가능 ×
STEP, IGES 파일	실행 가능 ○	실행 가능 ○	실행 가능 ○

STEP 또는 IGES 파일로 저장할 경우 모든 프로그램에서 호환이 가능하지만 작업이력이 삭제되어 모델링 수정이 어렵습니다.

모델링한 부품(ipt)과 조립품(iam)을 3D프린터로 출력하기 위해서는 STL 또는 OBJ 파일형식으로 저장해야합니다. STL 파일 형식으로 저장하면 모델링 형상은 꼭짓점(Vertex)과 모서리 선(Edge)을 포함하는 삼각형 메시(Mesh)로 형상이 만들어집니다.

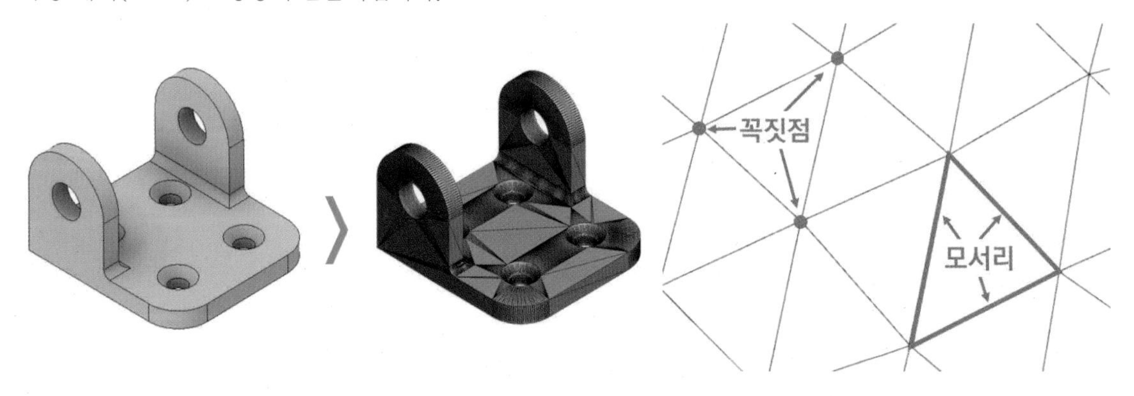

STL 또는 OBJ 파일형식으로 저장 시 단위는 'mm', 해상도(품질)은 '높게' 저장해야 합니다. 낮은 해상도로 저장하면 삼각형 메시의 크기가 커져 제품의 품질이 낮아지게 됩니다.

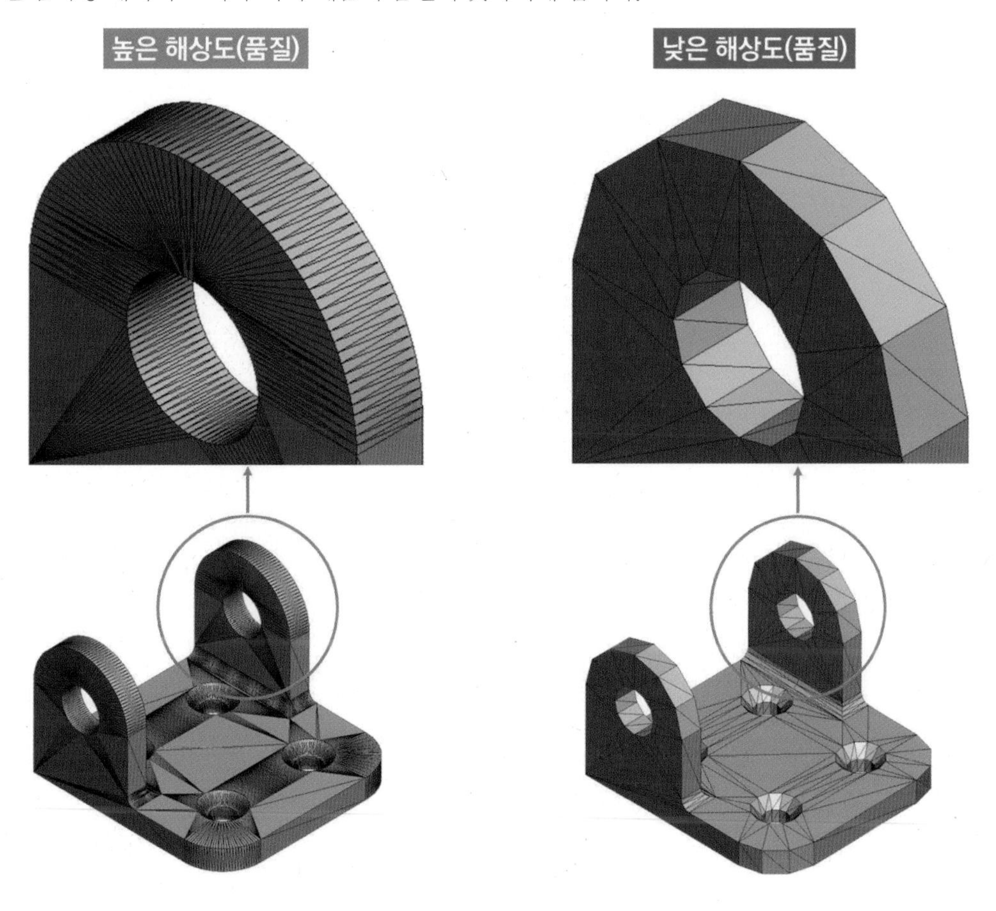

1 「경첩 조립품.iam」을 실행합니다. 「파일」을 클릭하고 「다른 이름으로 사본 저장」을 클릭합니다.

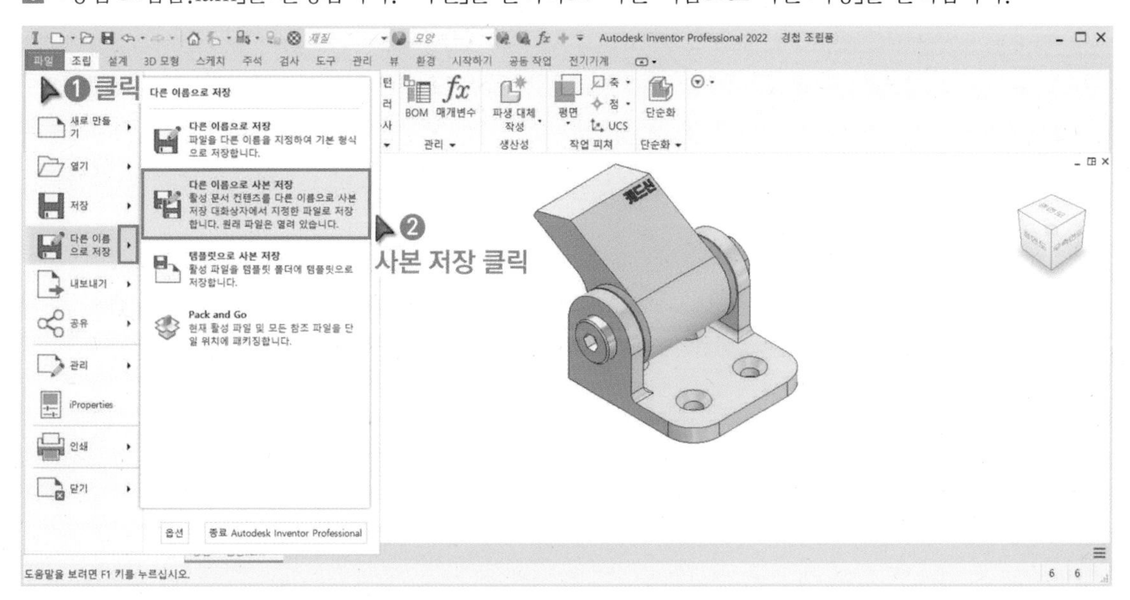

2 아래와 같은 방법으로「STL 파일형식」으로 저장합니다. iam파일 뿐만 아니라 ipt파일도 stl파일로 저장할 수 있습니다.

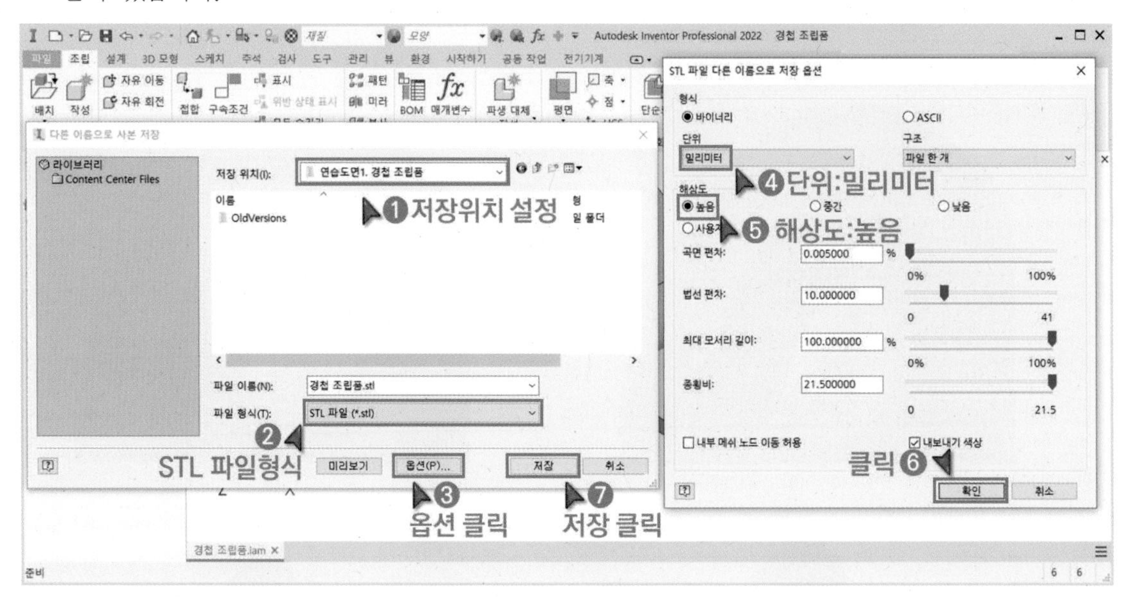

3 모델링 파일은 STEP, IGES 등 다양한 형식으로 저장할 수 있습니다.

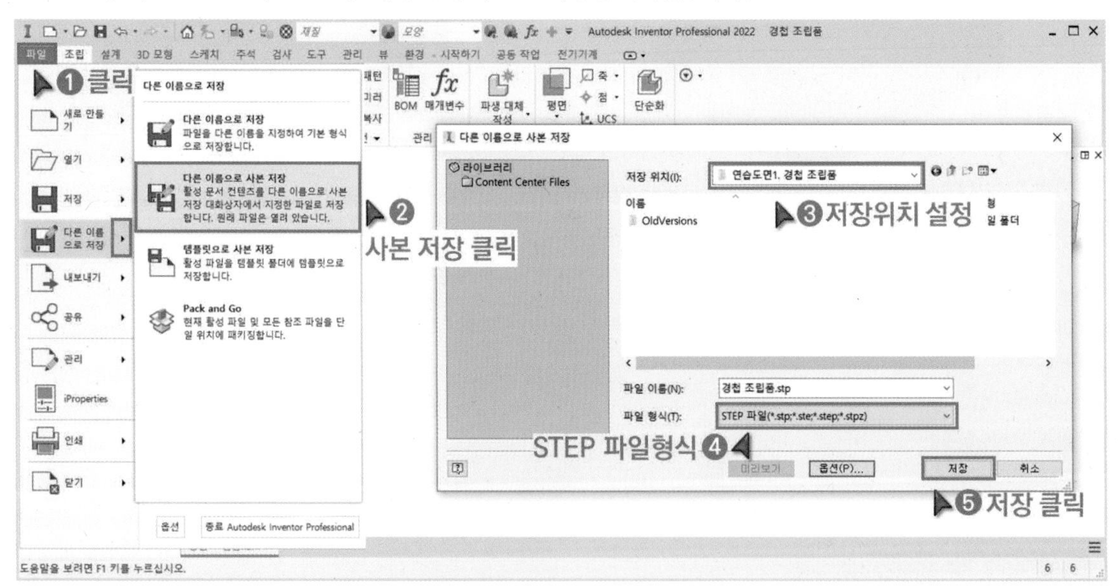

5 표준 규격품의 활용 중요 Point 실습 Point

https://cafe.naver.com/dongjinc/1105

조립품을 생성할 때 볼트와 너트 같은 표준 규격품을 많이 사용합니다. 표준 규격품을 활용하는 방법은 크게 3가지가 있습니다.

첫째, KS규격집을 참고하고 표준 규격품을 직접 모델링해서 활용합니다.

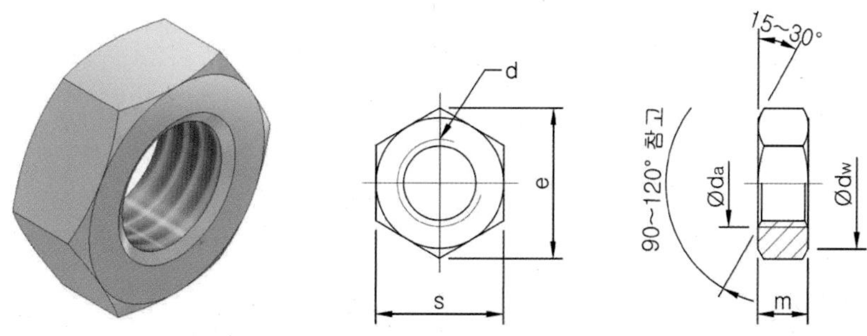

나사의 호칭 d	M4	M5	M6
피치 P	0.7	0.8	1
da	4	5	6
dw	5.9	6.9	8.9
e	7.66	8.79	11.05
m	3.2	4.7	5.2
s	7	8	10

〈 육각너트 : KS B 1012 – 한국산업표준 standard.go.kr 〉

둘째, 웹사이트에서 표준 규격품을 다운받아 활용합니다. 너트의 KS규격 표준번호(육각너트 KS B 1012)에 대응하는 ISO규격 표준번호(육각너트 ISO 4032)를 확인하고 STEP 또는 IGES 파일을 다운받습니다.

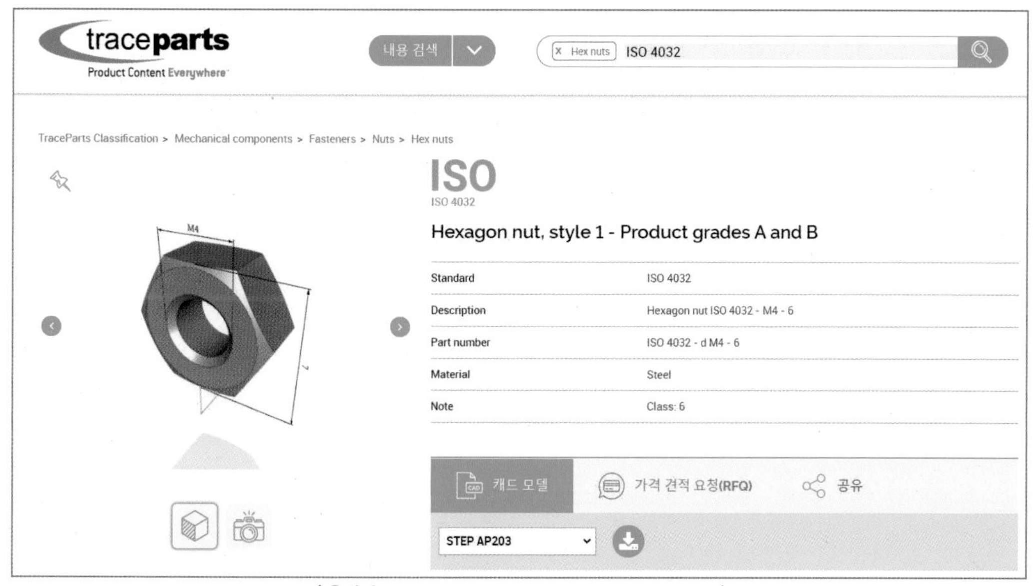

〈 육각너트 : ISO 4032 – www.traceparts.com 〉

셋째, 인벤터 컨텐츠 센터에서 제공하는 표준 규격품을 활용합니다. 대부분의 모델링 프로그램은 표준 규격에 의해 모델링 되어 있는 규격품을 제공하고 있습니다.

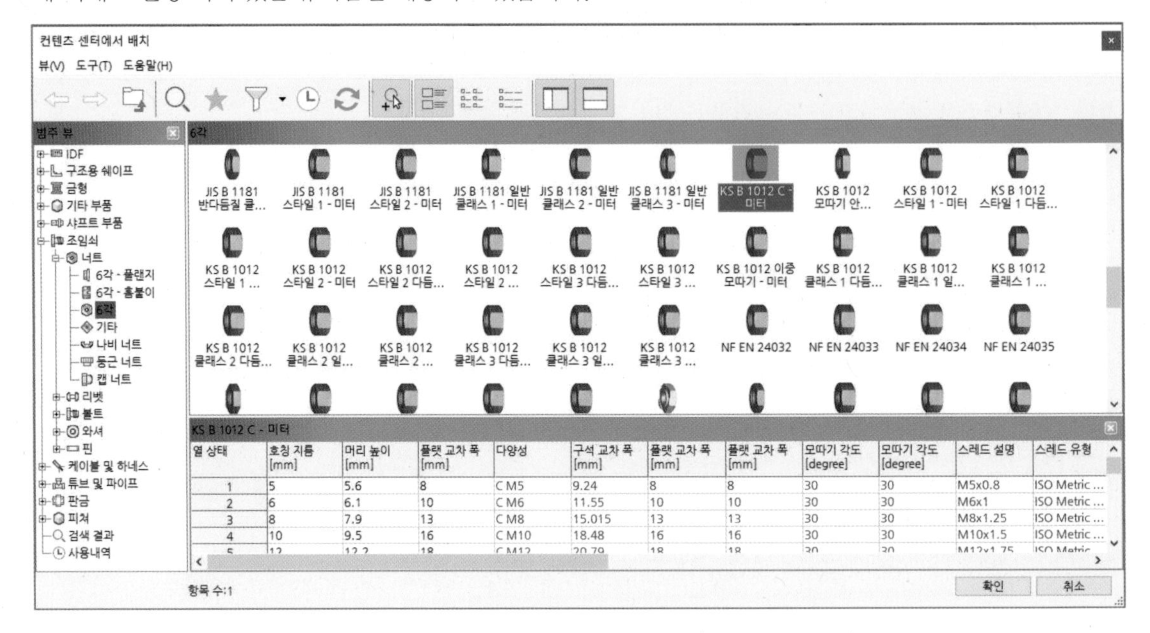

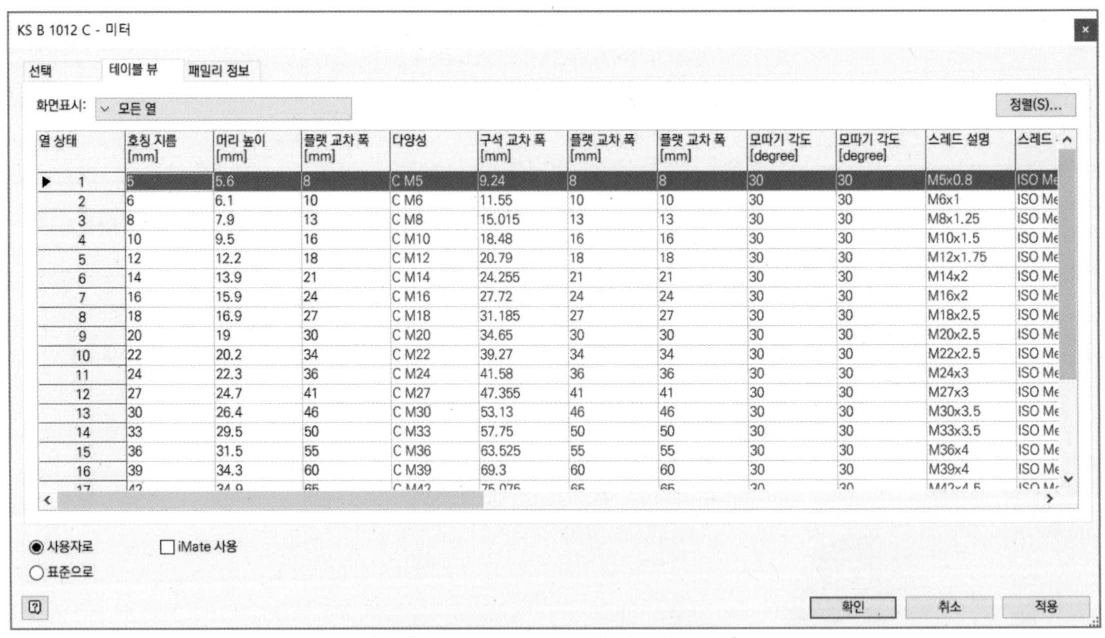

열 상태	호칭 지름 [mm]	머리 높이 [mm]	플랫 교차 폭 [mm]	다양성	구석 교차 폭 [mm]	플랫 교차 폭 [mm]	플랫 교차 폭 [mm]	모따기 각도 [degree]	모따기 각도 [degree]	스레드 설명	스레드
1	5	5.6	8	C M5	9.24	8	8	30	30	M5x0.8	ISO Me
2	6	6.1	10	C M6	11.55	10	10	30	30	M6x1	ISO Me
3	8	7.9	13	C M8	15.015	13	13	30	30	M8x1.25	ISO Me
4	10	9.5	16	C M10	18.48	16	16	30	30	M10x1.5	ISO Me
5	12	12.2	18	C M12	20.79	18	18	30	30	M12x1.75	ISO Me
6	14	13.9	21	C M14	24.255	21	21	30	30	M14x2	ISO Me
7	16	15.9	24	C M16	27.72	24	24	30	30	M16x2	ISO Me
8	18	16.9	27	C M18	31.185	27	27	30	30	M18x2.5	ISO Me
9	20	19	30	C M20	34.65	30	30	30	30	M20x2.5	ISO Me
10	22	20.2	34	C M22	39.27	34	34	30	30	M22x2.5	ISO Me
11	24	22.3	36	C M24	41.58	36	36	30	30	M24x3	ISO Me
12	27	24.7	41	C M27	47.355	41	41	30	30	M27x3	ISO Me
13	30	26.4	46	C M30	53.13	46	46	30	30	M30x3.5	ISO Me
14	33	29.5	50	C M33	57.75	50	50	30	30	M33x3.5	ISO Me
15	36	31.5	55	C M36	63.525	55	55	30	30	M36x4	ISO Me
16	39	34.3	60	C M39	69.3	60	60	30	30	M39x4	ISO Me

〈 육각너트 : KS B 1012 – 인벤터 컨텐츠 센터 〉

6 인벤터 컨텐츠 센터 활용 중요Point 실습Point

인벤터를 설치할 때 「컨텐츠 라이브러리」라는 옵션을 설치해야지만 인벤터 컨텐츠 센터를 사용할 수 있습니다.

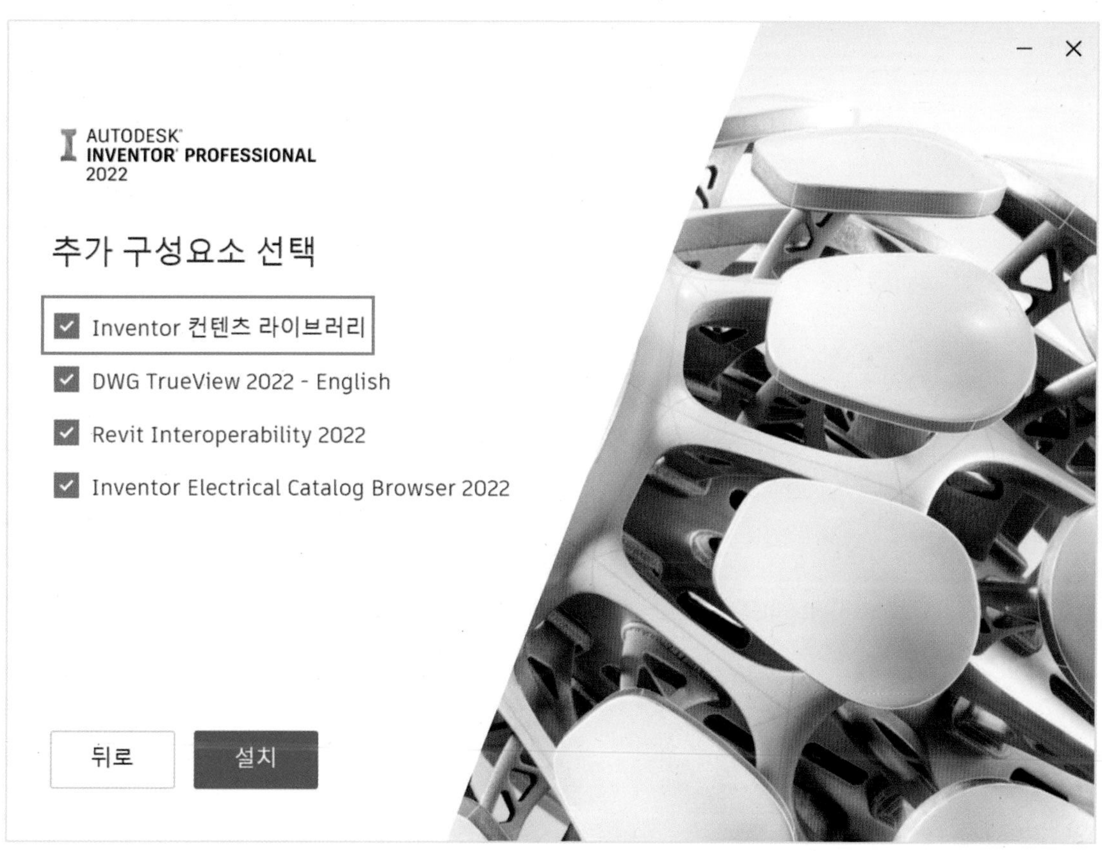

1 「새로 만들기」를 클릭하고 「조립품.iam」을 더블 클릭해서 실행합니다.

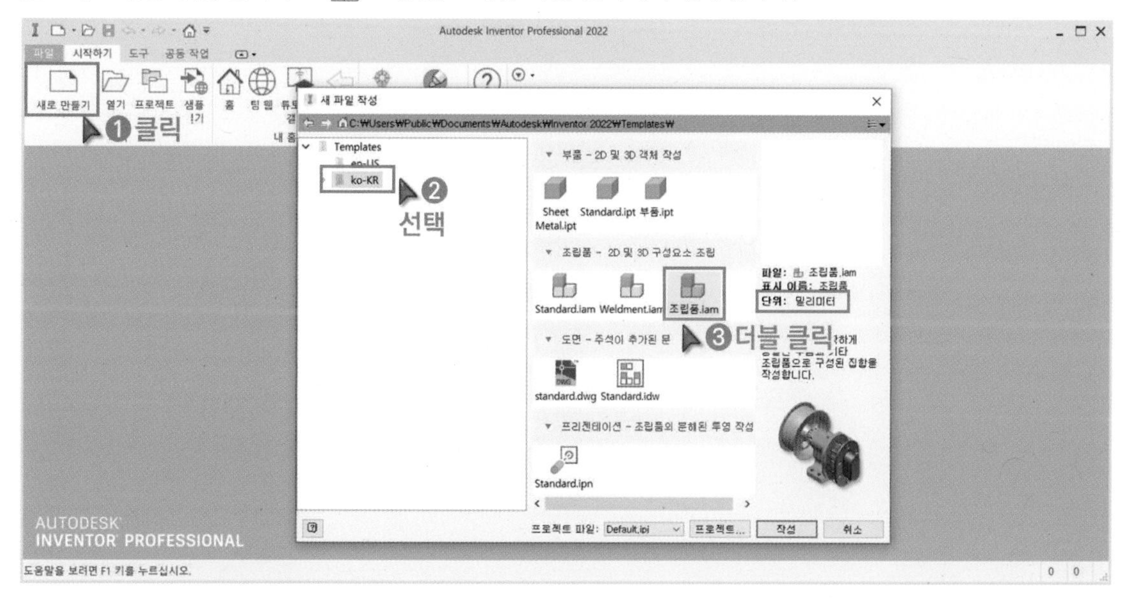

2 「연습도면1」 폴더의 「 3. 베이스.ipt」 파일을 작업화면으로 드래그 앤 드롭합니다.

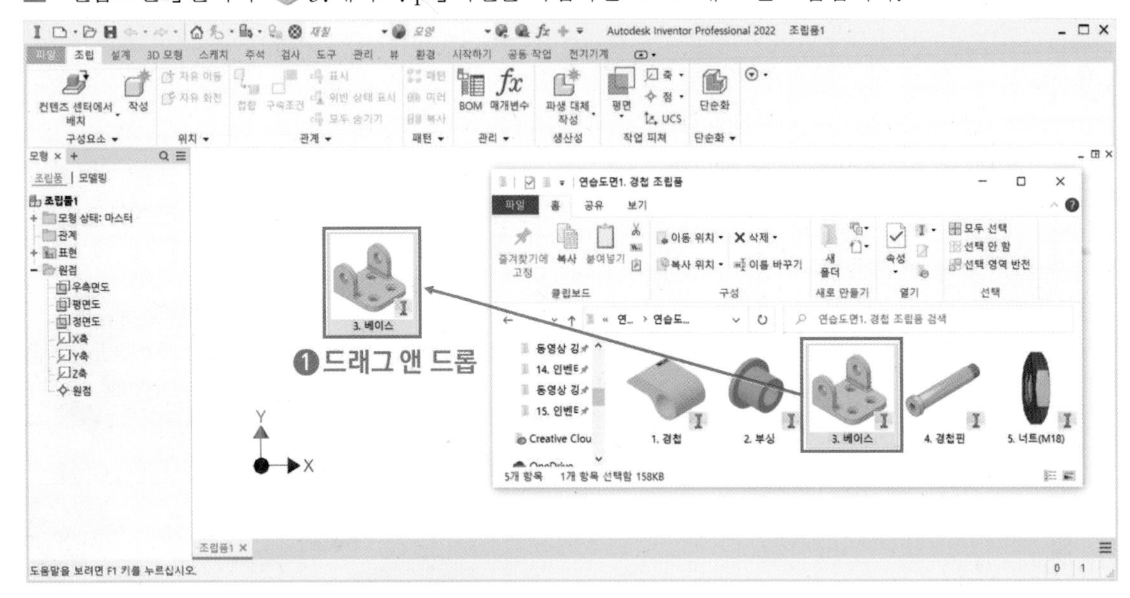

3 「컨텐츠 센터에서 배치」를 클릭합니다.

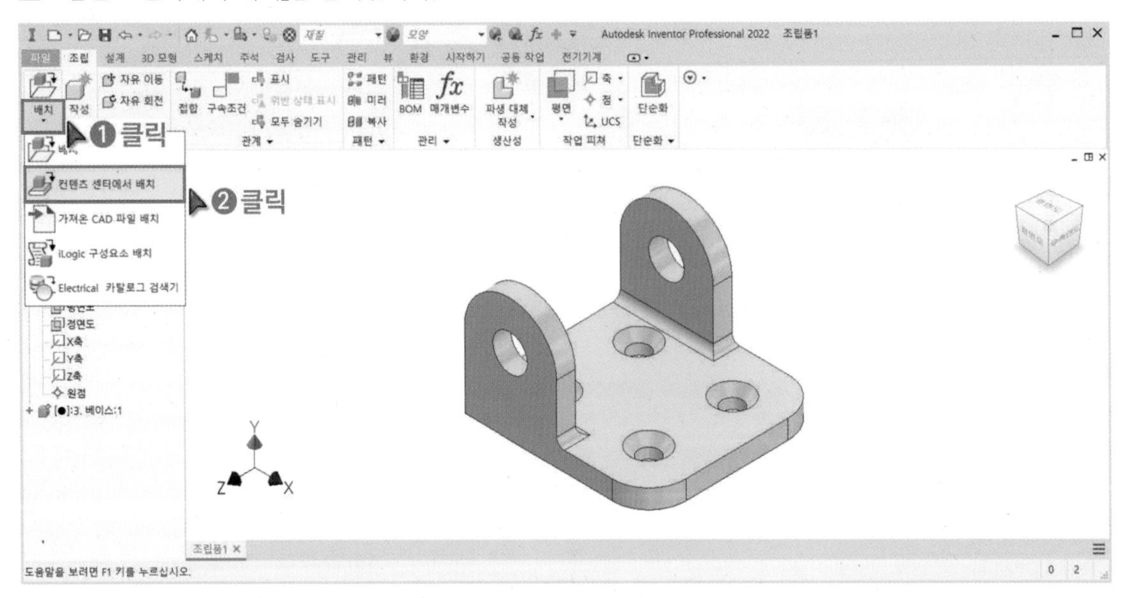

4 범주 뷰에서 목록을 탐색하고 표준 규격품「육각 너트 KS B 1012 C-미터」를 더블 클릭합니다.

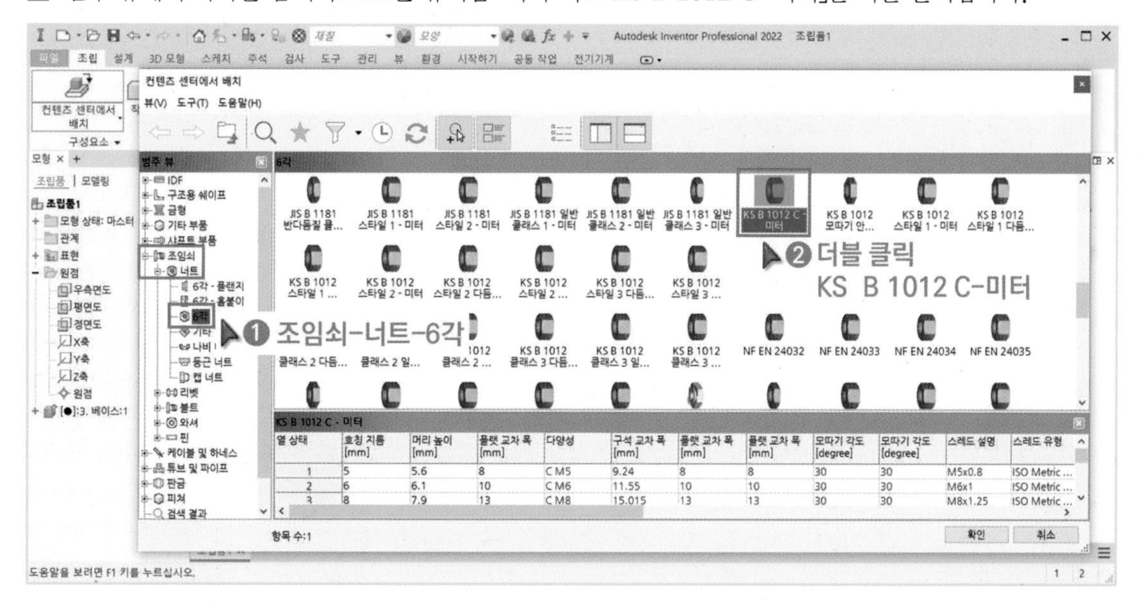

5 빈 공간을 클릭한 후「육각 너트 M18」을 선택합니다.「사용자로」를 선택하고 확인을 클릭합니다.「사용자로」를 선택할 경우 저장 위치를 직접 결정할 수 있습니다.「표준으로」를 선택할 경우 컨텐츠 센터 폴더(C:\Users\OOO\Documents\Inventor\Content Center Files\R2022\ko-KR\)에 저장됩니다.

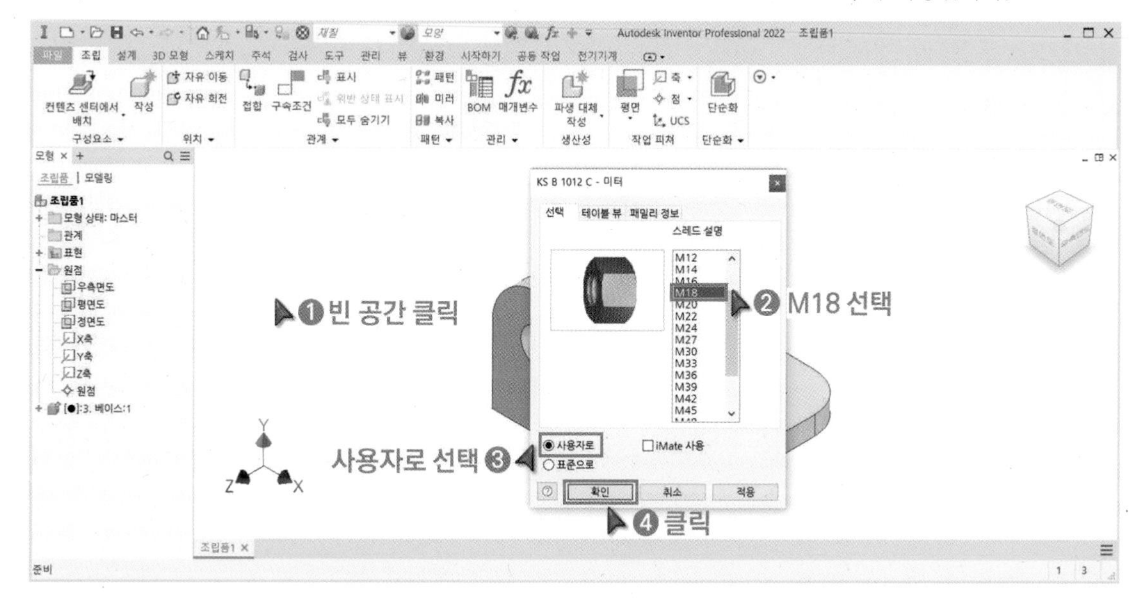

6 저장할 위치를 지정하고 파일 이름을 입력해서 저장합니다.

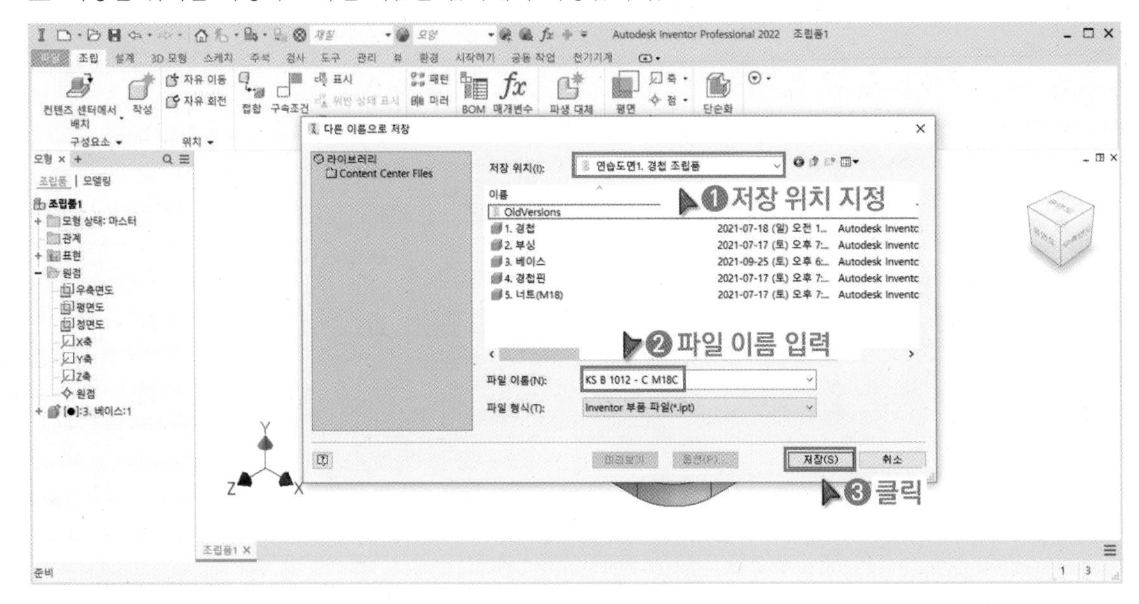

7 빈 공간을 클릭해서 표준 규격품을 배치합니다.

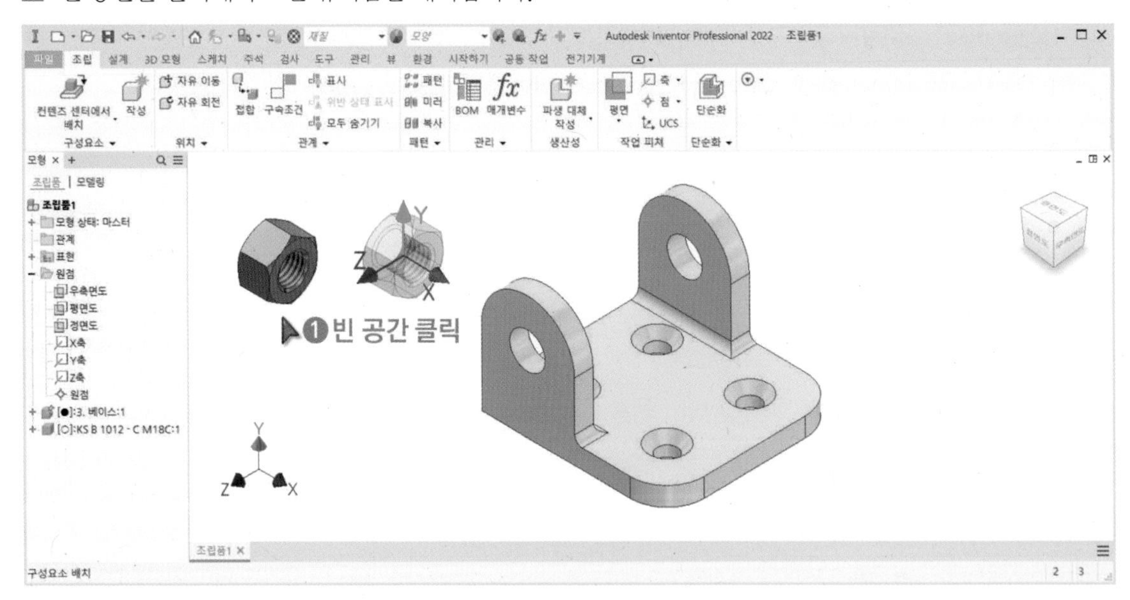

조립 실습 > 조립품 (초급, 중급)

《붙임》 연습도면을 참고해서 조립품을 완성하세요. 조립품은 부품과 동일한 폴더에 저장하세요. 조립품에 사용되는 표준 규격품은 《붙임》 규격품 경로를 참고하고 인벤터 컨텐츠 센터를 활용해서 다운 받으세요.

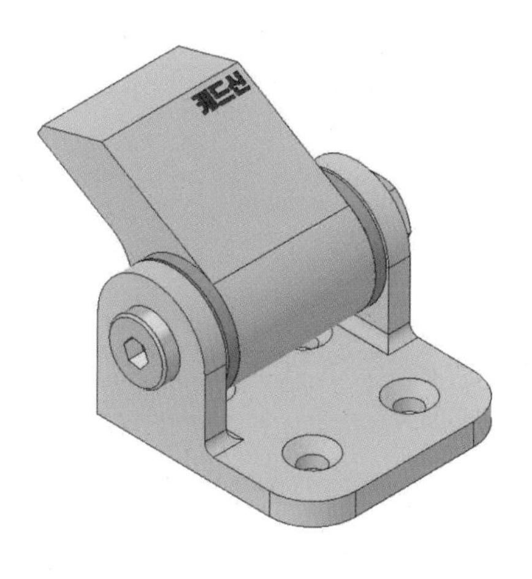

https://cafe.naver.com/dongjinc/1106

〈 연습도면1. 경첩 〉

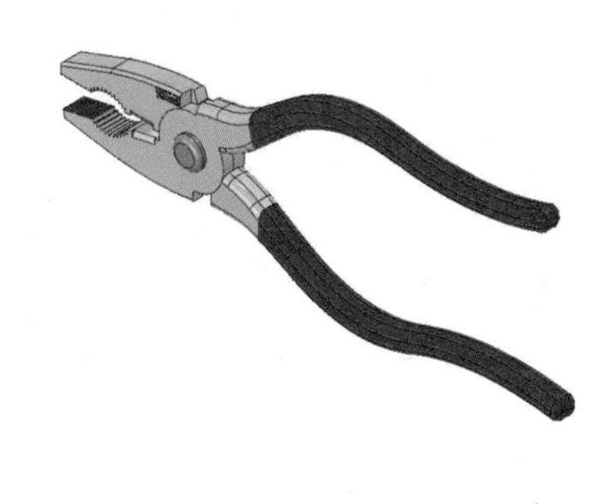

https://cafe.naver.com/dongjinc/1107

〈 연습도면2. 펜치 〉

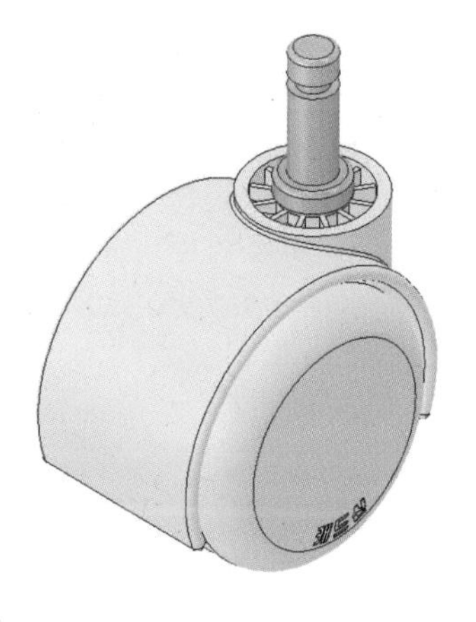

https://cafe.naver.com/dongjinc/1108

〈 연습도면3. 캐스터 〉

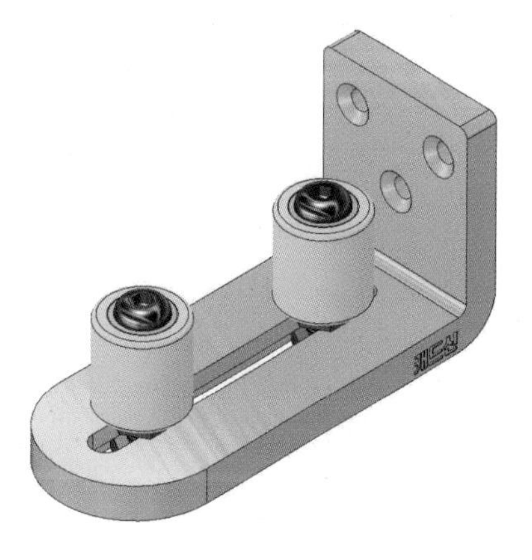

https://cafe.naver.com/dongjinc/1109

〈 연습도면4. 도어 가이드 〉

《붙임》 연습도면을 참고해서 조립품을 완성하세요. 조립품은 부품과 동일한 폴더에 저장하세요. 조립품에 사용되는 표준 규격품은 《붙임》 규격품 경로를 참고하고 인벤터 컨텐츠 센터를 활용해서 다운 받으세요.

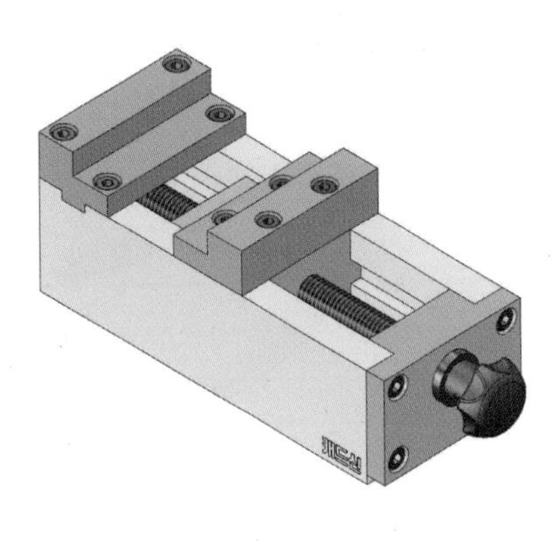

https://cafe.naver.com/dongjinc/1110

〈 연습도면5. 바이스 〉

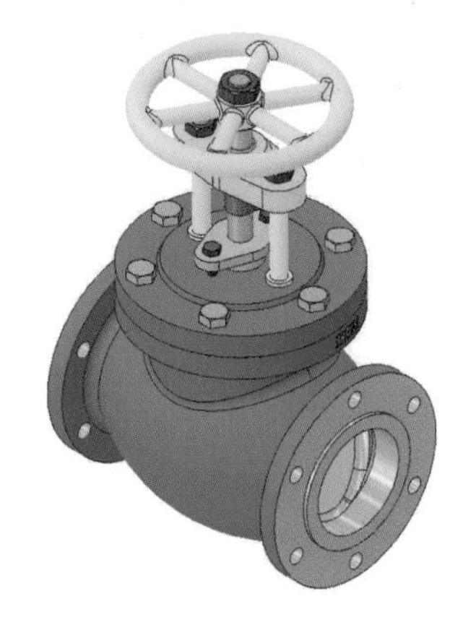

https://cafe.naver.com/dongjinc/1111

〈 연습도면6. 글로브 밸브 〉

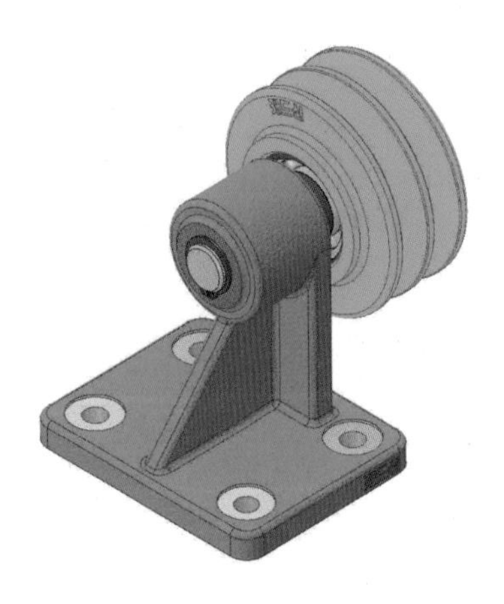

https://cafe.naver.com/dongjinc/1112

〈 연습도면7. 2열 V벨트 유동장치 〉

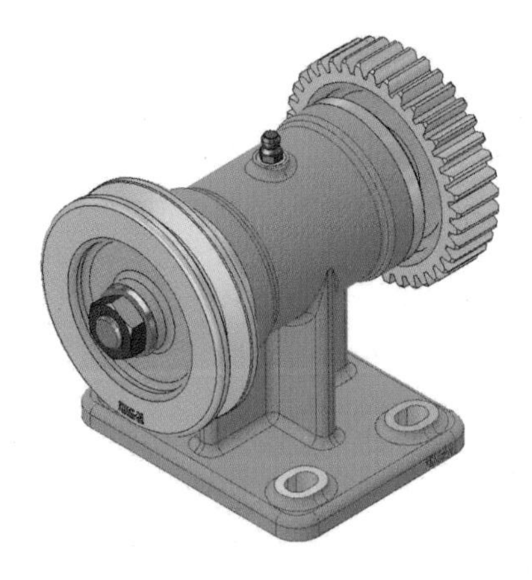

https://cafe.naver.com/dongjinc/1113

〈 연습도면8. 동력전달장치 〉

MEMO

PART

02

3D형상모델링 분해

SECTION

2.1 분해품 생성

학습목표
- 분해기능을 사용하여 조립품을 분해하고 분해품을 생성 할 수 있다.
- 도면에 작성할 뷰를 생성할 수 있다.
- 기계장치의 조립 및 분해 과정을 영상으로 제작 할 수 있다.

1 분해품 템플릿 작성 실습 Point

https://cafe.naver.com/dongjinc/1114

조립품을 분해한 것을 분해품이라고 하며 확장자는 ipn입니다. 분해품 템플릿을 사용해서 조립 및 분해 관계를 나타내는 영상과 도면뷰를 작성할 수 있습니다.

조립품 iam inventor assembly

경첩 조립품.iam

분해품 ipn inventor presentation

경첩 분해품.ipn

1 「새로 만들기」를 클릭하고 「standard.ipn」을 더블 클릭해서 실행합니다.

2 삽입 창은 「취소」를 클릭해서 닫습니다.

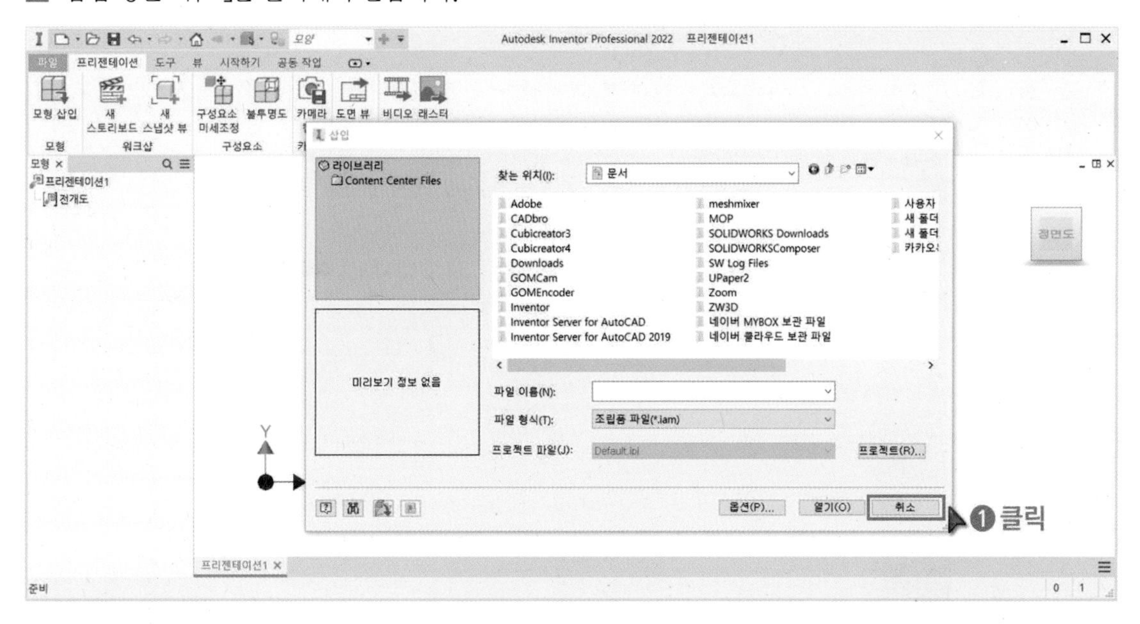

3 뷰큐브의 정면도, 우측면도, 평면도가 보이도록 회전 시킨 후 「뷰에 맞춤」을 클릭합니다.

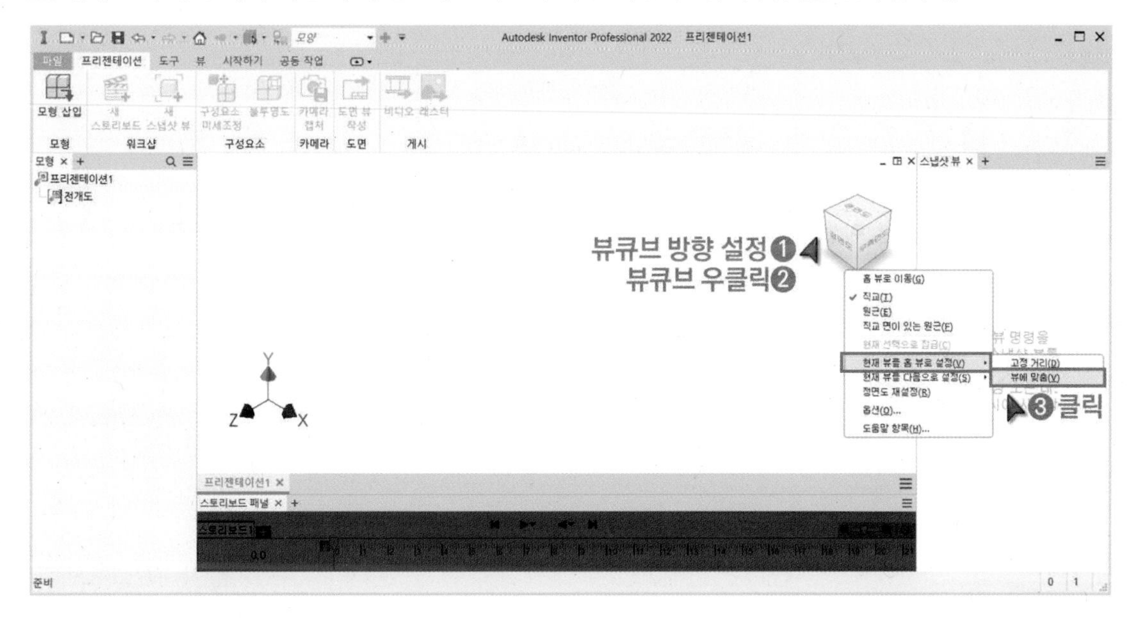

4 「문서 설정」을 클릭합니다. 분해품의 형상이 잘 보이도록 「기본 라이트」, 「모서리로 음영처리」를 선택합니다.(활성 조명 스타일에 기본 라이트가 없는 경우 회색 공간을 선택)

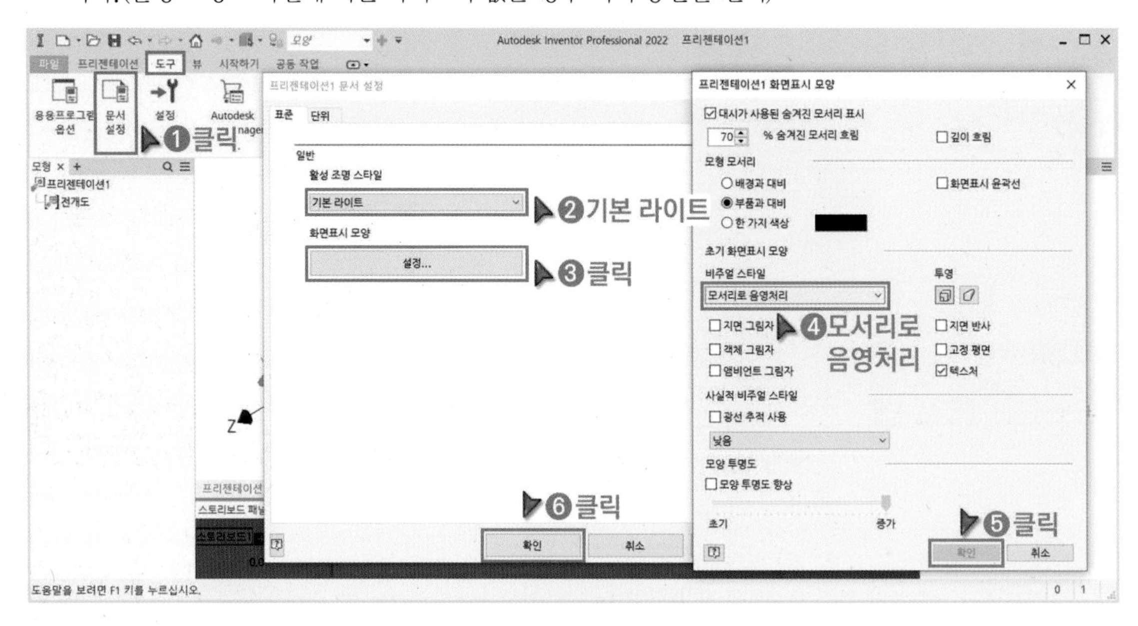

5 「템플릿으로 사본 저장」을 클릭하고 템플릿 파일 이름을 「분해품」으로 저장합니다.

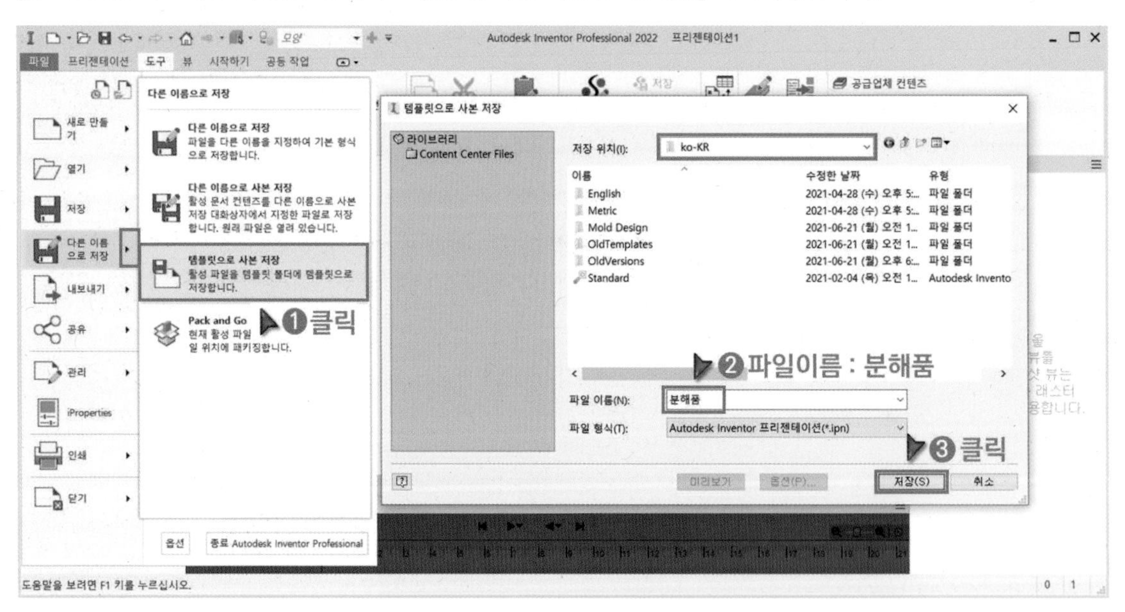

2 분해품 생성 중요 Point 실습 Point

붙임 자료 「연습도면 1. 경첩」을 참고해서 분해품(ipn)을 생성합니다.

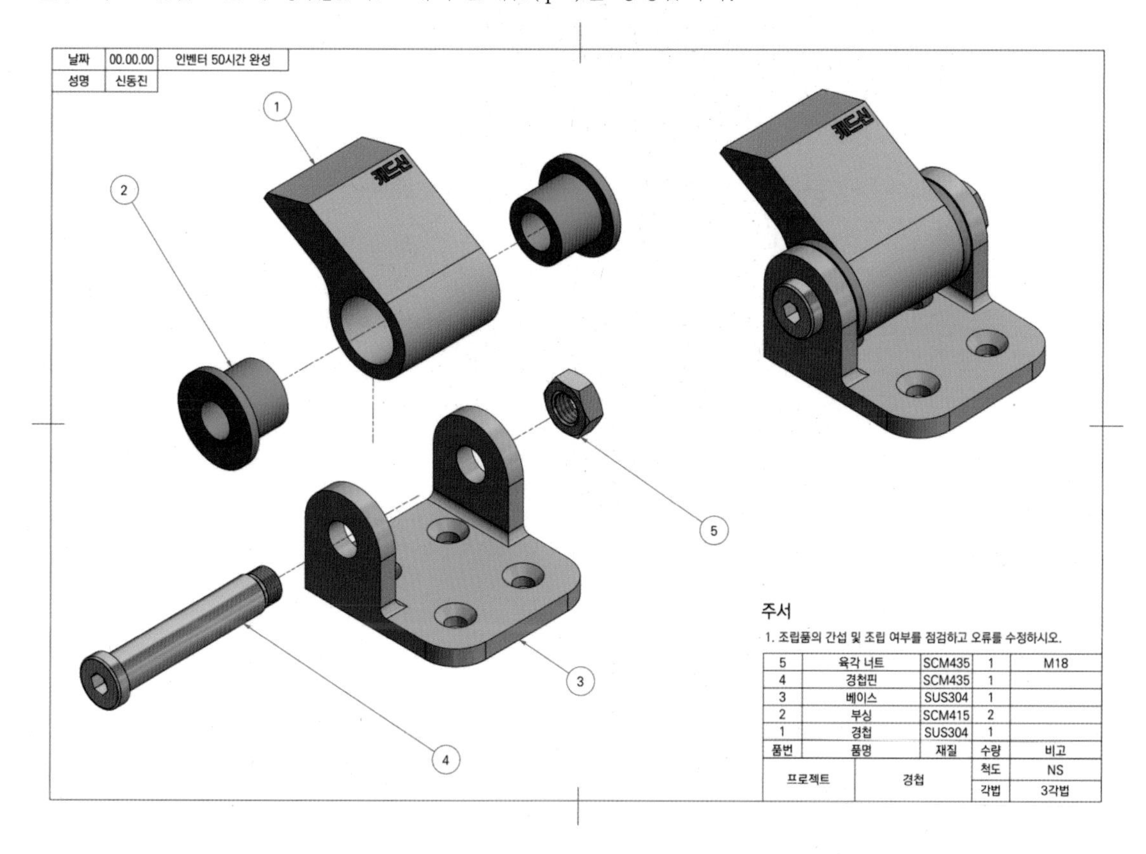

1 「새로 만들기」를 클릭하고 「분해품.ipn」을 더블 클릭해서 실행합니다.

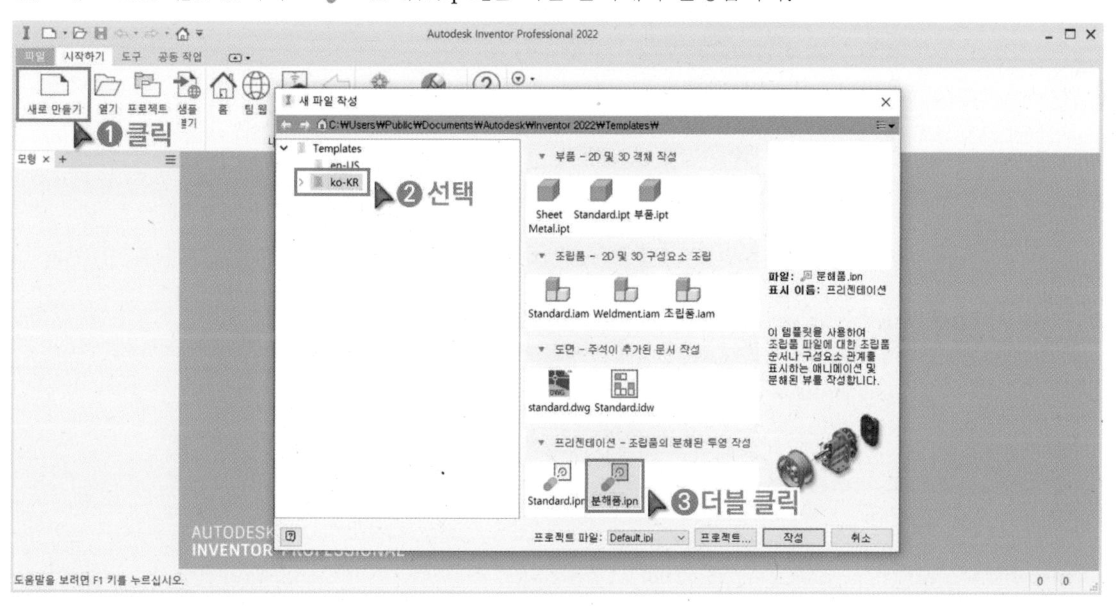

2 분해품 템플릿을 실행하면 「모형 삽입」 기능이 자동으로 실행이 됩니다. 「경첩 조립품.iam」을 엽니다.

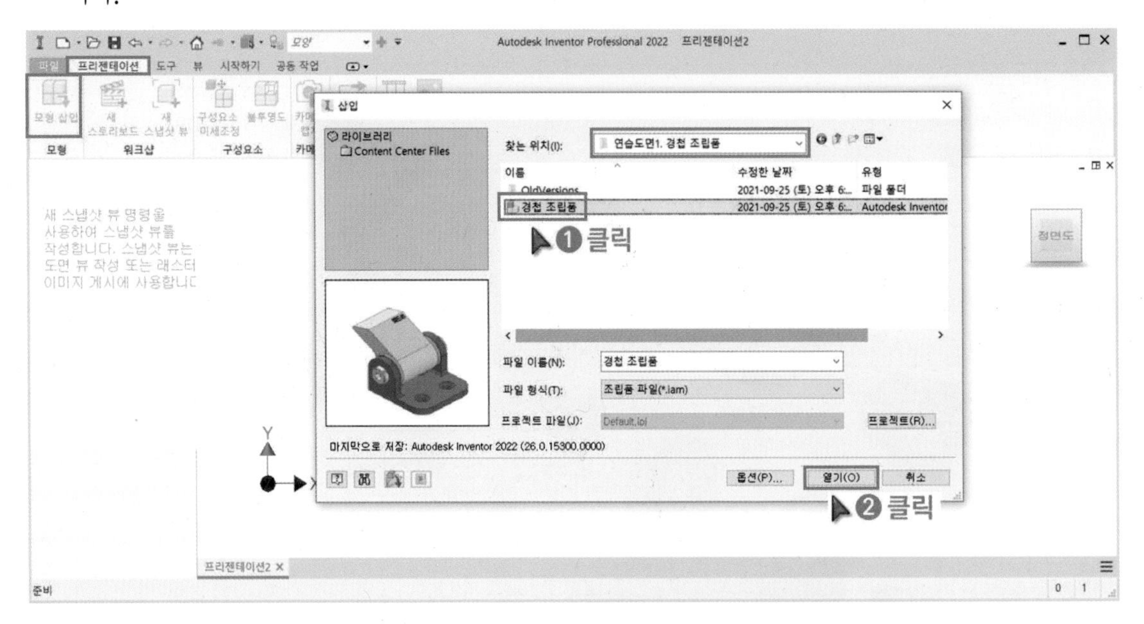

3 「작업트리」에는 부품의 분해 작업 내용이 생성됩니다. 「스냅샷 뷰」에 작업화면을 저장해서 도면(idw)의 뷰로 활용할 수 있습니다. 「스토리보드 패널」에서 부품의 분해 위치, 가시성, 투명도 등을 수정할 수 있으며 분해 · 조립 영상을 제작할 수 있습니다. 조립품(iam) 파일을 수정하고 저장할 경우 수정 내용이 분해품(ipn)에 바로 반영됩니다.

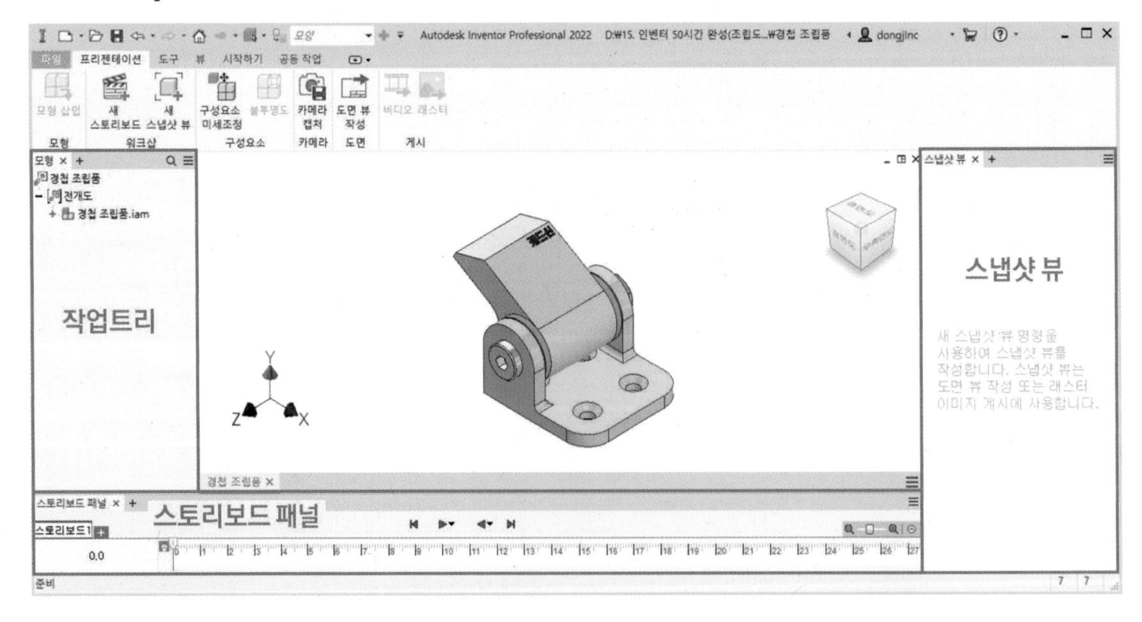

4 「구성요소 미세조정」을 클릭합니다. 분해할 부품「 너트」를 클릭합니다.

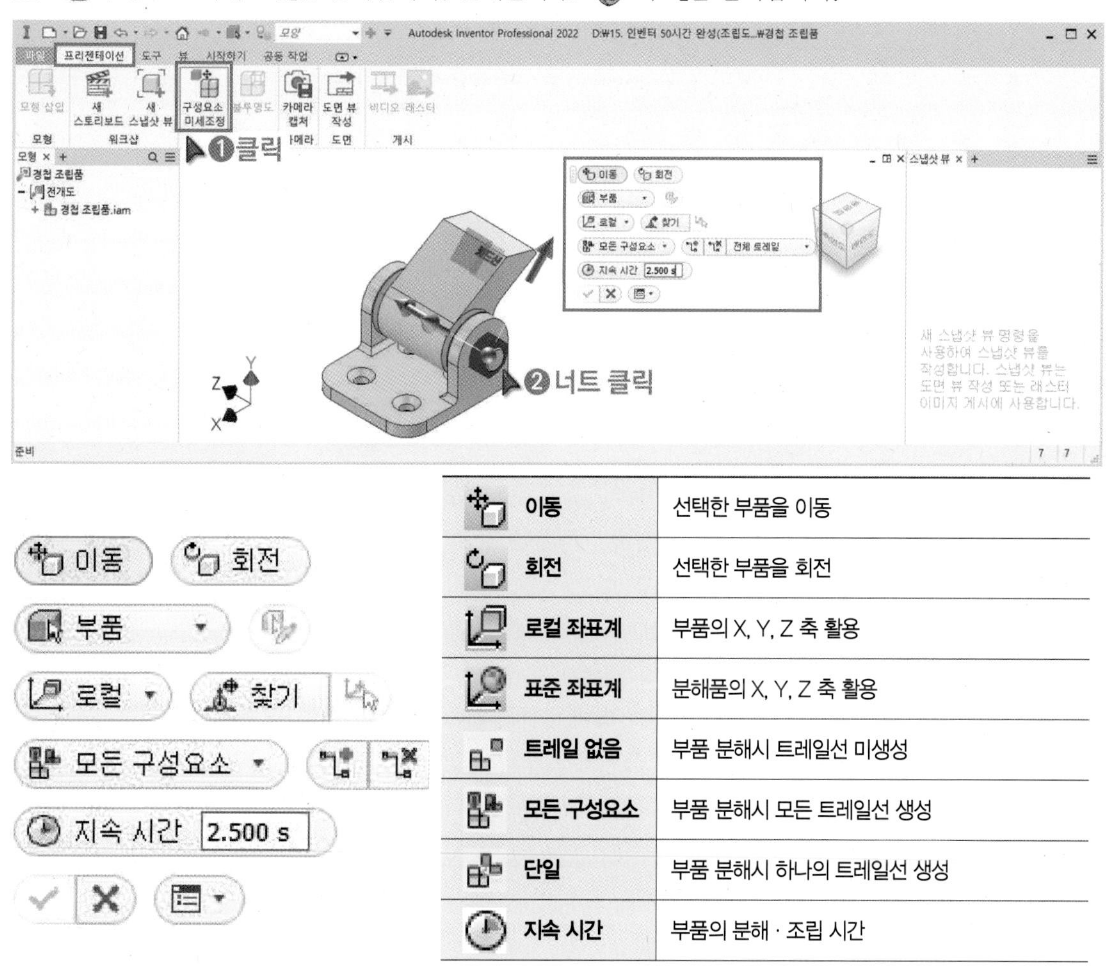

	이동	선택한 부품을 이동
	회전	선택한 부품을 회전
	로컬 좌표계	부품의 X, Y, Z 축 활용
	표준 좌표계	분해품의 X, Y, Z 축 활용
	트레일 없음	부품 분해시 트레일선 미생성
	모든 구성요소	부품 분해시 모든 트레일선 생성
	단일	부품 분해시 하나의 트레일선 생성
	지속 시간	부품의 분해 · 조립 시간

5 「표준 좌표계」를 선택합니다. 작업화면 좌측 하단의 표준 좌표계(X, Y, Z축)와 너트의 로컬 좌표계가 서로 평행한지 확인합니다. 좌표계가 평행하지 않고 틀어져 있는 상태에서 분해할 경우 일관성 없이 부품이 분해되며 도면의 뷰로 사용하기 어려워집니다.

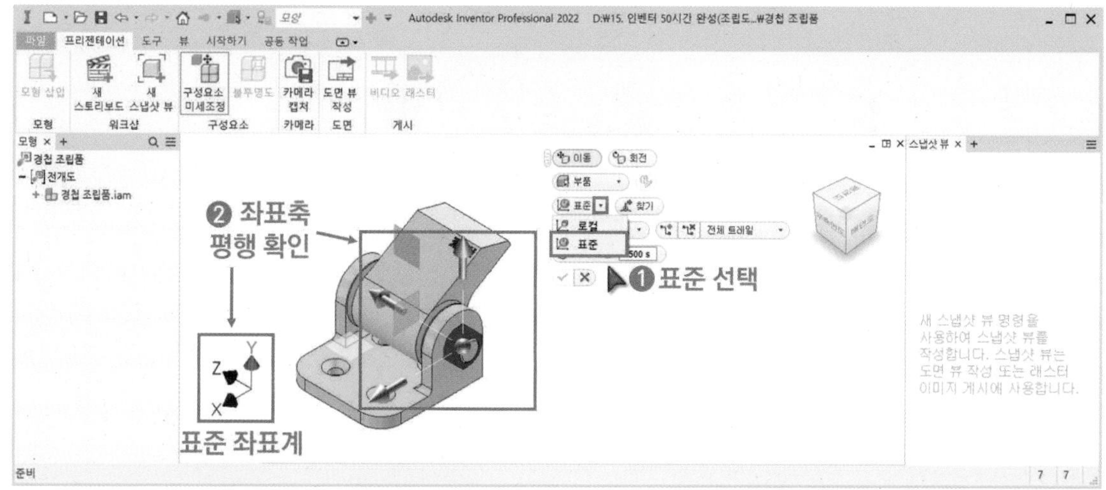

6 너트에 표시된 「화살표」를 드래그합니다. 부품이 서로 겹치지 않고 형상이 잘 보이도록 적절한 「거리값」을 입력합니다.

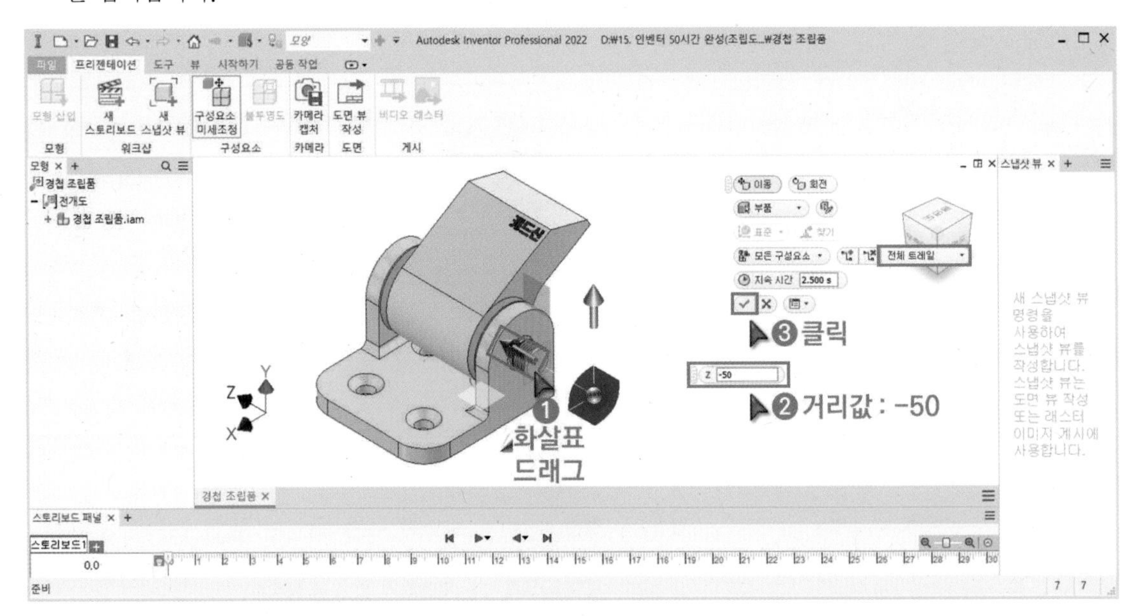

7 부품을 분해하면 「트레일선」이 생성됩니다. 트레일선은 부품의 조립 · 분해 관계를 나타내는 선입니다. 작업트리에는 「미세조정」이 생성됩니다. 미세조정을 더블 클릭해서 거리값을 수정할 수 있고 우클릭해서 트레일선을 숨기거나 삭제할 수 있습니다.

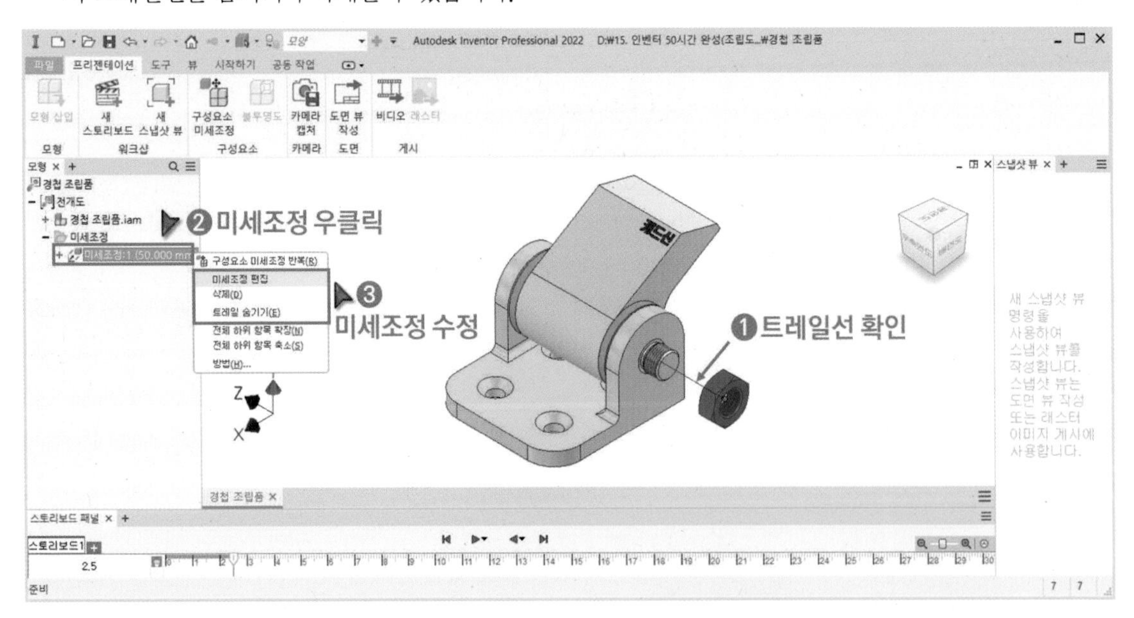

8 「구성요소 미세조정」을 클릭하고 분해할 부품「경첩 핀」을 클릭합니다. 「표준 좌표계」를 선택합니다.

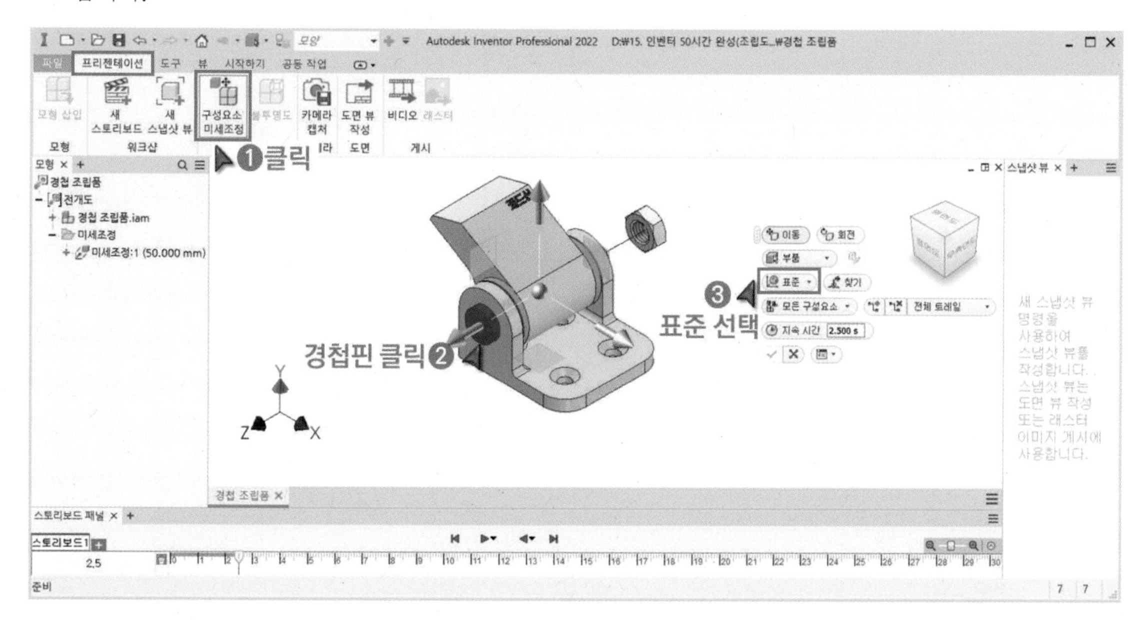

9 경첩핀에 표시된「화살표」를 드래그합니다. 적절한「거리값」을 입력합니다.

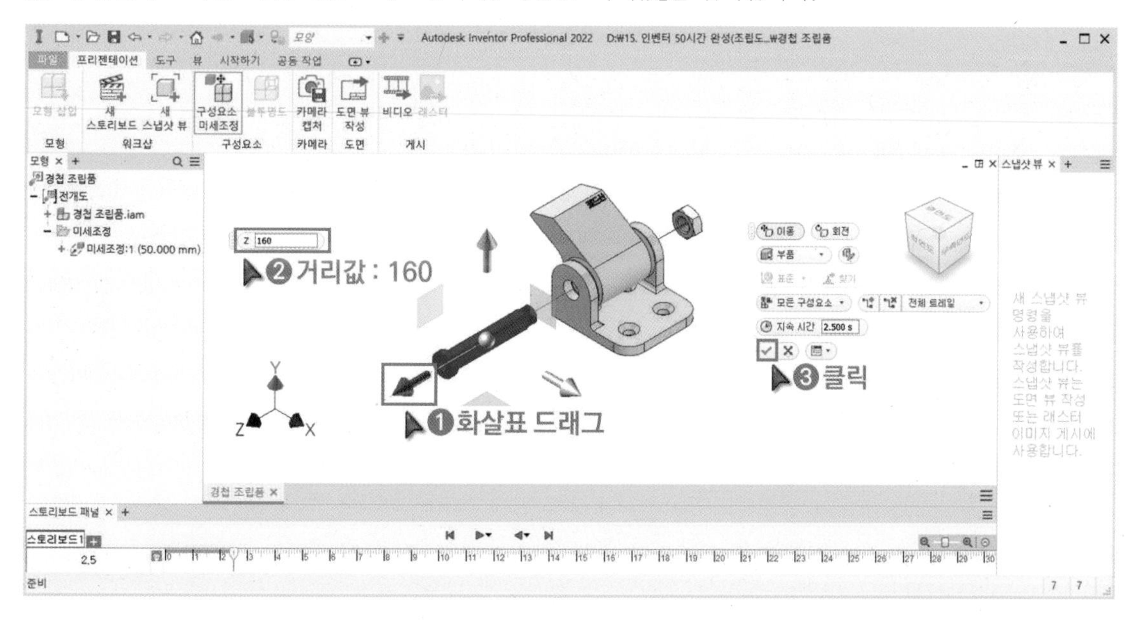

10 「구성요소 미세조정」을 클릭합니다. Ctrl 키를 사용해서 「3개의 부품」을 연속으로 선택합니다.

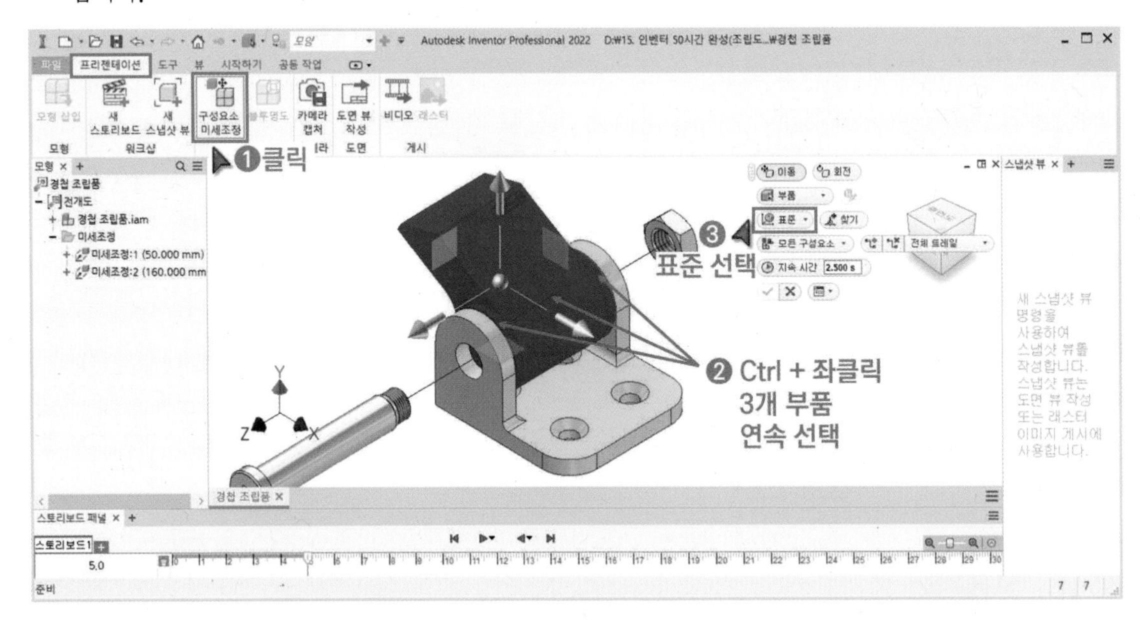

11 「화살표」를 드래그합니다. 적절한 「거리값」을 입력합니다.

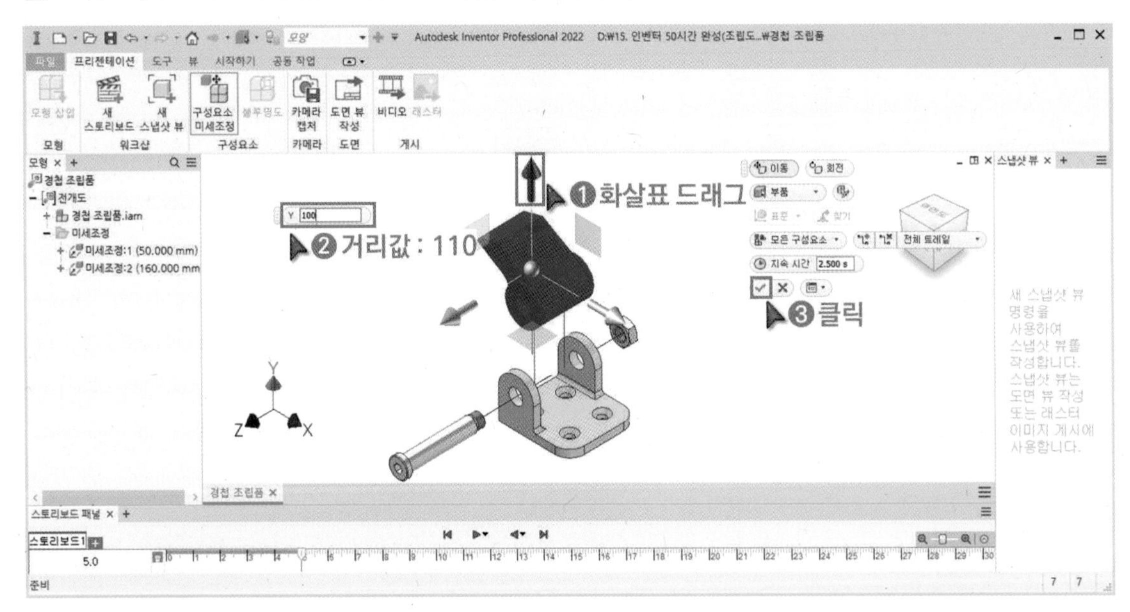

⑫ 트레일선에서 마우스 우클릭 후 트레일 세그먼트 숨기기의 「현재」를 클릭합니다. 옵션 중 「현재」는 우클릭으로 선택한 트레일선만 숨겨지고 「그룹」은 전체 트레일선이 숨겨집니다.

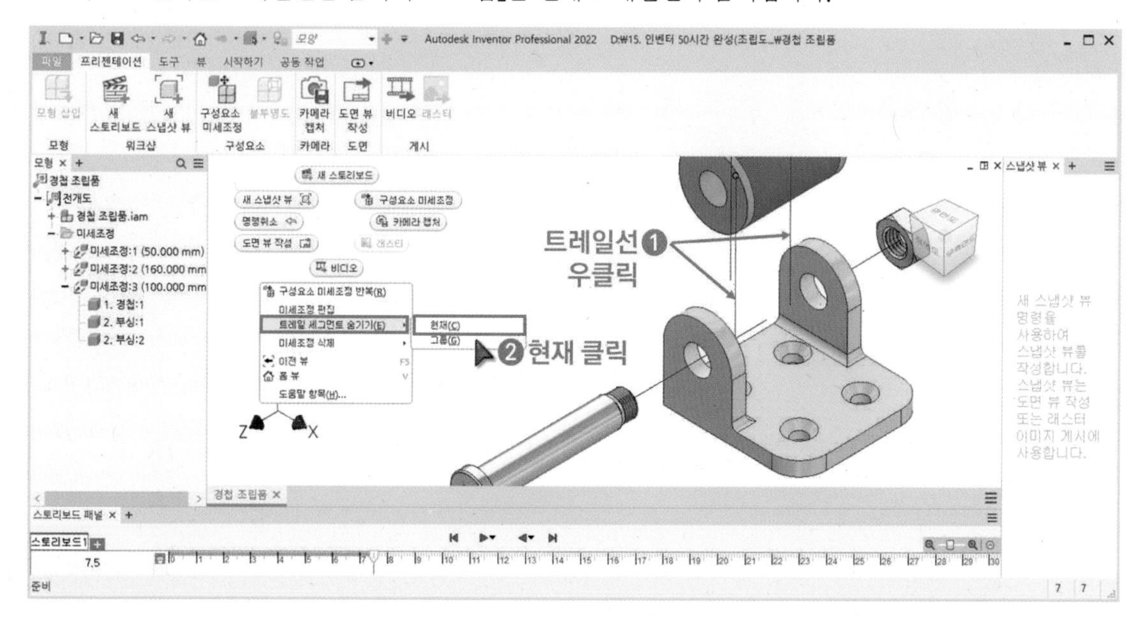

⑬ 트레일선이 많을 경우 분해 · 조립 관계를 파악하기 어렵습니다. 따라서 필요한 트레일선만 표시하고 불필요한 트레일선은 숨기는 것이 좋습니다. 작업트리의 미세조정에서 우클릭해서 숨긴 트레일선을 표시할 수 있습니다.

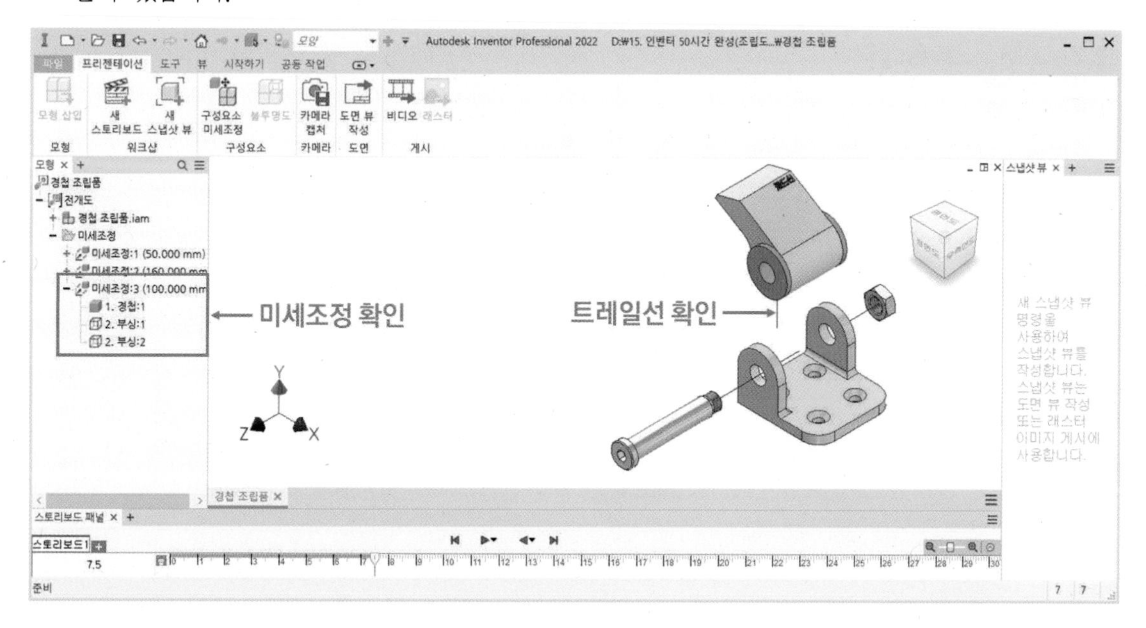

⑭ 동일한 방법으로 왼쪽의 「 부싱」을 분해합니다.

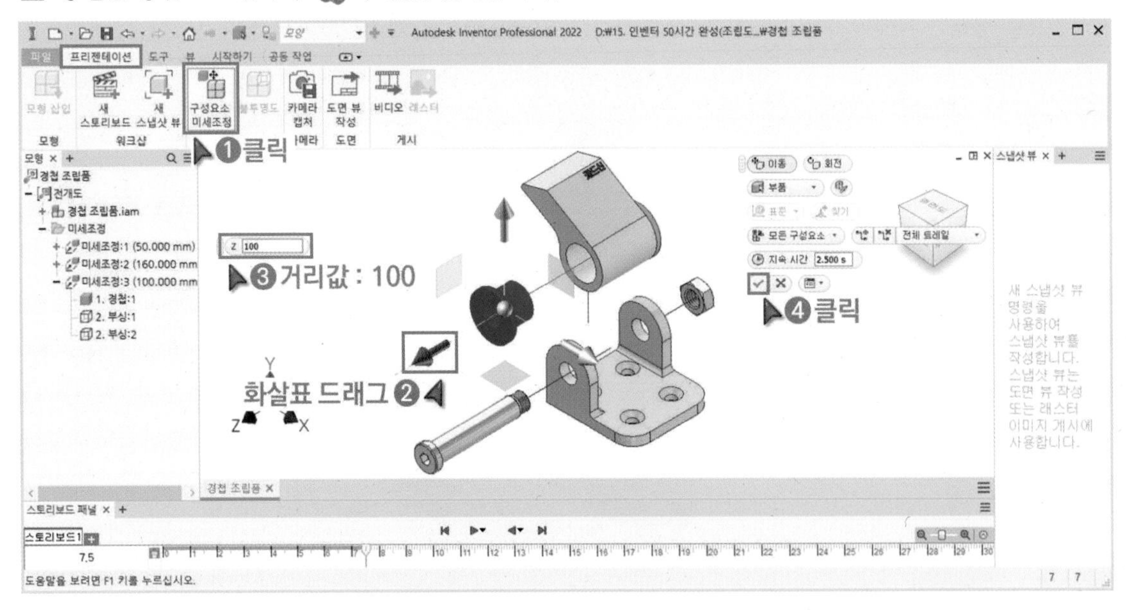

⑮ 오른쪽의 「 부싱」을 분해합니다.

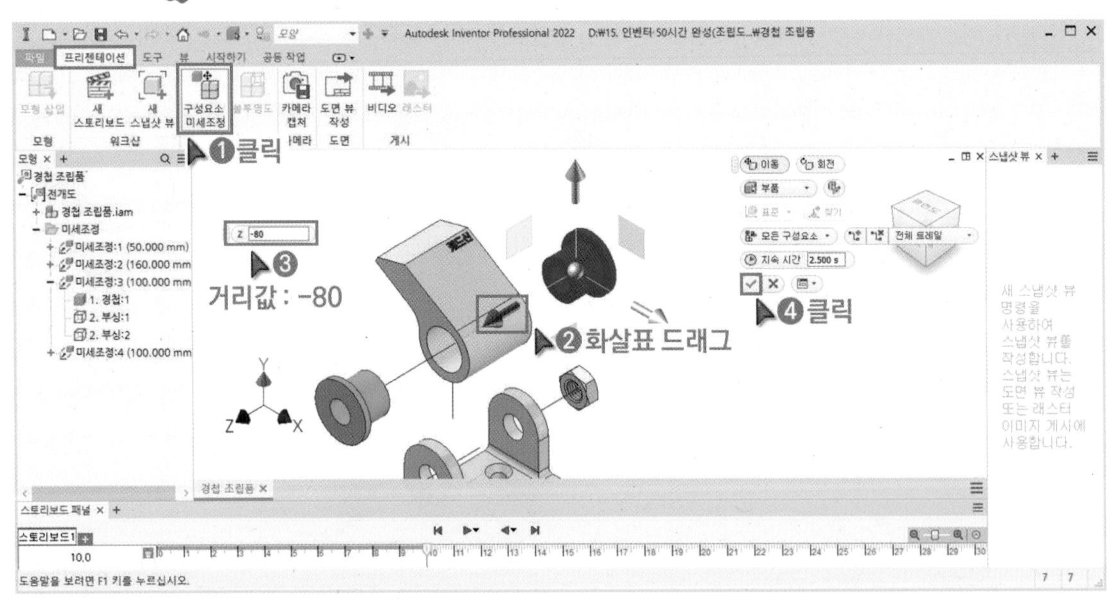

16 「🏠 홈뷰」를 클릭합니다. 「새 스냅샷 뷰」를 클릭하면 작업화면에 보여지는 모습이 우측에 「View1」로 저장됩니다. 저장된 「View1」은 도면에 삽입해서 분해도를 작성할 수 있습니다.

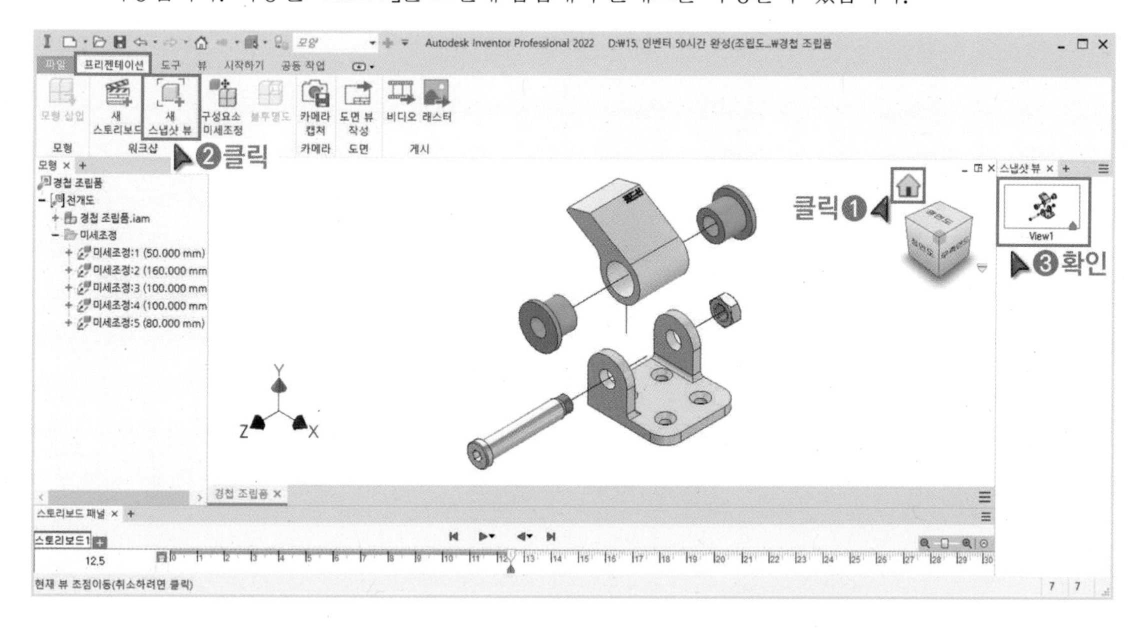

17 「저장」을 클릭합니다. 위치를 지정하고 파일 이름을 「경첩 분해품」으로 저장합니다.

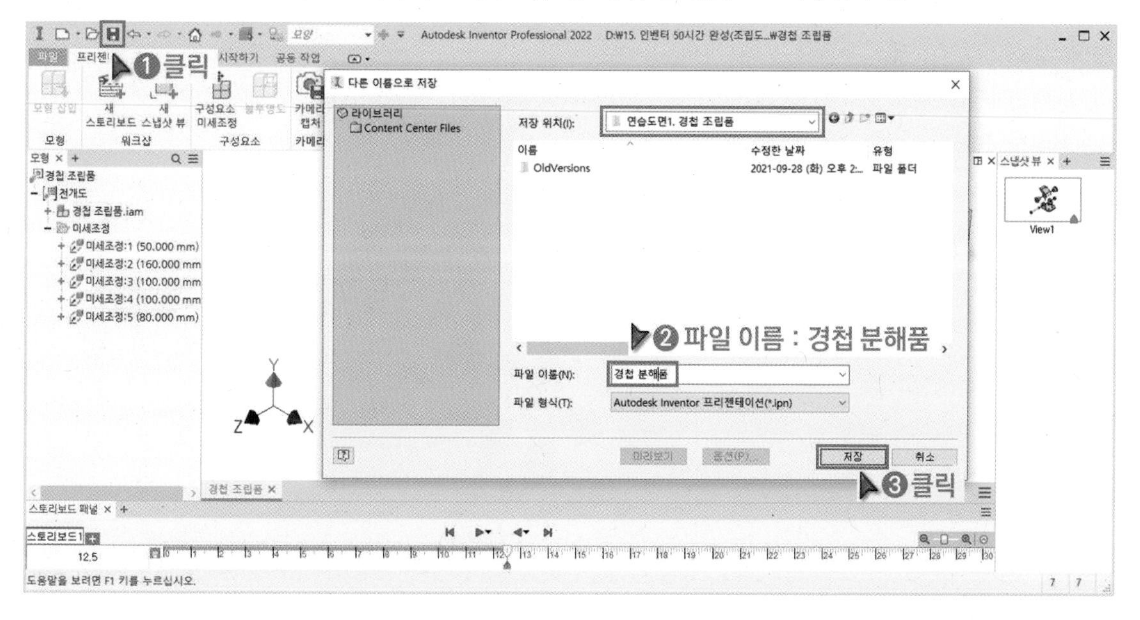

3 조립 분해 영상 제작 실습 Point

https://cafe.naver.com/dongjinc/1115

1 「스토리보드 패널」의 경계선을 드래그해서 창의 크기를 넓힙니다.

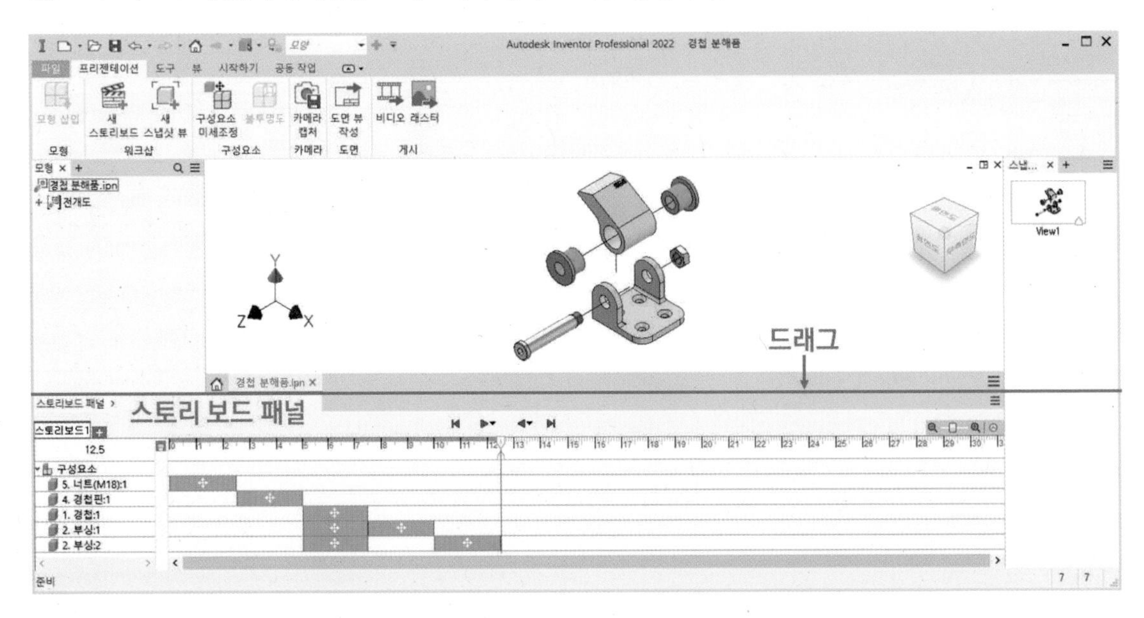

2 구성요소 미세조정 기능을 사용해서 부품을 분해하면 스토리보드 패널에 「 시간 표시 막대」가 생성됩니다. 지속 시간에 따라 시간 표시 막대의 크기가 결정됩니다. 지속 시간은 부품의 조립 · 분해 시간을 의미합니다.

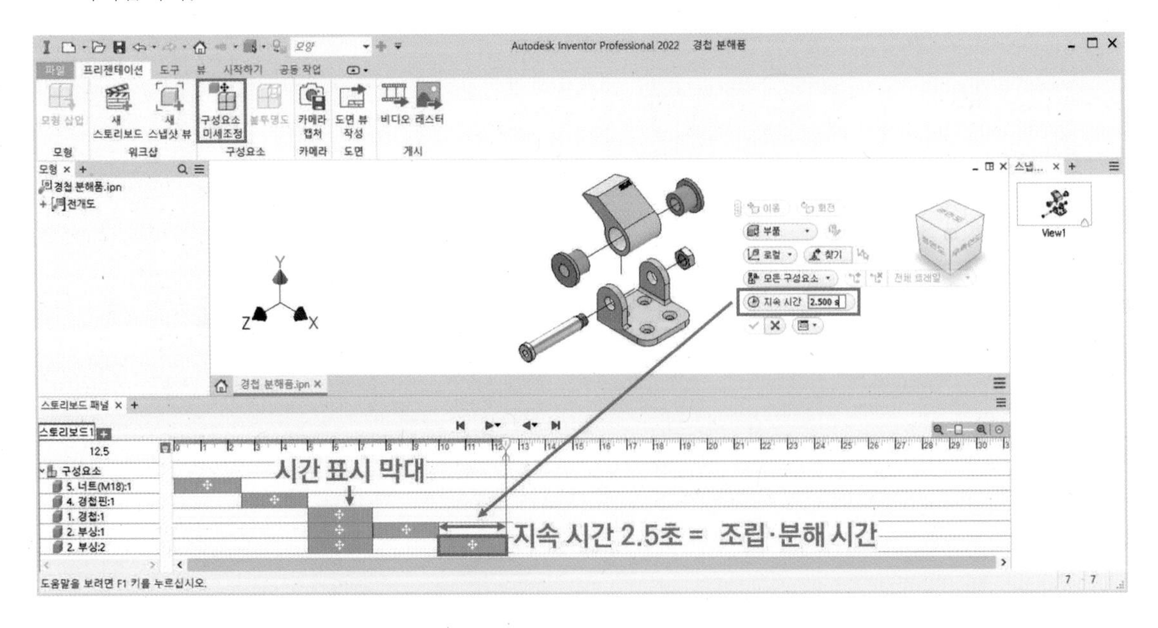

3 「▶ 재생」을 클릭해서 조립 · 분해 영상을 확인합니다. 「✥ 시간 표시 막대」를 드래그해서 이동하면 조립 · 분해 순서를 변경할 수 있고 더블 클릭해서 시간을 변경할 수 있습니다.

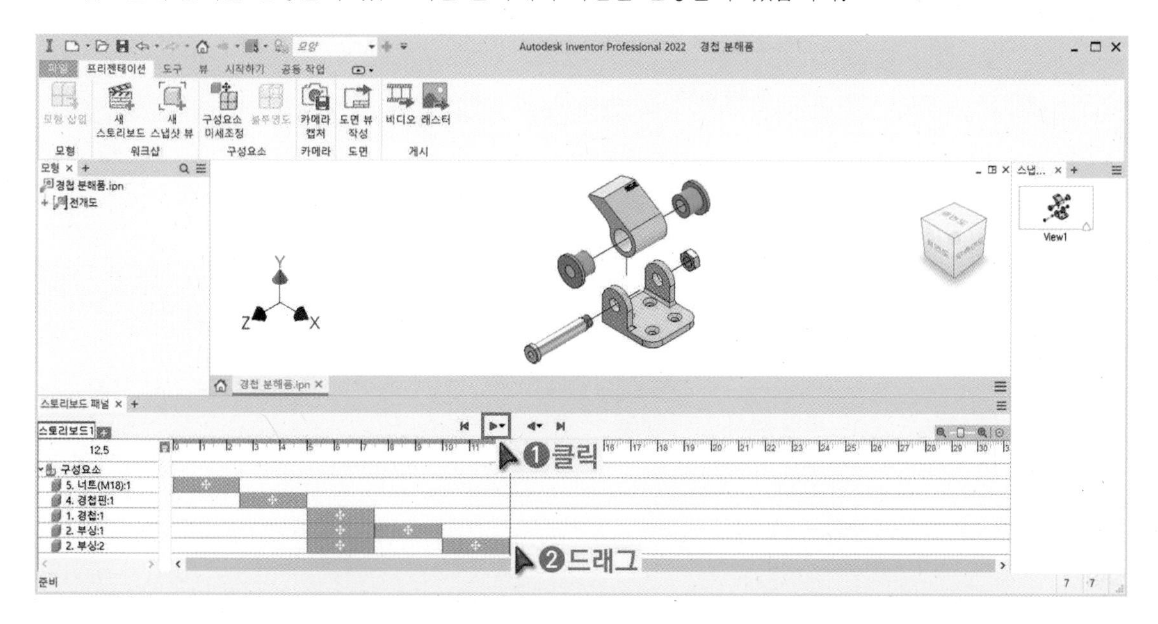

4 뷰큐브의 방향을 지정하고 「카메라 캡처」를 클릭합니다. 스토리보드에 「카메라 막대」가 생성됩니다. 카메라 막대를 드래그해서 위치를 변경하고 「▶ 재생」을 클릭해서 조립 · 분해 영상을 확인합니다.

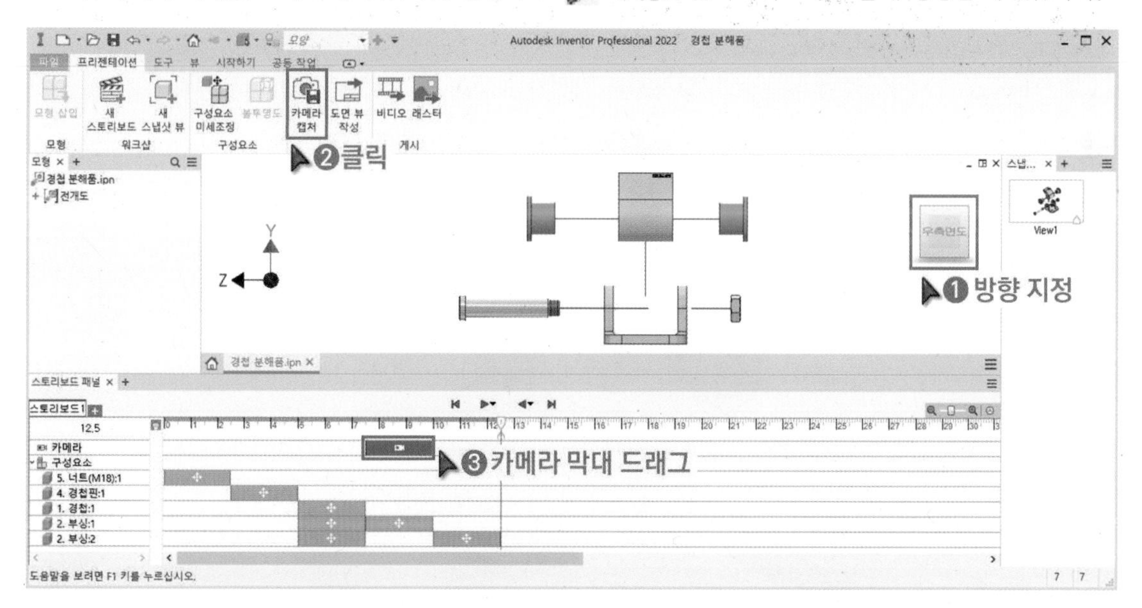

5 「 비디오」를 클릭해서 영상을 저장합니다. 최대 FHD(1920×1060)의 화질로 저장이 가능합니다.

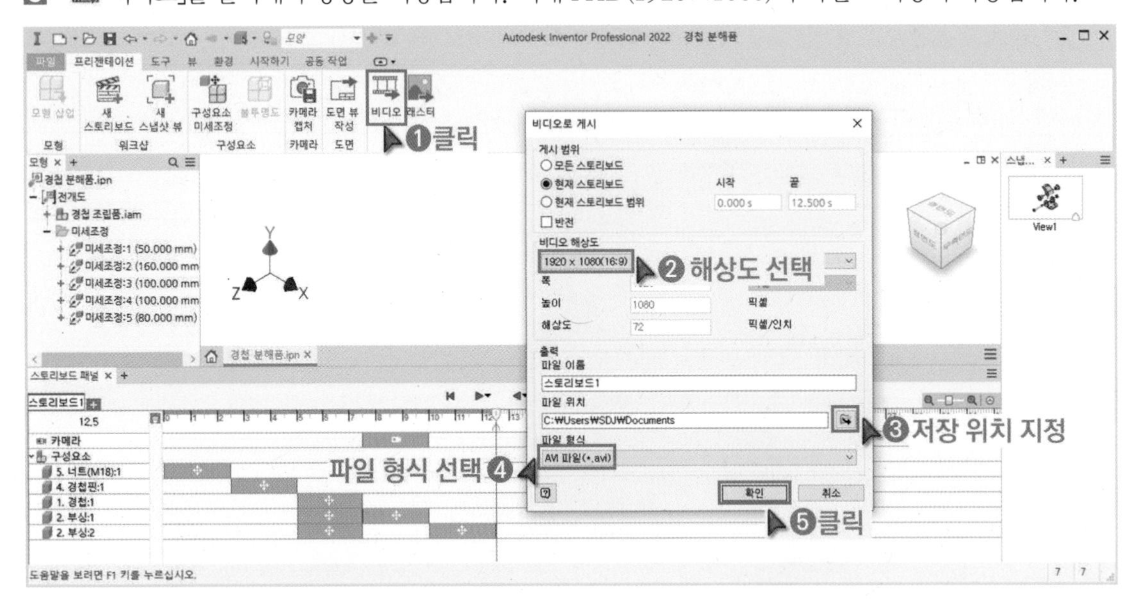

6 제작한 영상을 확인합니다. 영상이 안 보일 경우 통합 코덱이나 동영상 재생 프로그램을 설치하고 영상을 확인합니다.

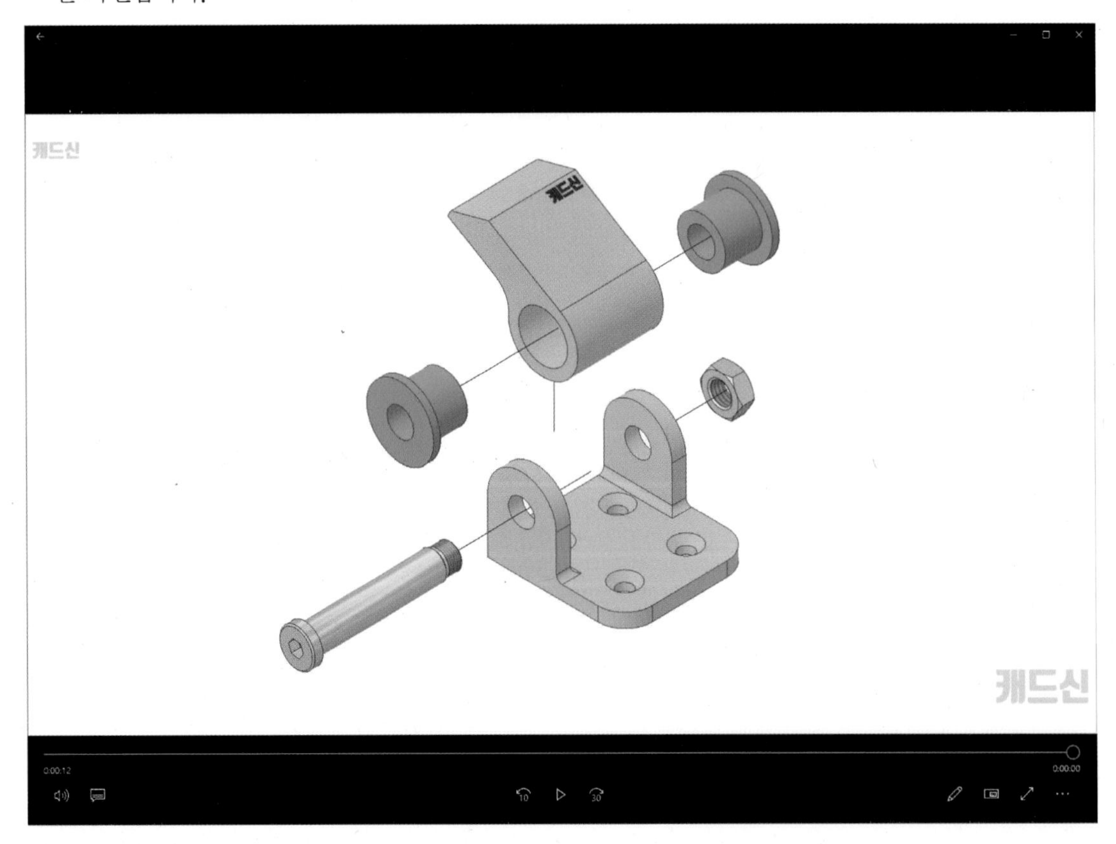

《붙임》 연습도면을 참고해서 분해품(ipn)을 완성하세요. 분해품은 부품, 조립품과 동일한 폴더에 저장하세요.

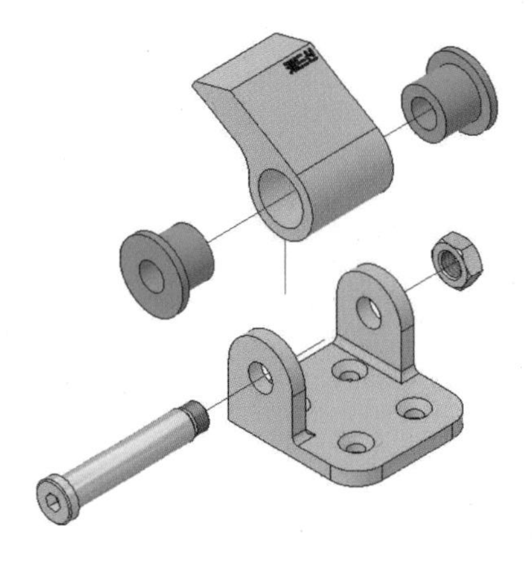

https://cafe.naver.com/dongjinc/1116

〈 연습도면1. 경첩 〉

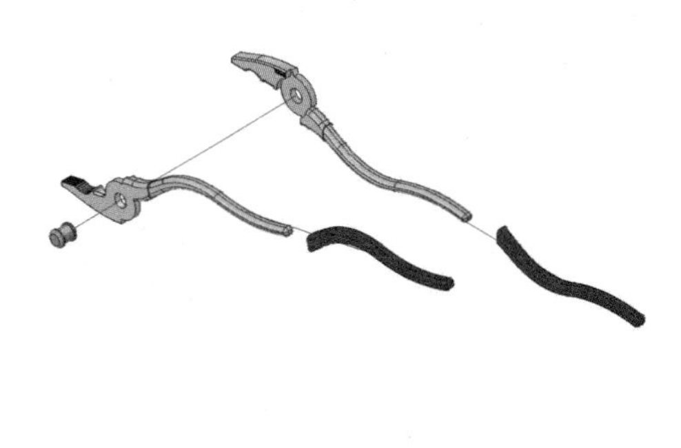

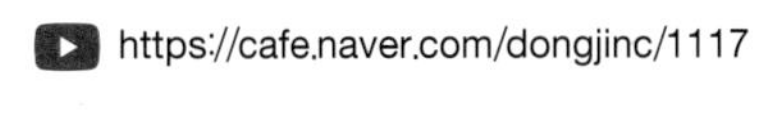

https://cafe.naver.com/dongjinc/1117

〈 연습도면2. 펜치 〉

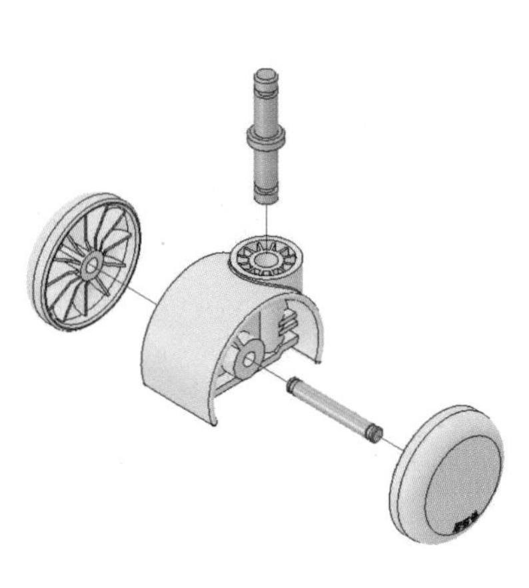

https://cafe.naver.com/dongjinc/1118

〈 연습도면3. 캐스터 〉

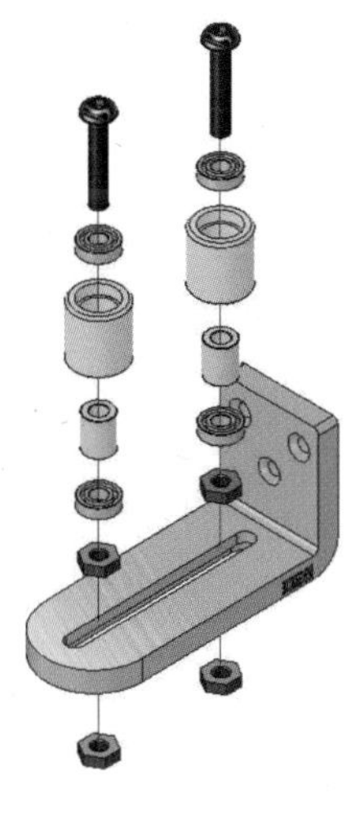

https://cafe.naver.com/dongjinc/1119

〈 연습도면4. 도어 가이드 〉

《붙임》 연습도면을 참고해서 분해품(ipn)을 완성하세요. 분해품은 부품, 조립품과 동일한 폴더에 저장하세요.

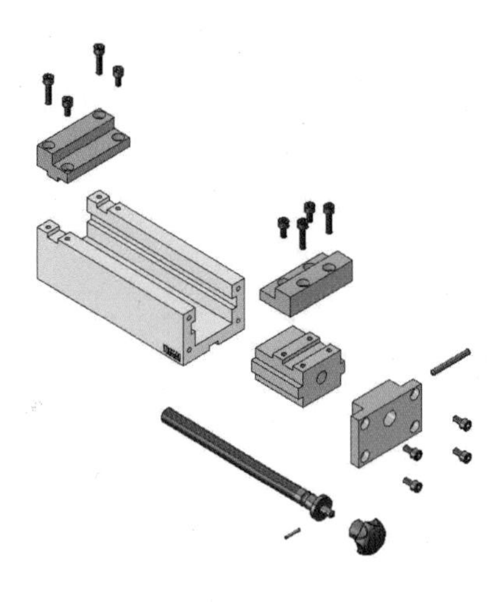

https://cafe.naver.com/dongjinc/1120

〈 연습도면5. 바이스 〉

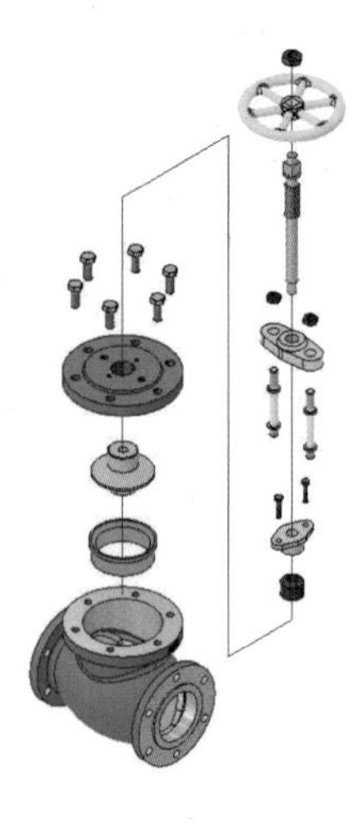

https://cafe.naver.com/dongjinc/1121

〈 연습도면6. 글로브 밸브 〉

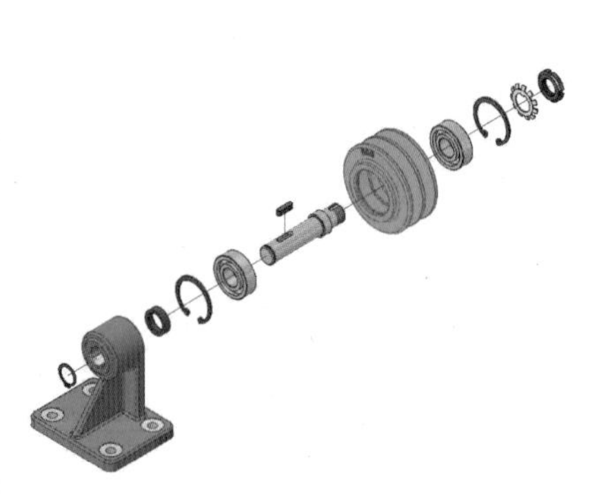

https://cafe.naver.com/dongjinc/1122

〈 연습도면7. 2열 V벨트 유동장치 〉

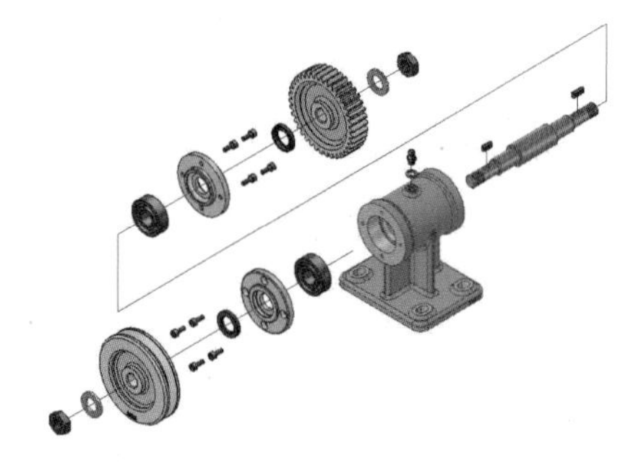

https://cafe.naver.com/dongjinc/1123

〈 연습도면8. 동력전달장치 〉

MEMO

PART

03

3D형상모델링 도면

SECTION

3.1 조립도 및 분해도 작성

학습목표
- 프린터, 플로터 등 인쇄 장치를 설치하고 출력 도면 영역을 설정하여 실척 및 축(배)척으로 출력할 수 있다.
- 3D CAD 데이터 형식에 대한 각각의 용도 및 특성을 파악하고 이를 변환할 수 있다.
- 작업된 도면의 용도 및 활용성을 파악하고 분류하여 저장할 수 있다.
- 도면을 요구되는 데이터 형식에 맞도록 저장하거나 출력할 수 있다.

1 엔지니어링모델링 구조체계 중요 Point

https://cafe.naver.com/dongjinc/1124

엔지니어링모델링을 할 때 아래의 4가지 기능은 서로 연관되어 있습니다. 만약 부품에서 오류가 발생한다면 조립품, 분해품, 도면 모두 오류가 발생합니다. 따라서 각 기능에 대한 개념을 이해하는 것은 매우 중요합니다.

❶ 부품(standard.ipt) : 1개의 단일부품을 모델링하는 기능입니다.
❷ 조립품(standard.iam) : 2개 이상의 부품을 조립하는 기능입니다.
❸ 분해품(standard.ipn) : 2개 이상의 부품이 조립된 조립품을 분해하는 기능입니다.
❹ 도면(standard.idw) : 제품 제작을 위한 부품도 또는 조립도, 분해도 등의 도면을 작성하는 기능입니다.

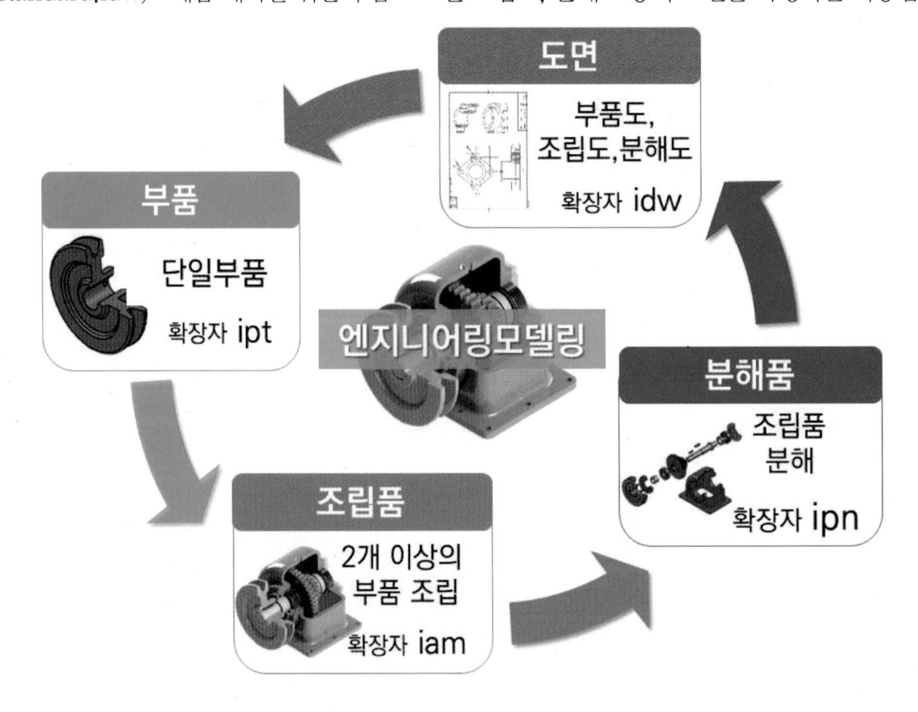

도면을 작성하기 위해서는 부품(ipt) 또는 조립품(iam), 분해품(ipn) 파일이 필요합니다. 해당 파일은 모두 하나의 폴더에 저장하고 관리하는 것이 효율적입니다.

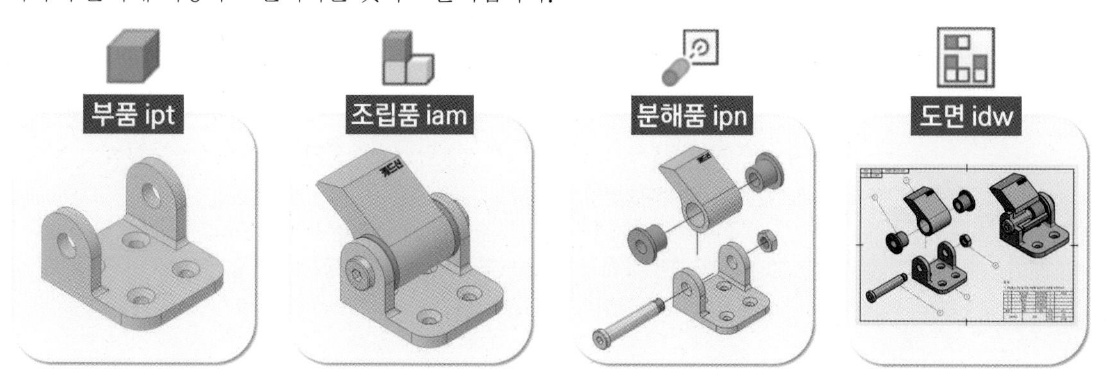

부품, 조립품, 분해품, 도면은 서로 연관되어 있기 때문에 부품의 형상 및 정보가 변경된다면 나머지 조립품, 분해품, 도면의 형상 및 정보도 동일하게 변경됩니다.

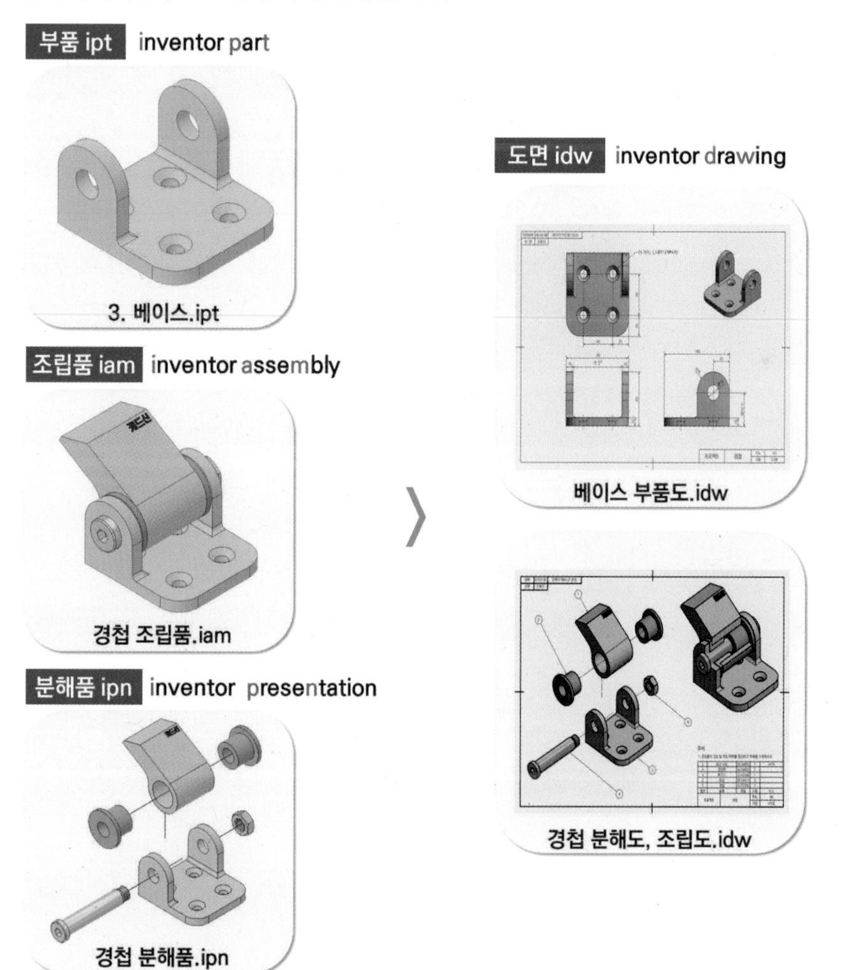

2 한국산업표준(KS : Korean Industrial Standards)

산업표준의 제정은 광공업품 및 산업 활동 관련 서비스의 품질 · 생산효율 · 생산기술을 향상시키고 거래를 단순화 · 공정화하며, 소비를 합리화함으로써 산업경쟁력을 향상시켜 국가경제를 발전시키는 것을 목적으로 합니다.

3 표준규격의 의미

표준규격은 일정한 규격에 맞게 제품을 생산하여 생산을 능률화하고 제품의 균일화와 품질의 향상, 제품 상호간의 호환성을 확보하기 위해 만들어진 약속과 규칙을 말합니다. 용도가 같은 제품은 그 크기, 모양, 품질 등을 일정한 규격으로 표준화하면 제품 상호간 호환성이 있어서 사용하기 편리할 뿐만 아니라, 제품을 능률적으로 생산할 수 있고 품질을 향상시킬 수 있습니다. 기계제도 관련 규격은 KS B 0001 부문에 규정되어 있으며 엔지니어들은 KS규격에 준하여 제품을 설계, 생산하고 있습니다.

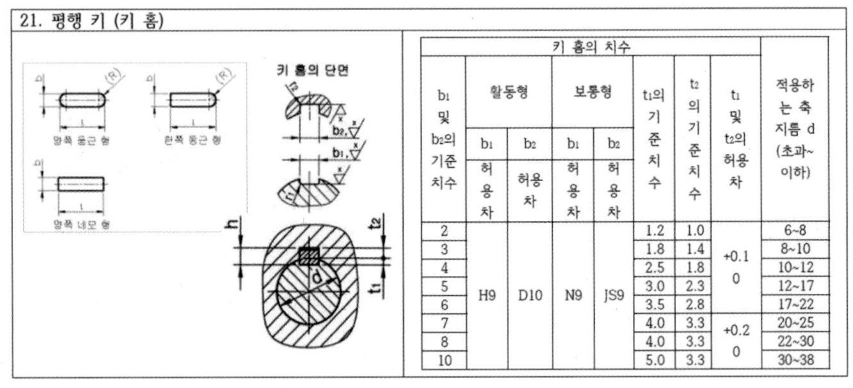
21. 평행 키 (키 홈)

키 홈의 치수								
b_1 및 b_2의 기준 치수	활동형		보통형		t_1의 기준 치수	t_2의 기준 치수	t_1 및 t_2의 허용차	적용하는 축 지름 d (초과~이하)
	b_1 허용차	b_2 허용차	b_1 허용차	b_2 허용차				
2	H9	D10	N9	JS9	1.2	1.0	+0.1 0	6~8
3					1.8	1.4		8~10
4					2.5	1.8		10~12
5					3.0	2.3		12~17
6					3.5	2.8		17~22
7					4.0	3.3	+0.2 0	20~25
8					4.0	3.3		22~30
10					5.0	3.3		30~38

〈 KS 규격 〉

4 기계제도의 정의

기계제도는 특정 기계 및 제품을 제작하기 위해 모양, 구조, 치수, 재료, 가공방법 등 모든 정보를 도형, 문자, 기호로 표시하는 것을 말합니다.

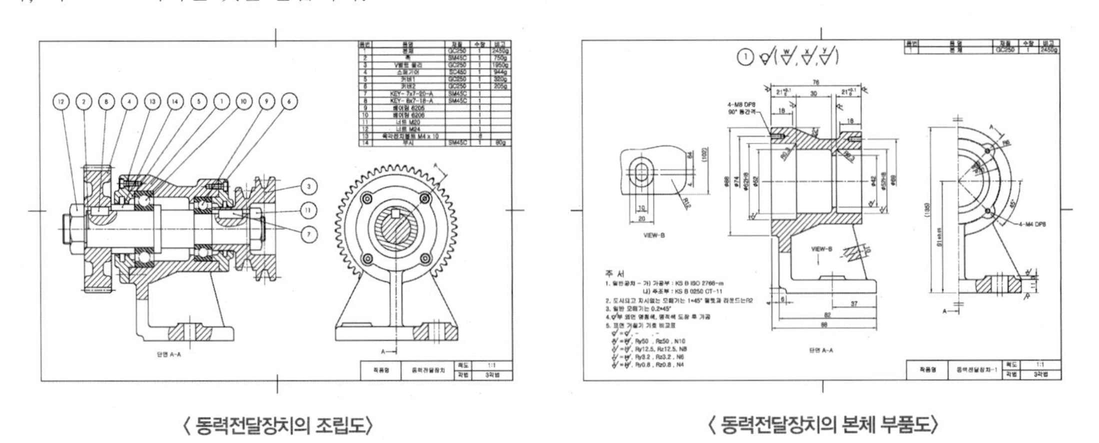

〈 동력전달장치의 조립도〉　　〈 동력전달장치의 본체 부품도〉

5 도면의 크기

기계제도용 도면은 기계제도규격(KS B 0001), 도면의 크기 및 양식(KS A 0106)에서 규정한 크기를 사용해야 합니다. 국내에서는 KS에서 정하는 A열 기계제도용 도면을 사용합니다. 주로 A2, A3, A4의 크기를 많이 사용합니다.

호칭	크기
A0	1189 x 841 mm
A1	841 x 594 mm
A2	594 x 420 mm
A3	420 x 297 mm
A4	297 x 210 mm
A5	210 x 148 mm
A6	148 x 105 mm

〈 A열 기계제도용 도면의 크기 〉

6 도면의 양식

도면에 반드시 마련해야 하는 양식은 윤곽선, 표제란, 중심마크가 있습니다.

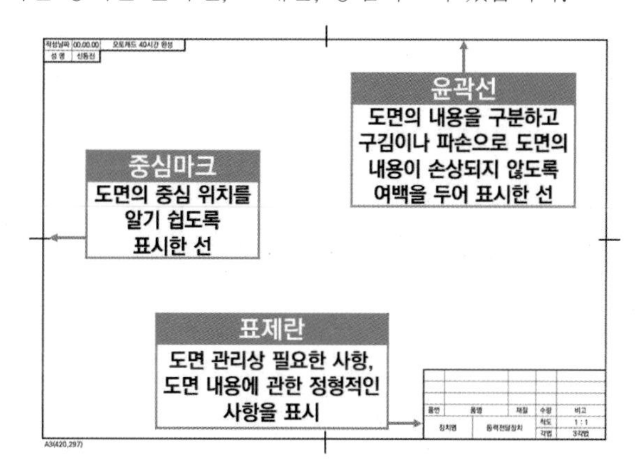

7 도면의 척도

척도는 물체의 실제 크기와 도면에서의 크기 비율을 말합니다. 한국산업표준(제도-척도 KS A ISO5455)에서는 척도의 표시방법을 'A : B'로 하도록 규정하고 있습니다. 척도는 표제란에 기입하는 것이 원칙이나, 표제란이 없는 경우 도명이나 품번의 가까운 곳에 기입합니다. 같은 도면에서 서로 다른 척도를 사용하는 경우에는 각 투상도 옆에 사용된 척도를 기입합니다. 투상도의 크기가 치수와 비례하지 않을 경우 척도에 NS(Not to Scale)를 기입합니다.

현척 실물과 같은 크기로 그리는 경우
축척 실물보다 작게 그리는 경우
배척 실물보다 크게 그리는 경우

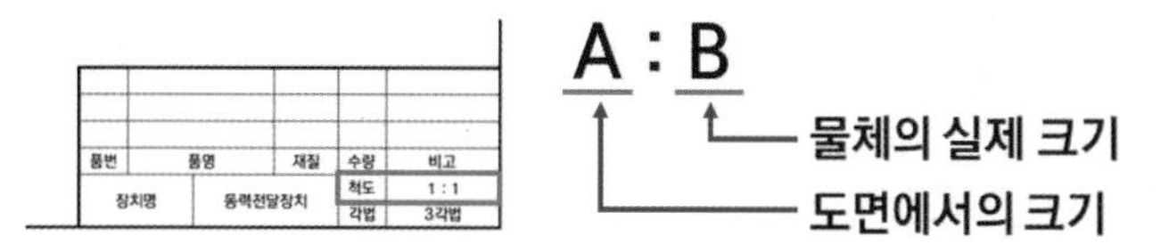

8 선의 용도에 따른 종류와 굵기

도면에서의 선은 크게 실선, 파선, 쇄선으로 나누어지며, 선의 굵기는 0.18 / 0.25 / 0.35 / 0.5 / 0.7 / 1 / 1.4 / 2(mm) 8가지로 규정 하고 있습니다. 선은 용도에 따라 종류와 굵기가 정해집니다. 또한 도면의 크기의 따라 선의 굵기가 정해집니다.

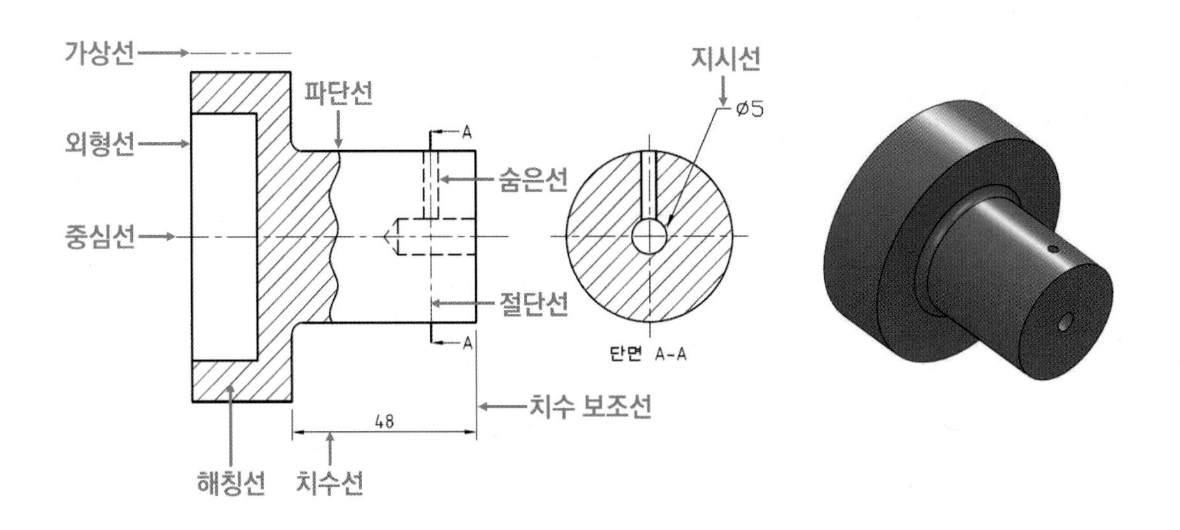

외형선	물체의 보이는 부분의 형상을 나타내는 선으로 0.35~0.7mm 두께의 굵은실선 사용
치수선	치수를 기입하기 위한 선으로 0.18~0.35mm 두께의 가는실선 사용
치수보조선	치수를 기입하기 위하여 도형에서 인출 한 선으로 0.18~0.35mm 두께의 가는실선 사용
지시선	지시, 기호 등을 나타내기 위한 선으로 0.18~0.35mm 두께의 가는실선 사용
숨은선	대상물의 보이지 않는 부분의 모양을 표시하는 선으로 외형선의 두께의 ½ 또는 같은 두께의 가는파선 사용
중심선	도형의 중심이나 대칭을 표시하는 선으로 0.18~0.3mm 두께의 가는1점쇄선 사용
가상선	가공 전 또는 가공 후의 형상이나 이동하는 부분의 가동 위치를 표시하는 선으로 0.18~0.3mm 두께의 가는2점쇄선을 사용하거나 1점쇄선 사용
파단선	대상물의 일부를 파단한 경계 또는 일부를 떼어낸 경계를 표시하는 선으로 0.18~0.35mm 두께의 가는실선 사용
해칭선	단면도의 절단면을 나타내는 선으로 0.18~0.35mm 두께의 가는실선 사용
절단선	단면도를 그릴경우에 절단 위치를 표시 하는 선으로 끝은 굵은실선, 중간은 가는1점쇄선 사용

9 도면양식 및 템플릿 작성 실습 Point

https://cafe.naver.com/dongjinc/1125

도면에 반드시 마련해야 하는 양식은 윤곽선, 표제란, 중심마크가 있습니다. 아래를 참고해서 A3용지 크기의 도면양식을 작성해보도록 합시다.

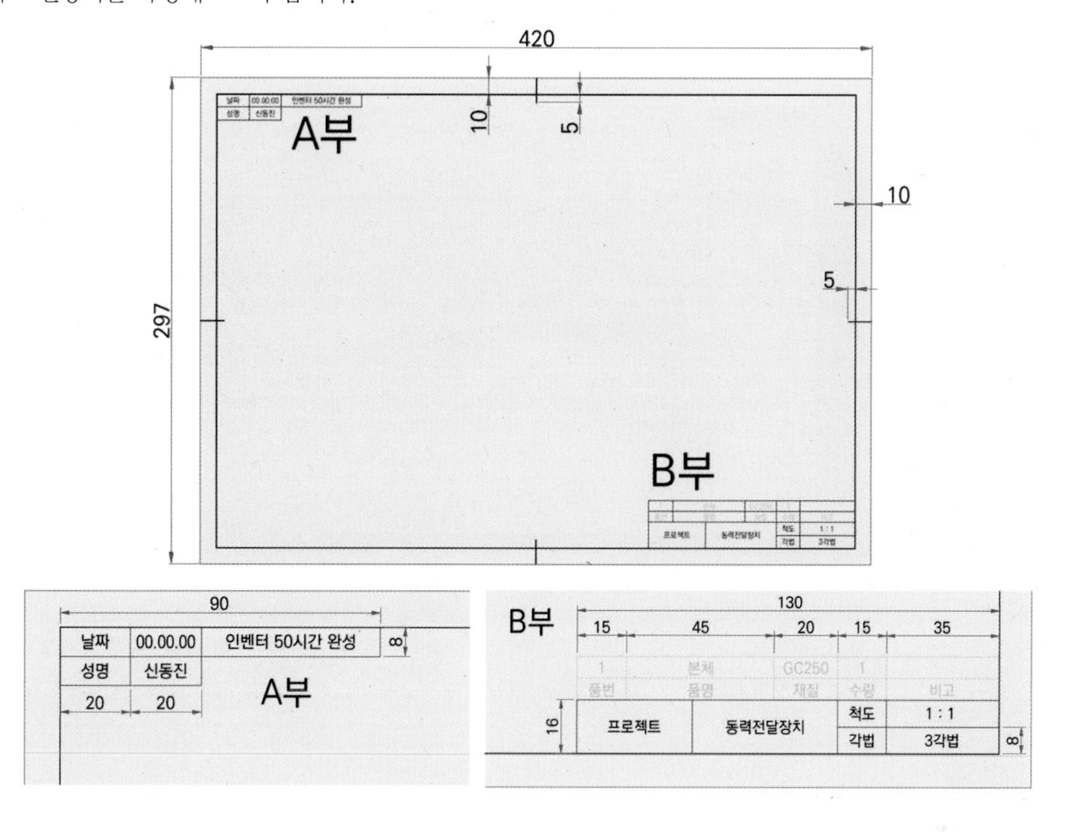

1 「새로 만들기」를 클릭하고 「프로젝트」를 클릭합니다.

2 「Default」 프로젝트를 더블 클릭합니다. 스타일 라이브러리의 사용을 「읽기-쓰기」로 변경합니다. 도면을 작성할 때 다양한 스타일을 변경하게 됩니다. 옵션이 읽기전용으로 설정되어 있을 경우 스타일 충돌 오류가 발생할 수 있습니다.

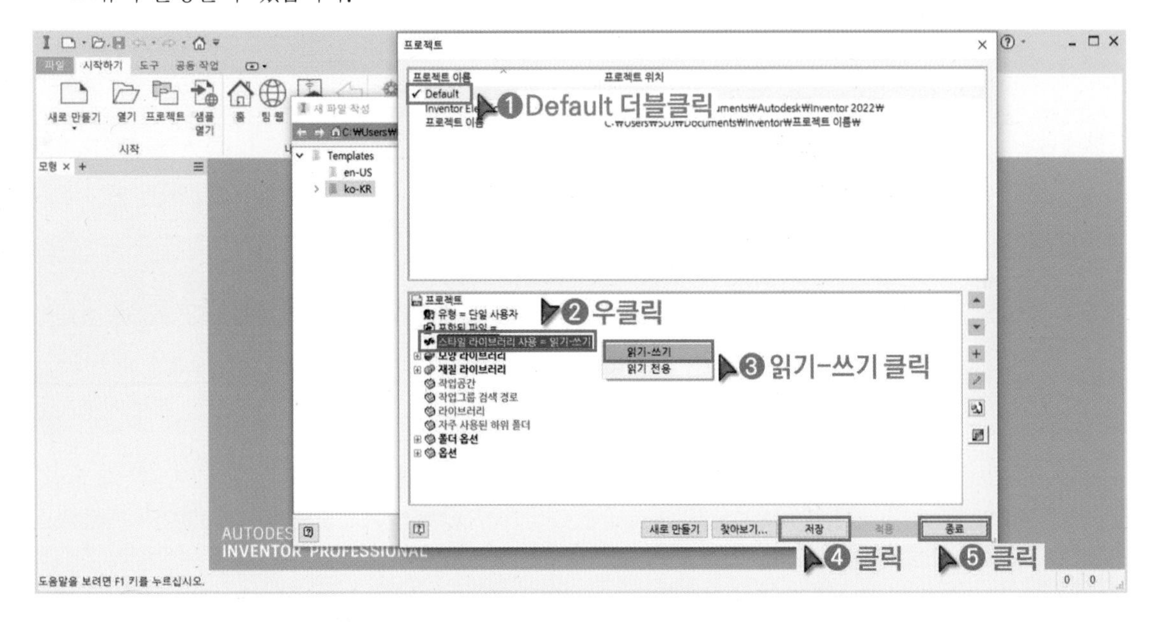

3 「새로 만들기」를 클릭하고 「Default.ipj」를 선택합니다. 「standard.idw」를 더블 클릭해서 실행합니다.

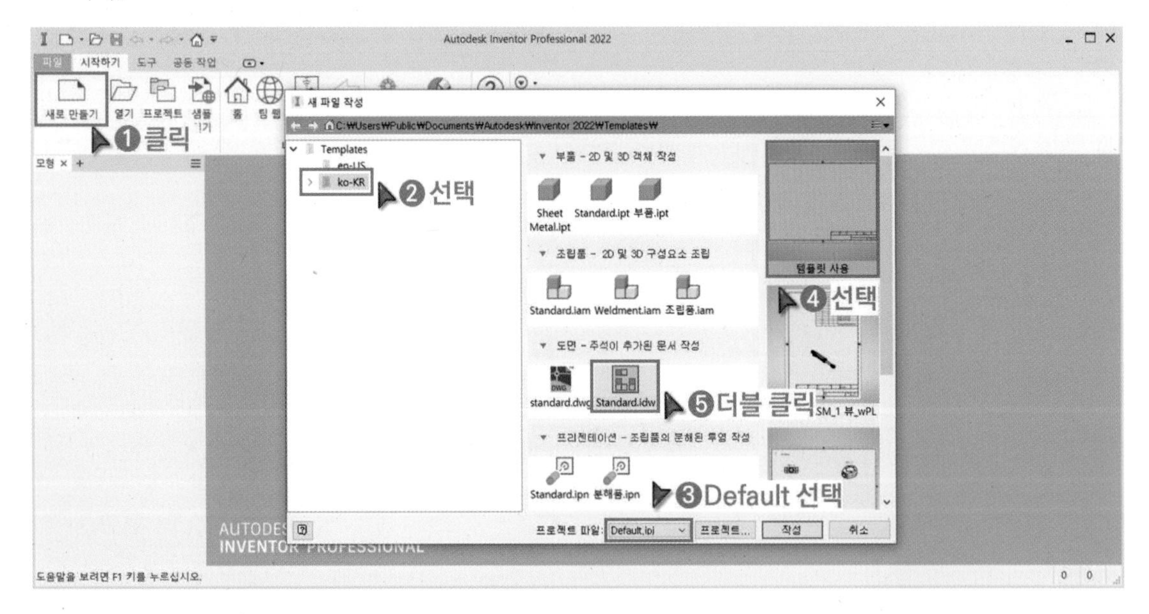

4 불필요한 기본 양식인 「 기본 경계」와 「 ISO」를 삭제합니다. DEL 키를 사용해서 삭제할 수도 있습니다.

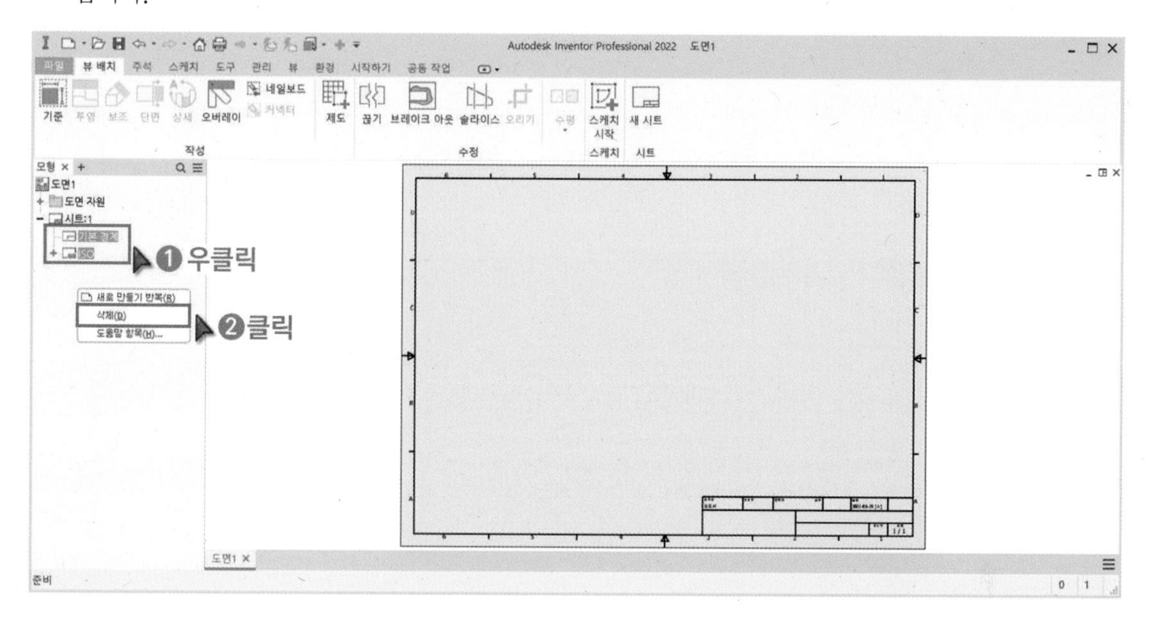

5 용지 크기를 선정하기 위해 「 시트」에서 우클릭하고 「시트편집」을 클릭합니다. 용지의 크기를 「A3」로 선택합니다.

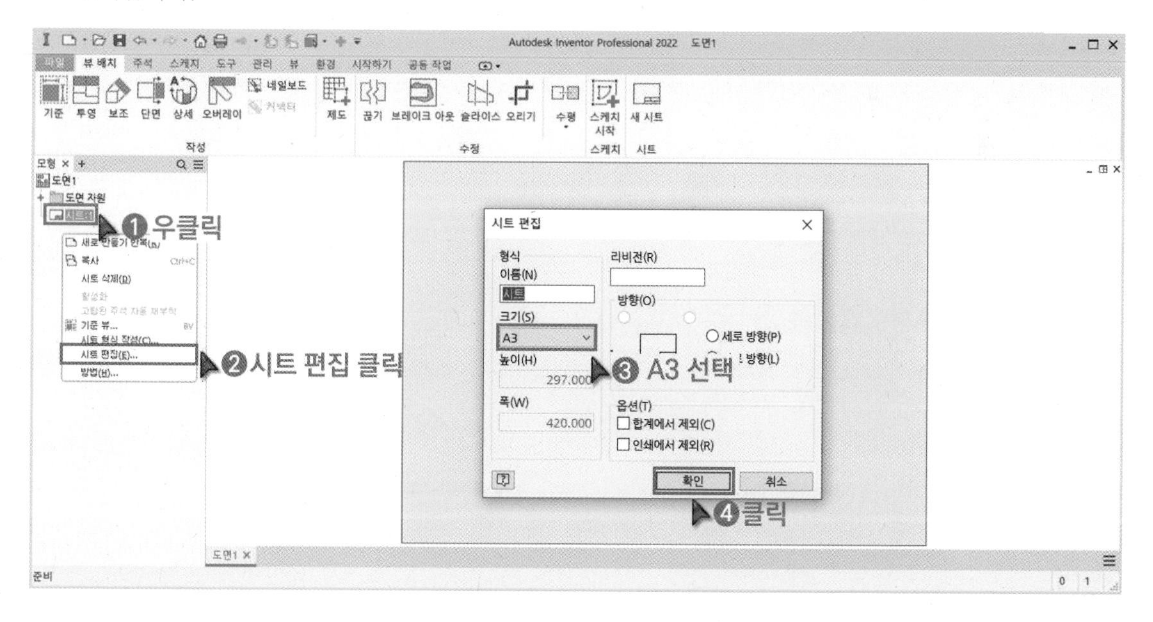

6 「경계」 폴더에서 우클릭하고 도면양식을 작성하기 위해 「새 경계 정의」를 클릭합니다.

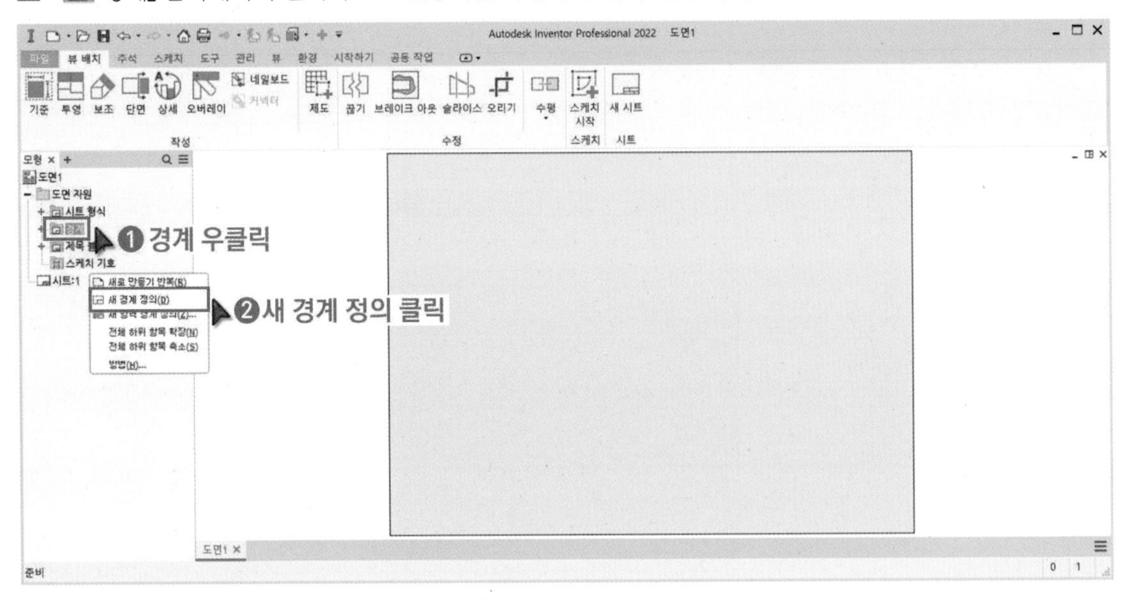

7 「경계」는 도면양식을 작성하는 종이이며 「시트」는 투상도를 작성하는 종이입니다. 새로운 경계를 작성할 경우 작업트리에는 「InitialBorderTemplate」이 생성되며 상단에는 「✔ 스케치 마무리」 아이콘이 활성화 됩니다. 시트에는 4개의 고정점이 생성됩니다.

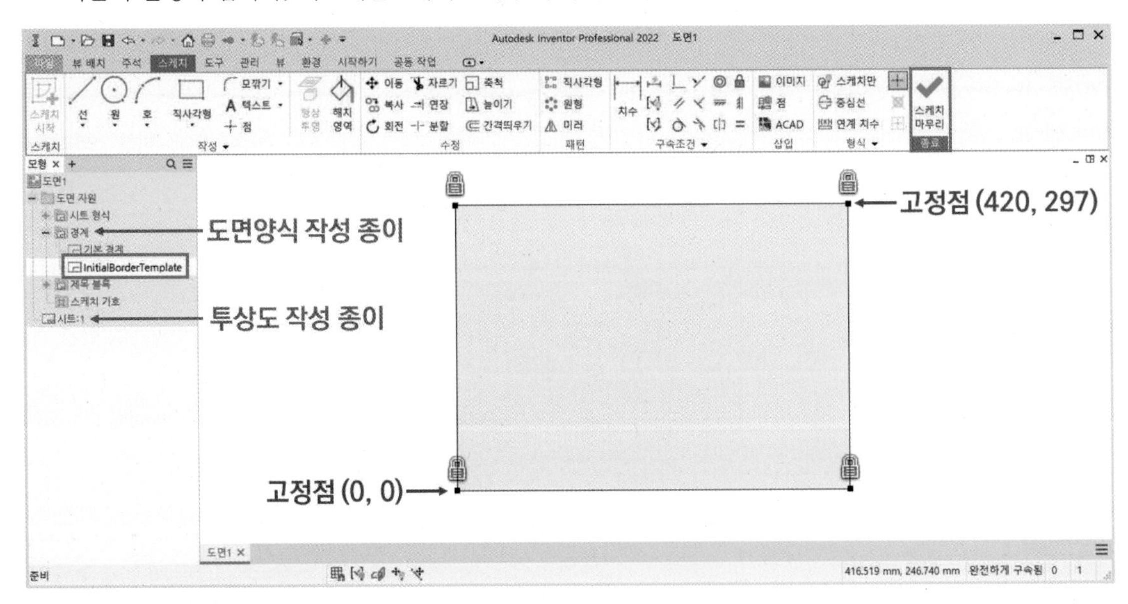

8 선, 직사각형, 간격띄우기, 치수 등을 사용해서 「윤곽선」과 「중심마크」를 작성합니다.

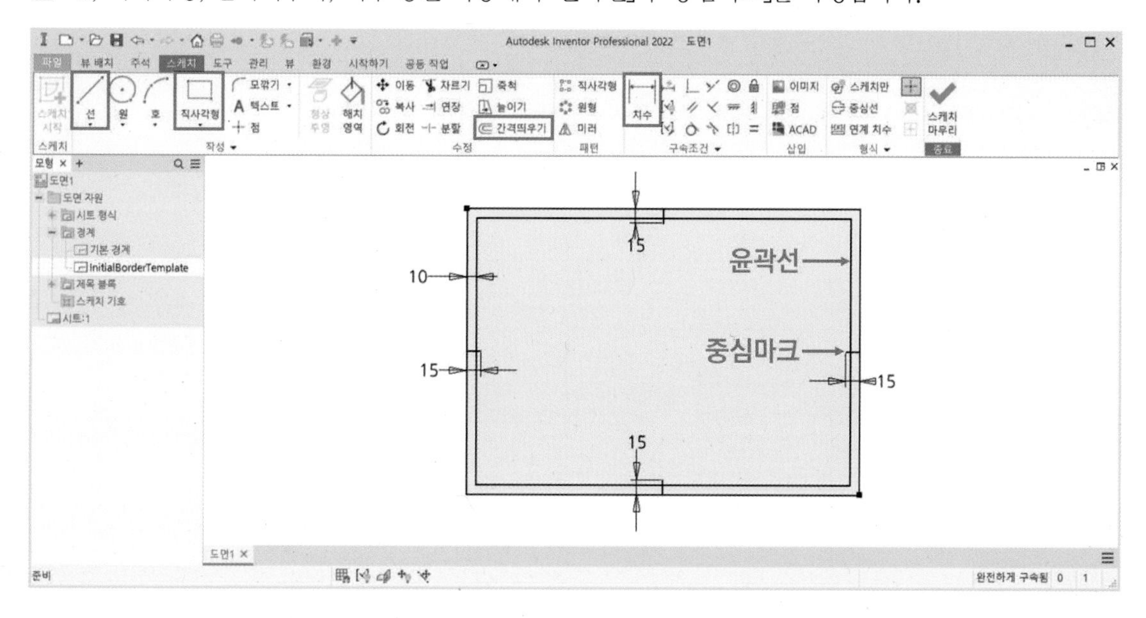

9 선, 치수를 사용해서 A부, B부의 「표제란」을 작성합니다.

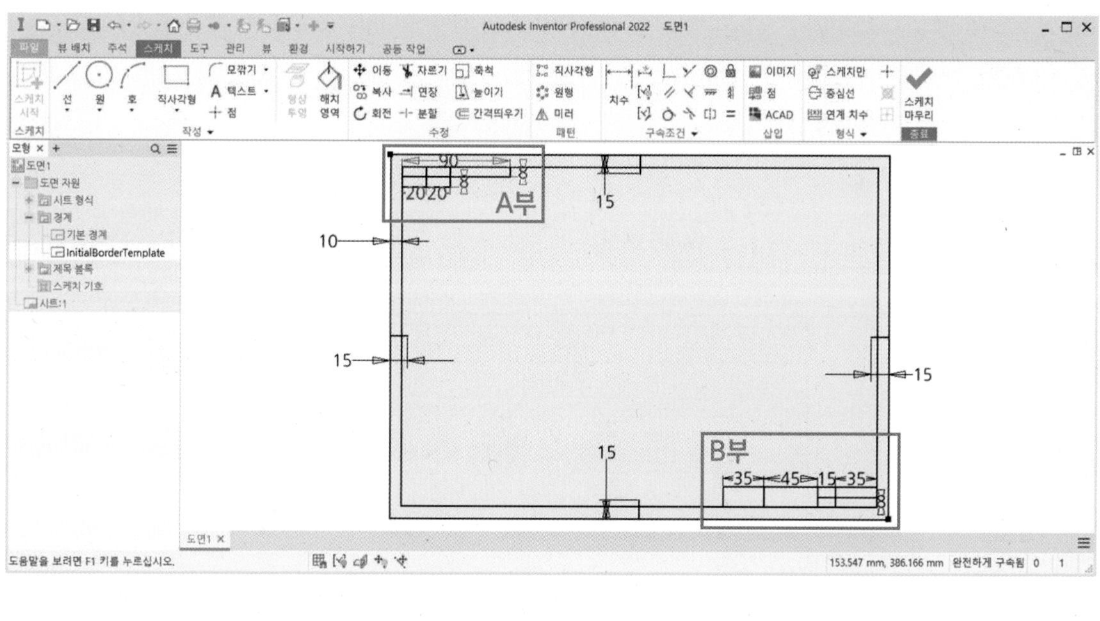

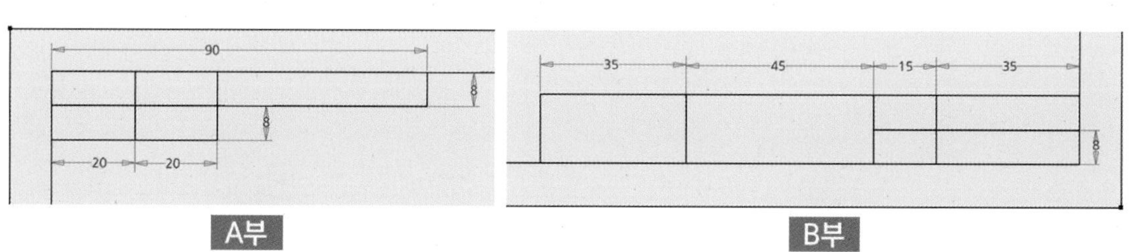

10 「-|- 분할」을 클릭합니다. 커서를 선 위에 올려놓으면 분할지점(×)이 활성화 되고 클릭하면 선을 분할할 수 있습니다. 분할된 선의 중간점을 이용하면 텍스트를 정렬할 수 있습니다.

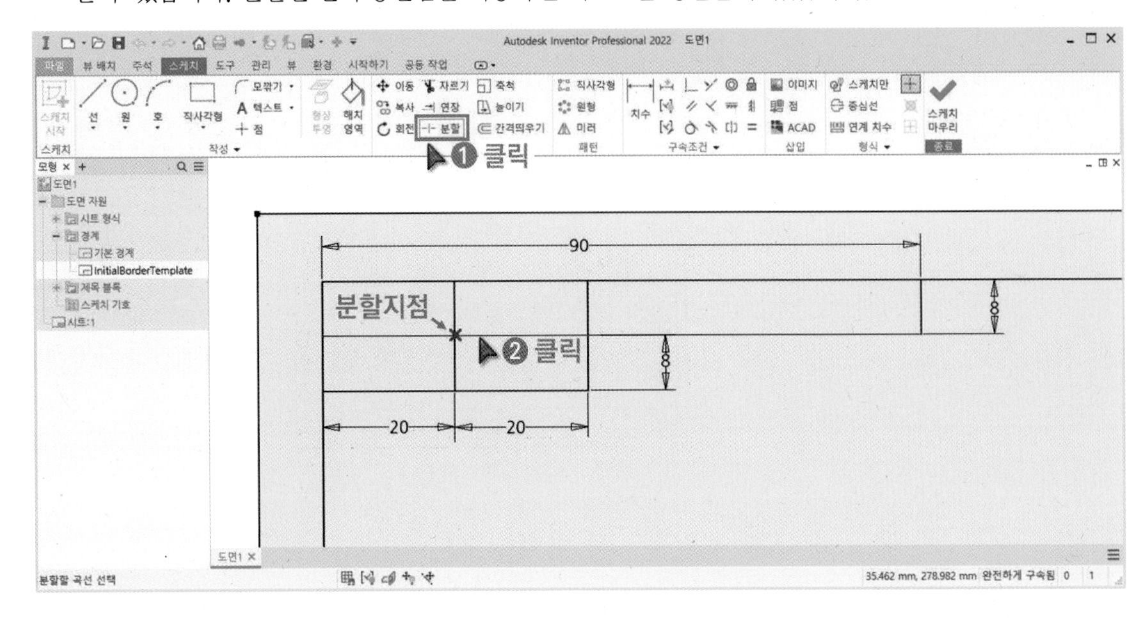

11 표제란에 텍스트를 정렬시키기 위해서 아래와 같이 선을 분할합니다. 분할 후에 선이 불완전상태(초록색선)로 변하면 치수를 추가로 기입해서 구속시킵니다.

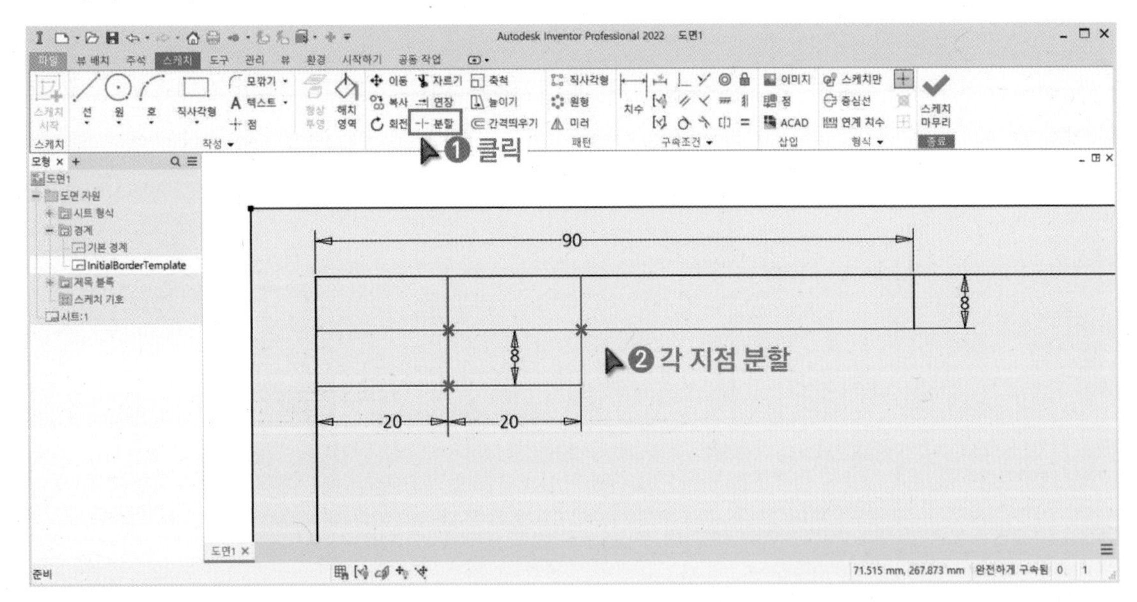

⑫ 「**A** 텍스트」를 클릭합니다. 임의의 지점을 클릭하고 텍스트를 입력합니다.

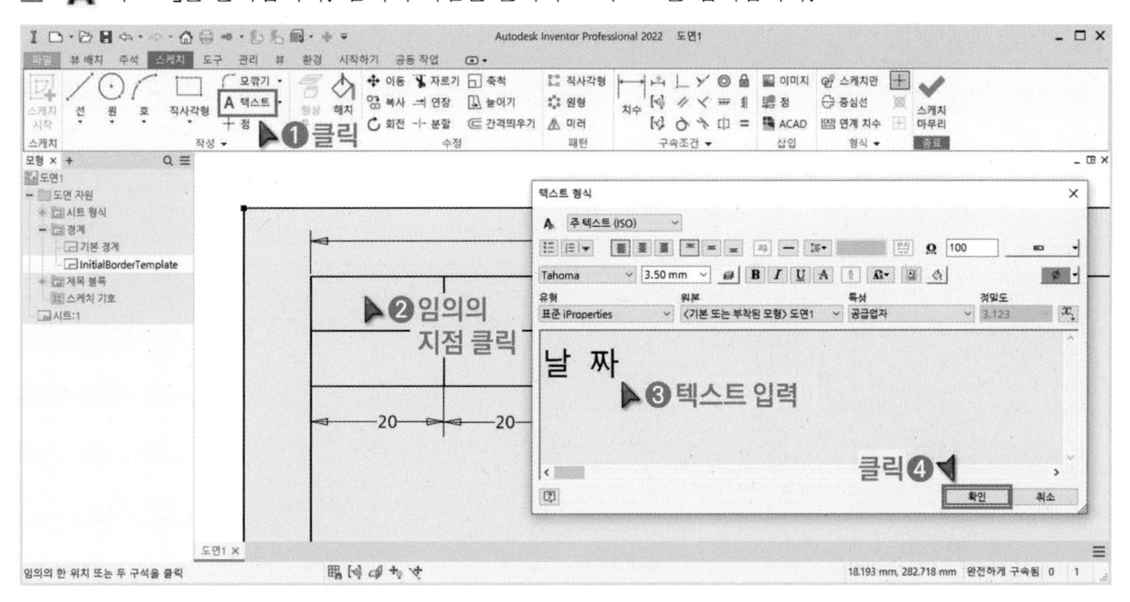

⑬ 도면에 있는 모든 객체들은 스타일이 적용되어 있습니다. 텍스트를 클릭하고 주석 도구모음의 「텍스트 스타일」을 확인합니다. 작성된 텍스트는 「주 텍스트(ISO)」 스타일이 적용된 것을 확인할 수 있습니다. 스타일을 변경함으로써 객체의 형태, 색상, 정보 등을 변경할 수 있습니다.

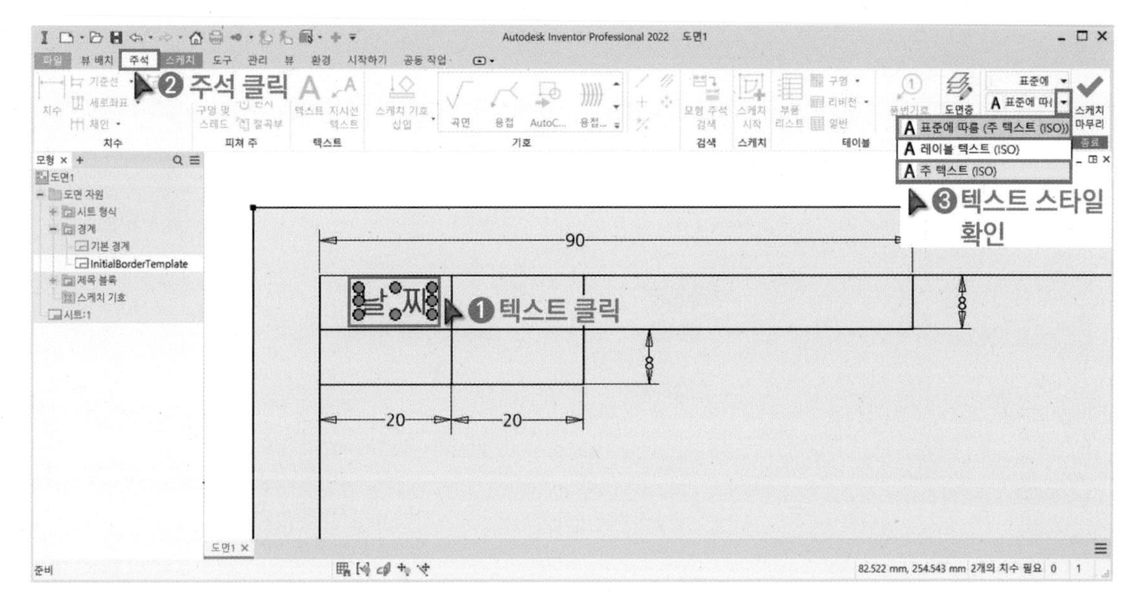

14 텍스트를 우클릭하고 「텍스트 스타일 편집」을 클릭합니다. 스타일 편집은 「관리」 도구모음에서 「 스타일 편집기」를 실행해서 편집할 수도 있습니다.

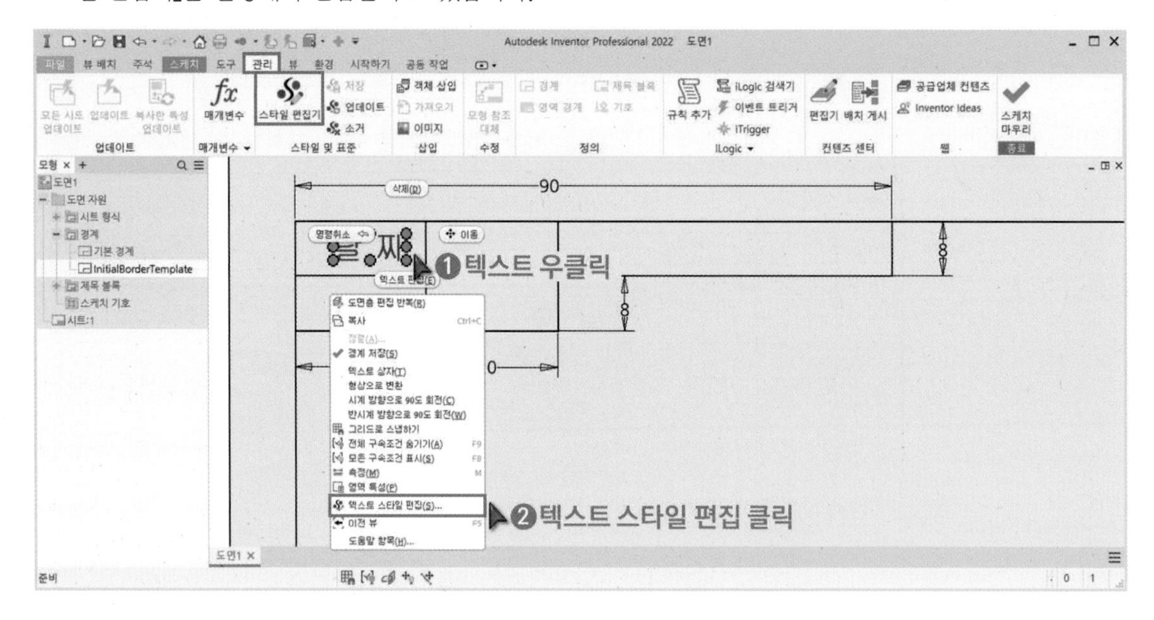

15 「주 텍스트(ISO)」 스타일의 자리맞추기, 글꼴, 텍스트 높이를 설정합니다.

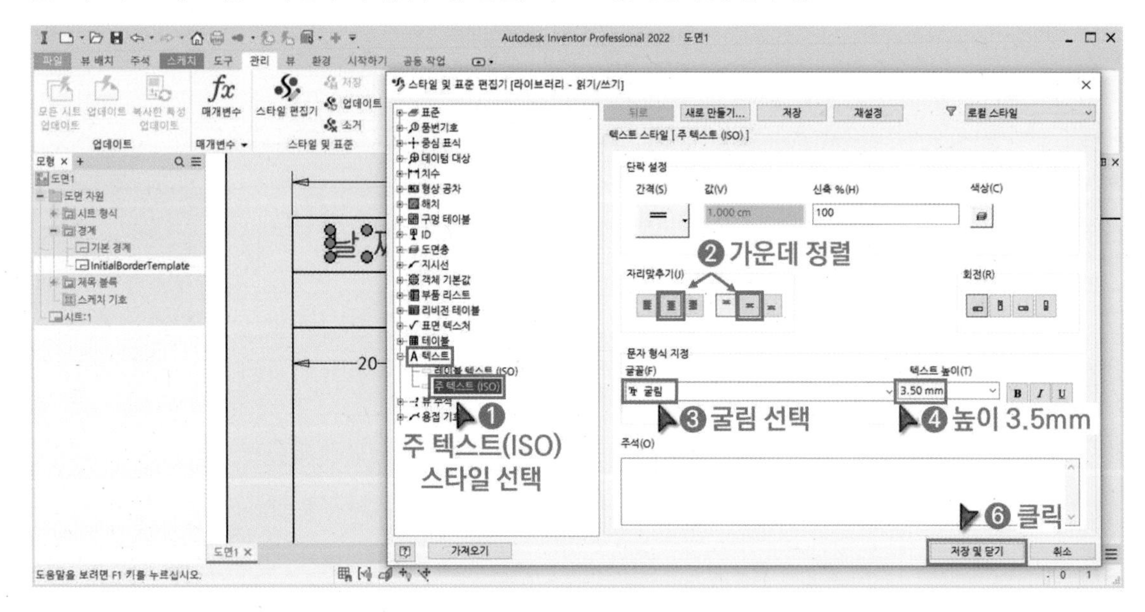

16 텍스트 스타일의 정렬 위치에 따라 텍스트 점의 위치가 변경됩니다. 수직, 수평 구속조건을 사용해서 선의 중간점과 텍스트의 점을 정렬시킵니다.

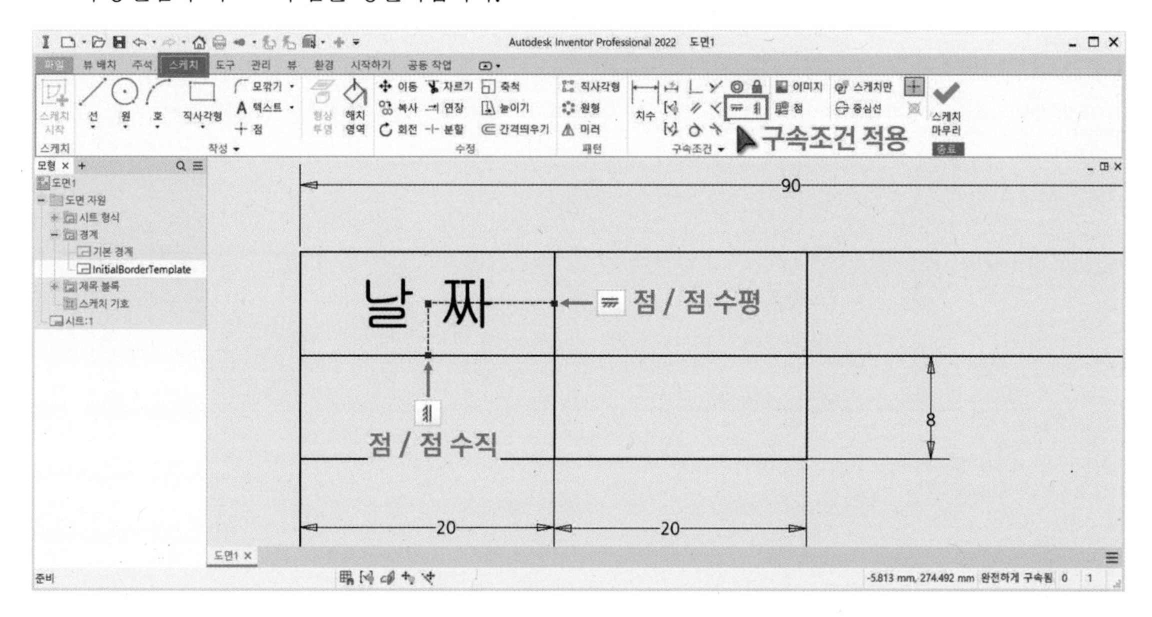

17 나머지 텍스트를 입력해서 A부 표제란을 완성합니다.

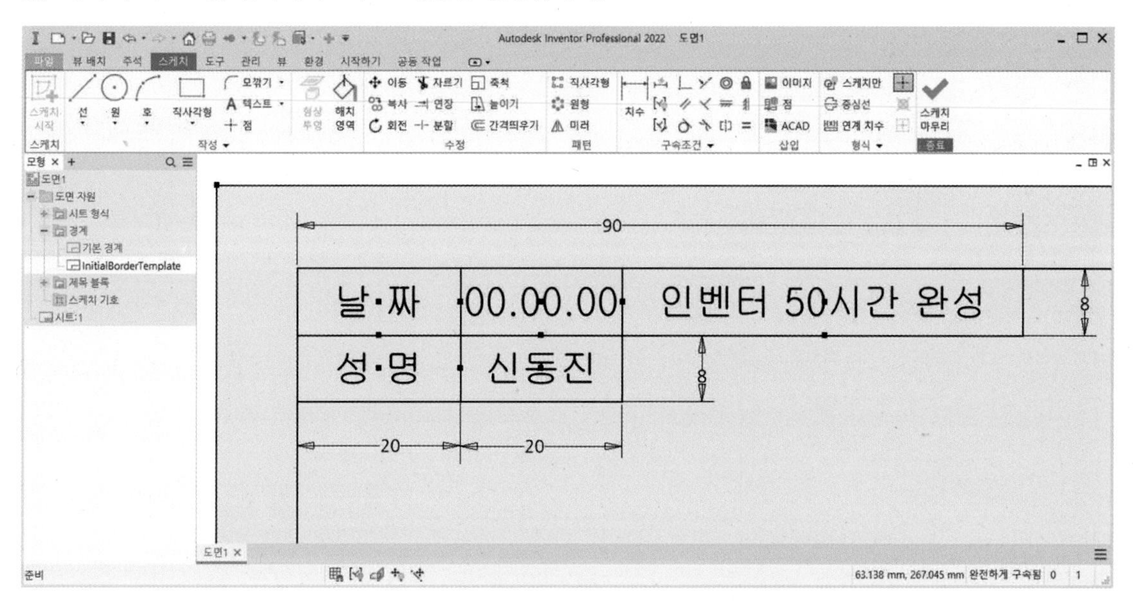

⑱ 동일한 방법으로 B부의 표제란을 완성합니다.

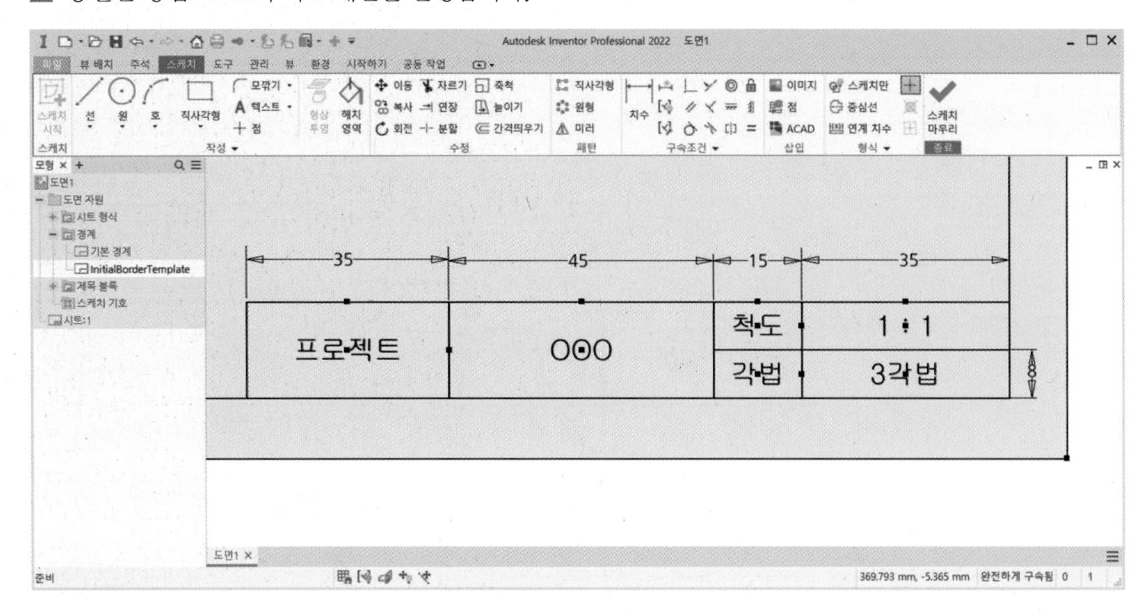

⑲ 스케치를 마무리합니다. 「경계」 이름을 입력하고 저장합니다.

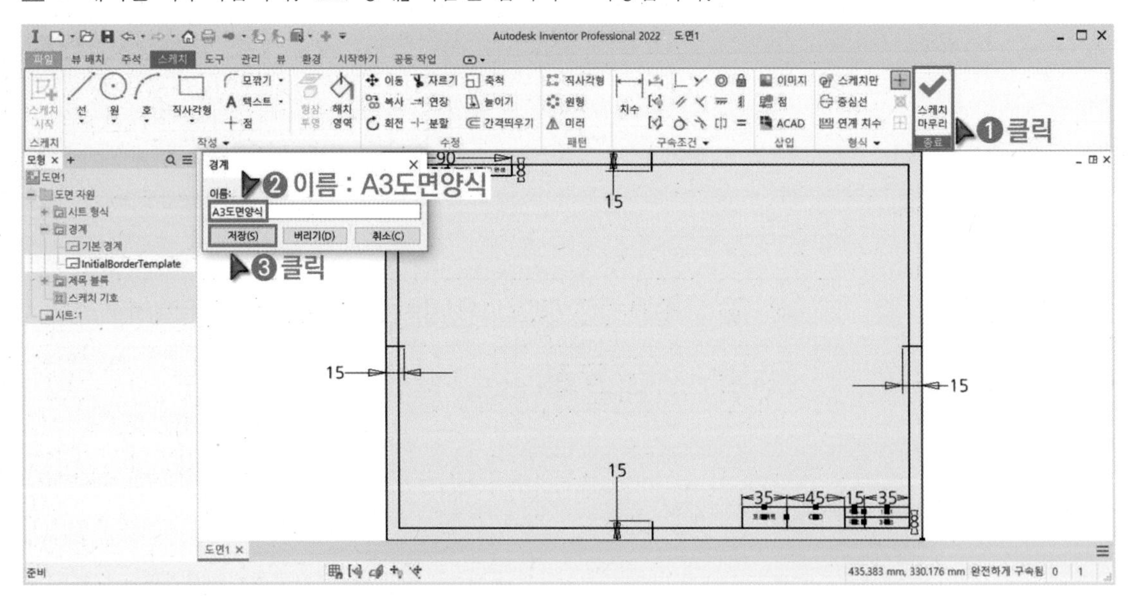

20 「경계」 폴더에는 「A3도면양식」이 생성됩니다. 「A3도면양식」을 더블 클릭해서 「시트」에 투영시킵니다.

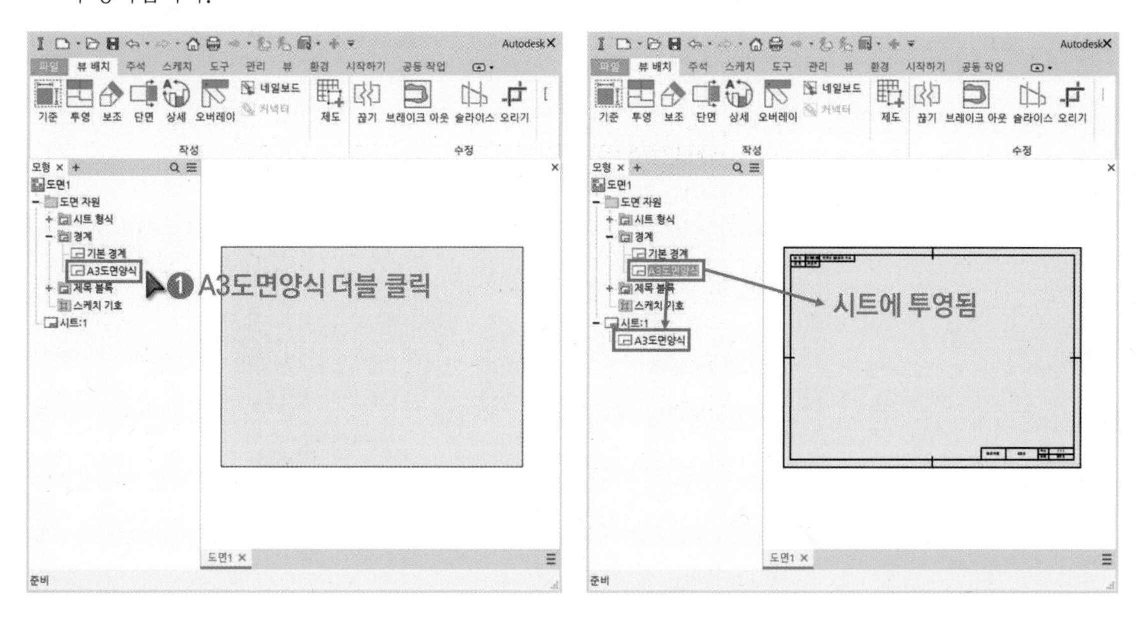

21 투영된 A3도면양식에 불필요한 선이 남아있는 것을 확인합니다. 편집을 위해 「A3도면양식」에서 우클릭 후 「정의 편집」을 클릭합니다.

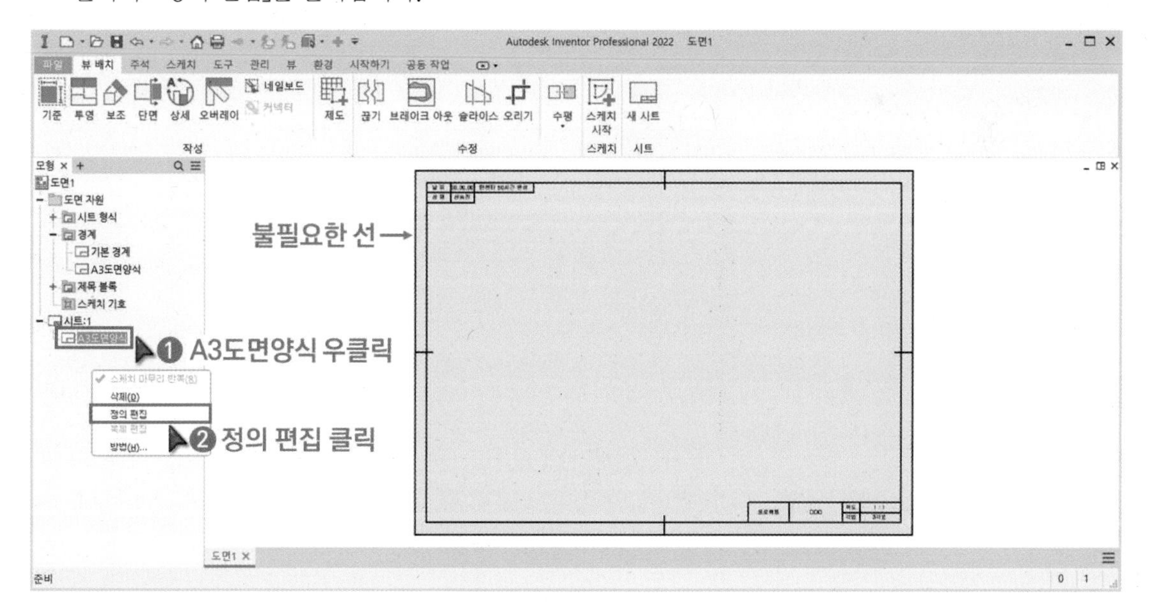

22 불필요한 선을 선택하고「스케치만」을 클릭합니다.「스케치 마무리」를 클릭하고 저장합니다.

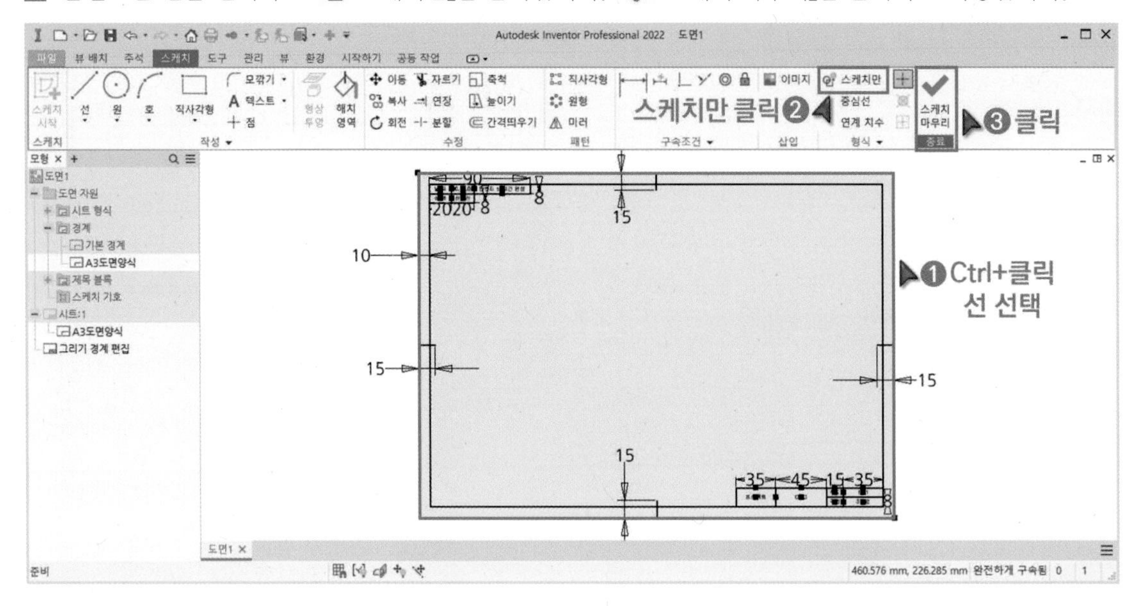

23「스케치만」이 적용된 선은 시트에 투영되지 않고 숨겨집니다.

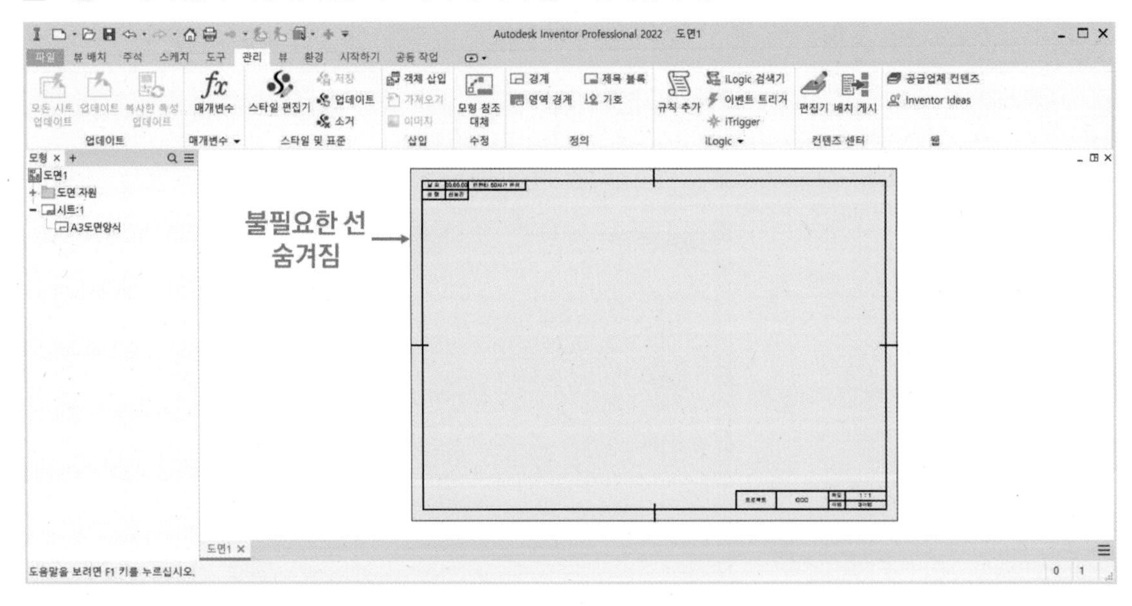

24 관리 도구모음의「 저장」을 클릭합니다. 스타일을 저장하지 않으면 새로운 도면작성 시 스타일 충돌이 발생합니다. 따라서 스타일을 변경한 이후에는 항상 스타일 저장을 진행합니다.

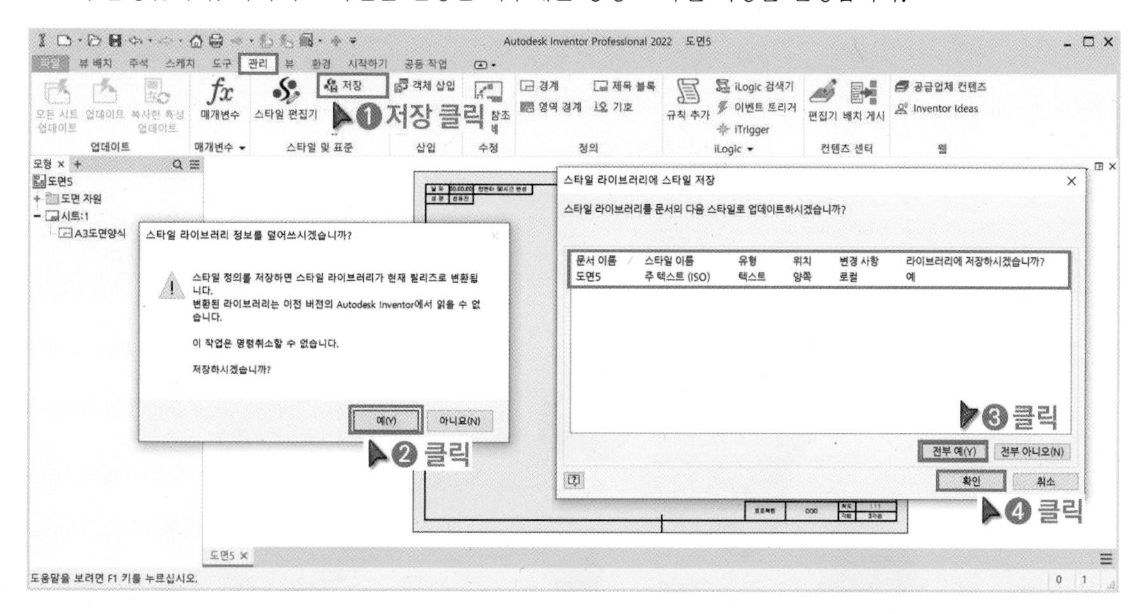

25「템플릿으로 사본 저장」을 클릭하고 템플릿 파일 이름을「A3도면양식」으로 저장합니다.

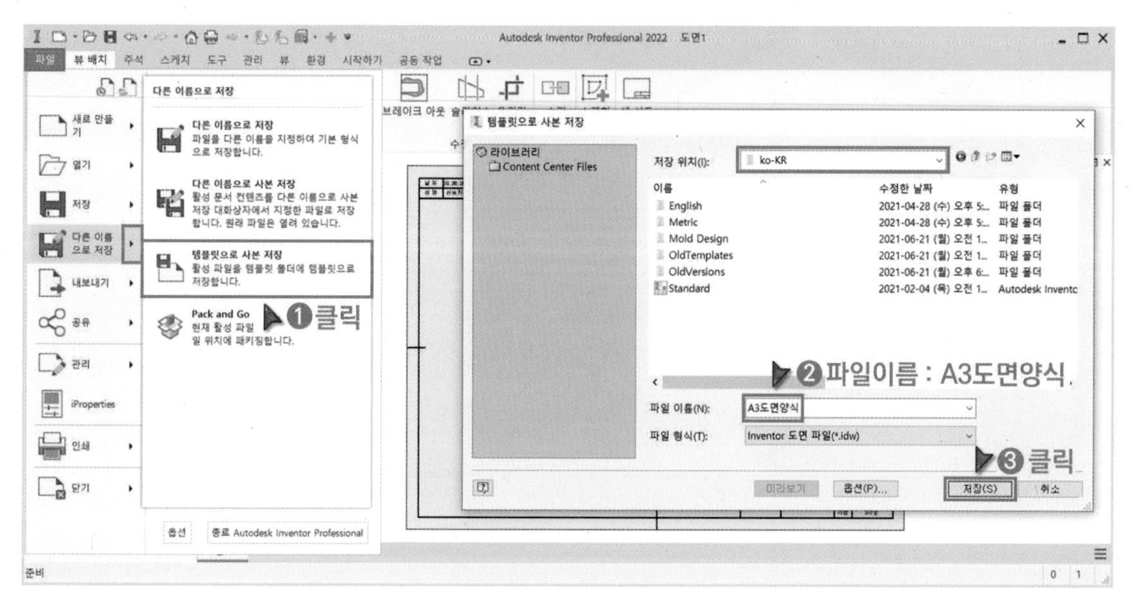

10 조립도, 분해도 작성 프로세스 중요 Point 실습 Point

https://cafe.naver.com/dongjinc/1126

조립도는 기계장치의 모든 부품이 조립되어 있는 도면이고, 분해도는 모든 부품이 분해되어 있는 도면입니다. 조립도, 분해도를 통해서 기계장치의 기능과 특징을 알 수 있으며 부품의 조립 · 분해 관계도 파악할 수 있습니다. 표제란에는 모든 부품에 대한 정보가 표시되어있으며 필요에 따라 기계장치의 치수를 기입하거나 움직이는 부분의 동작범위를 나타내기도 합니다.

❶ 도면양식 작성

❷ 투상도(뷰) 배치

❸ 품번기호 기입

❹ 부품리스트 삽입

❺ 도면 출력 및 저장

11 도면양식 수정 실습 Point

https://cafe.naver.com/dongjinc/1127

사전에 작성한 도면 템플릿을 사용하면 작업 시간을 단축시킬 수 있습니다. 도면 시트의 크기와 표제란의 정보를 수정해서 조립도와 분해도에 필요한 도면양식으로 사용할 수 있습니다.

1 「새로 만들기」를 클릭하고 「A3도면양식.idw」를 더블 클릭해서 실행합니다.

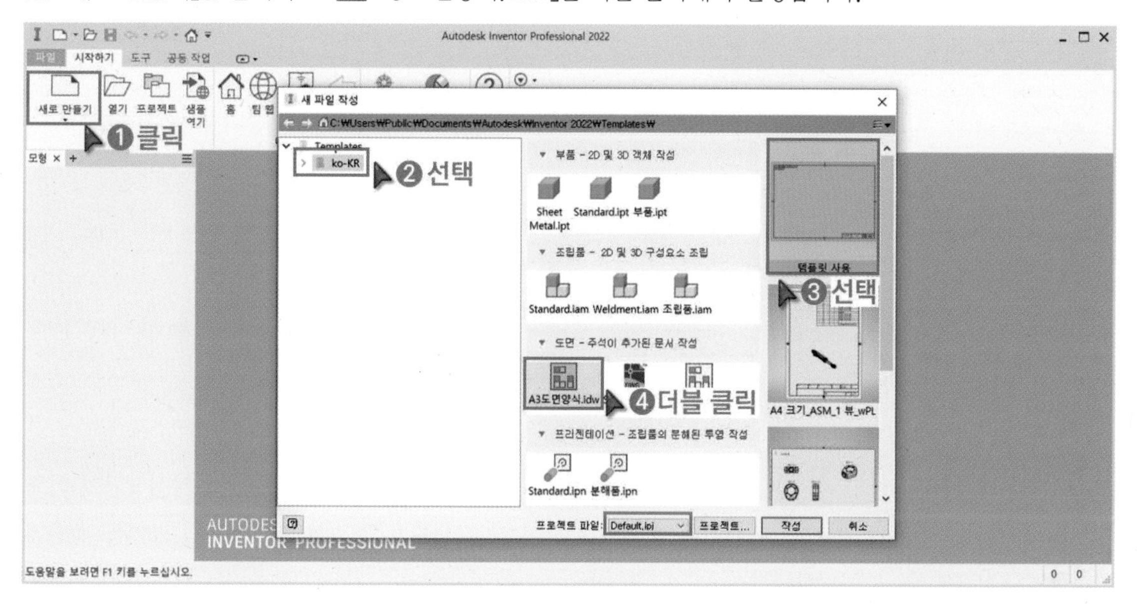

2 도면양식 수정을 위해 「정의 편집」을 클릭합니다.

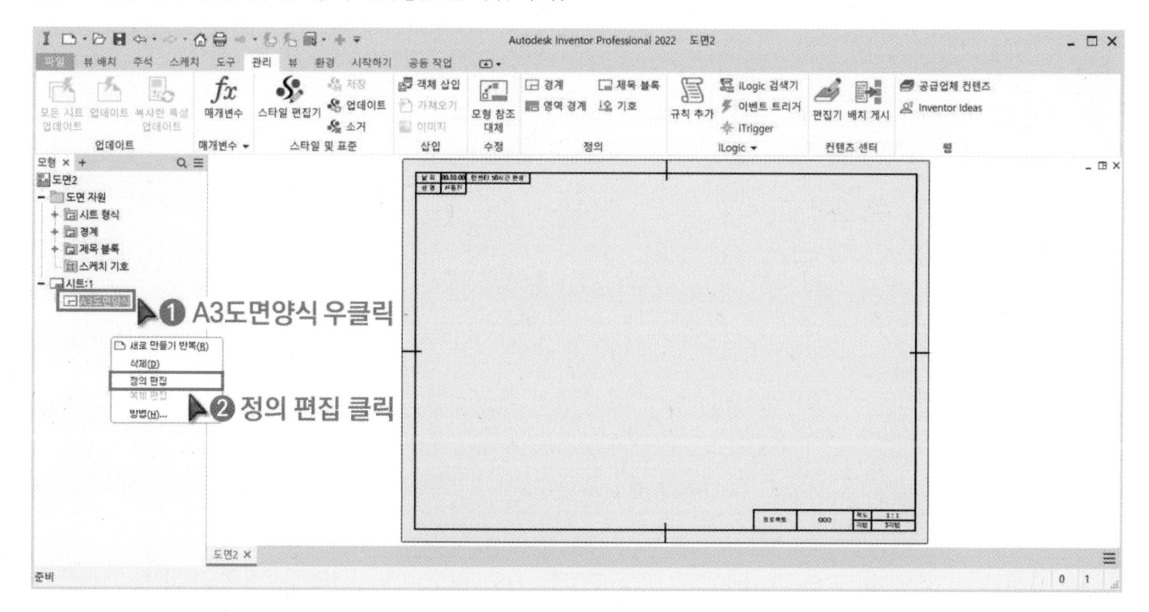

3 「스타일 편집기」를 클릭합니다. 「주 텍스트(ISO)」 스타일의 자리맞추기, 글꼴, 텍스트 높이를 설정합니다.

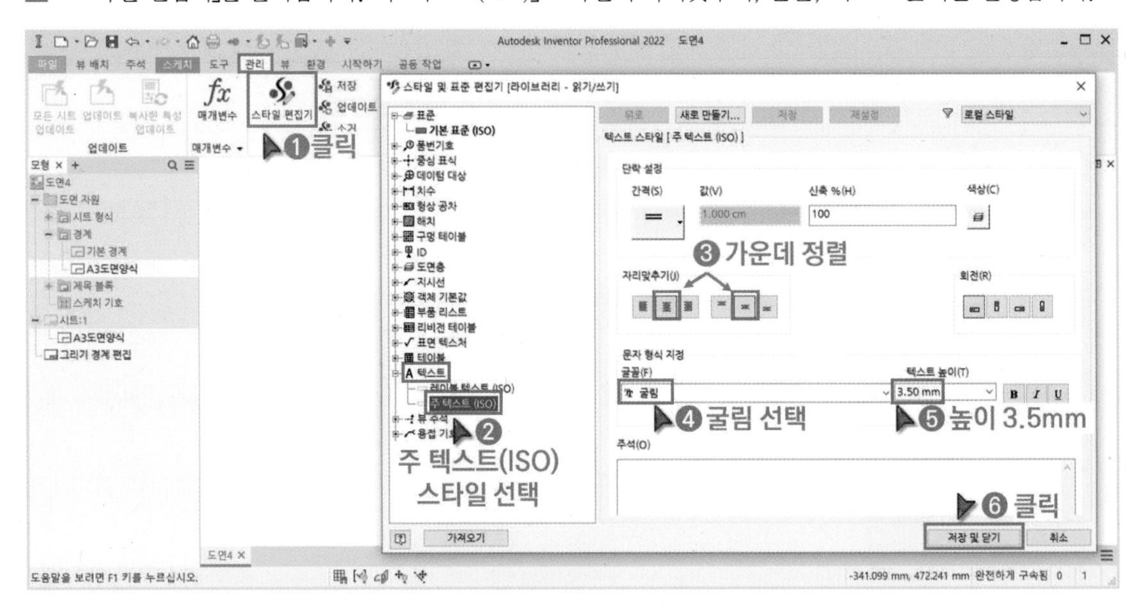

4 기존에 작성했던 텍스트를 더블 클릭해서 수정합니다. 프로젝트에는 프로젝트명이나 기계장치의 이름을 입력합니다. 등각 조립도, 분해도는 제품의 형상이 잘 보이도록 적절하게 투상도의 크기를 정하기 때문에 척도를 NS로 입력합니다.

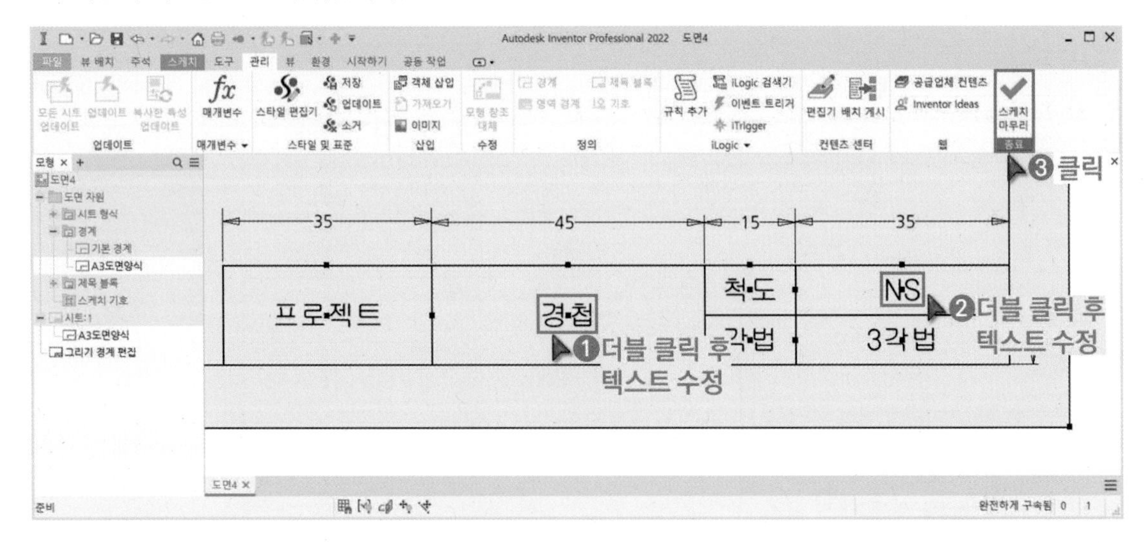

종류	권장 척도	내용
현척	1:1	실물과 같은 크기로 그릴 경우
축척	1:2 1:5 1:10 1:20 1:50 등	실물보다 작게 그릴 경우
배척	2:1 5:1 10:1 20:1 50:1 등	실물보다 크게 그릴 경우
Not to Scale	NS	비례척이 아닐 경우

12 분해품 뷰 배치 중요 Point 실습 Point

1 「스타일 편집기」를 클릭하고 「표준-기본 표준(ISO)」스타일을 선택합니다. 뷰 기본 설정 탭에서 투영 유형을 「⊕◁ 삼각법」으로 선택합니다.

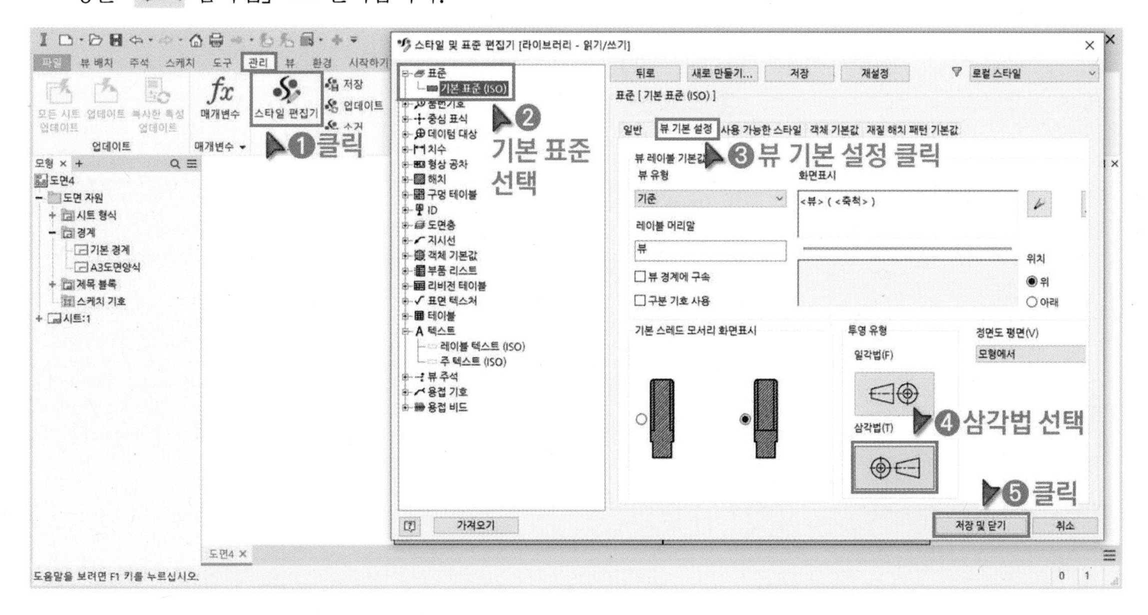

2 투상도(뷰)를 작성하는 방법은 제1각법과 제3각법이 있습니다. 한국산업표준에서는 제3각법을 사용해서 투상도를 작성하는 것을 원칙으로 하고 있습니다. 제3각법은 물체를 보았을때의 모습 그대로를 도면에 나타내기 때문에 그리기 쉽고 비교, 대조하기 쉬우며 치수 기입이 용이하여 제3각법을 사용합니다.

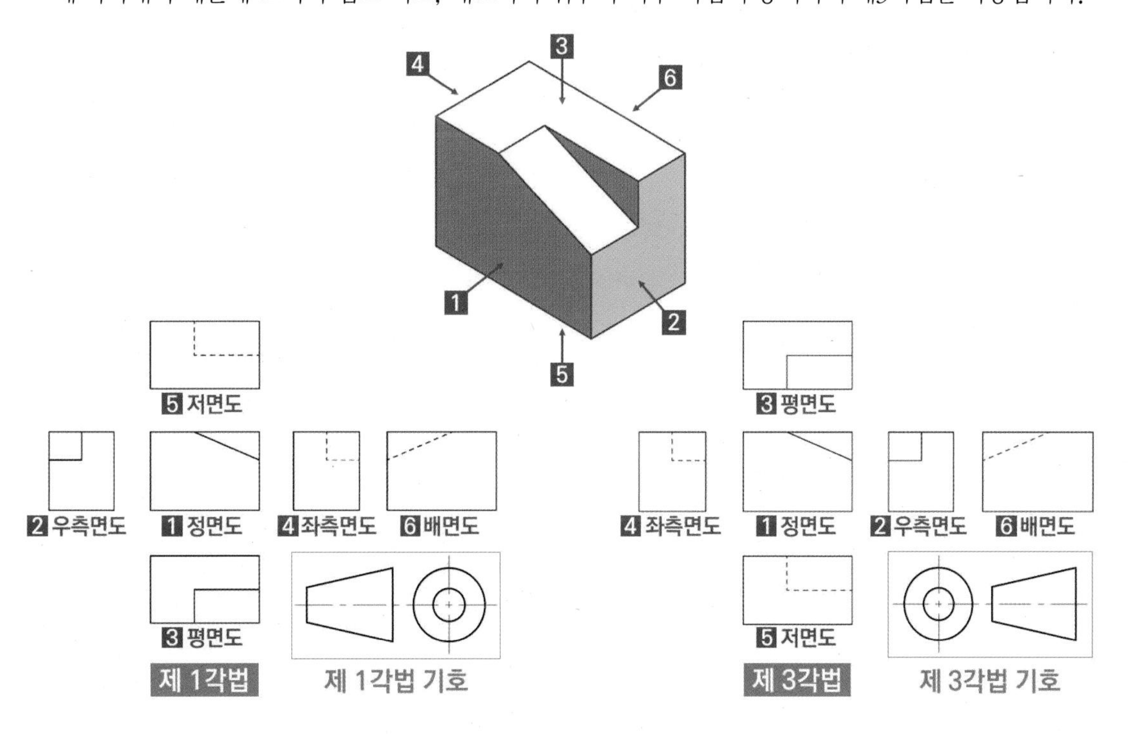

3 뷰 배치 도구모음의「 기준」을 클릭합니다. 폴더 아이콘을 클릭하고「경첩 분해품.ipn」을 엽니다.

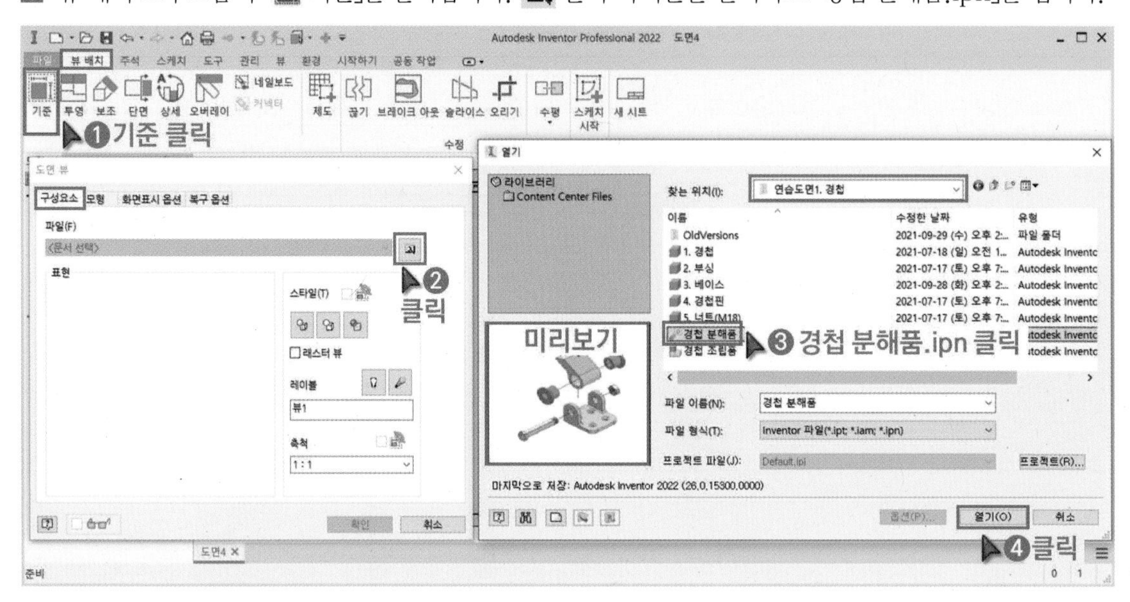

4 분해품 작성 시 생성했던 스냅샷 뷰「View1」을 선택합니다. 뷰의 스타일, 방향을 선택하고 배치상태를 확인합니다. 분해품 뷰가 도면 크기에 맞도록 축척 값을 적절하게 입력합니다.

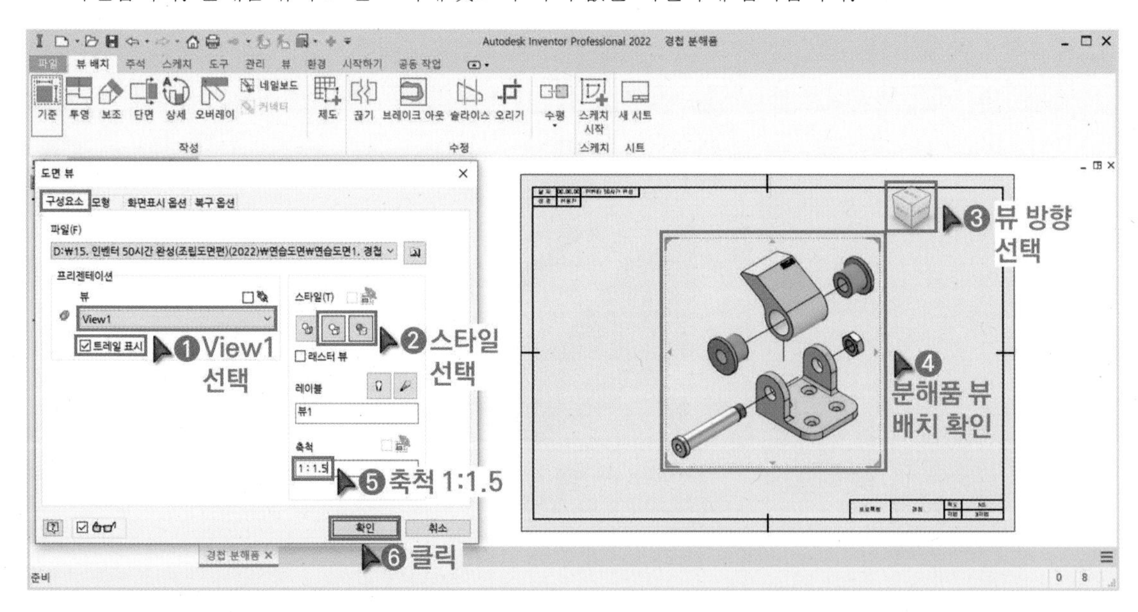

5 스레드(나사산)가 표시되도록 「☑ 스레드 피처」를 체크합니다. 형상이 잘 보이도록 「☑ 접하는 모서리」를 체크합니다.

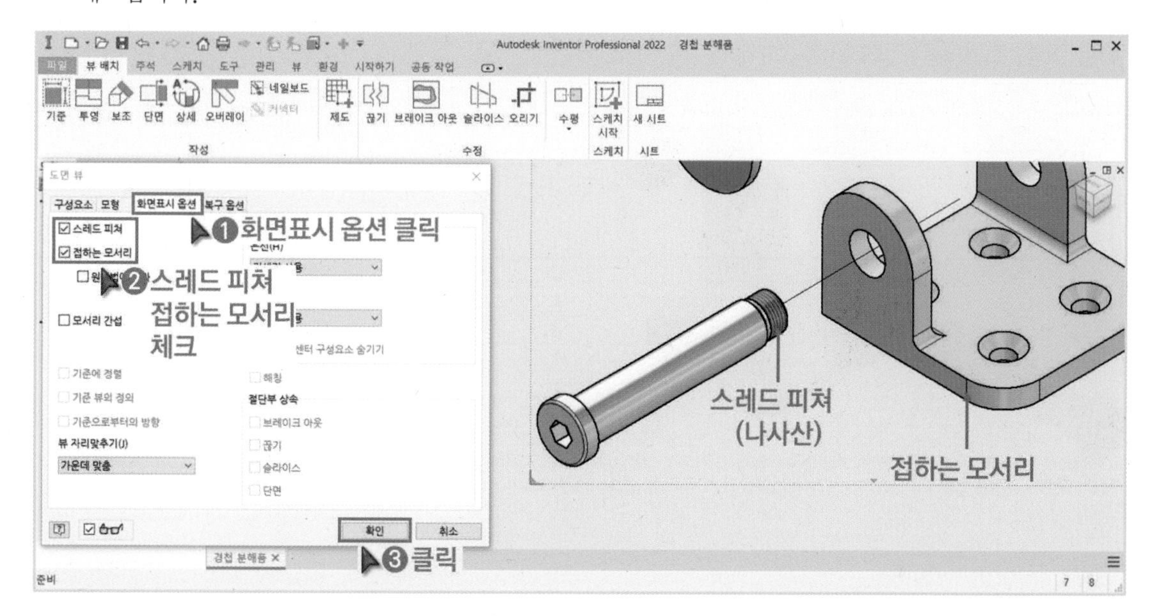

6 작업트리에 생성된 분해품 뷰를 확인합니다. 작업화면의 분해품 뷰를 드래그하면 뷰를 이동할 수 있으며 더블 클릭하면 뷰의 스타일, 방향 등을 변경할 수 있습니다.

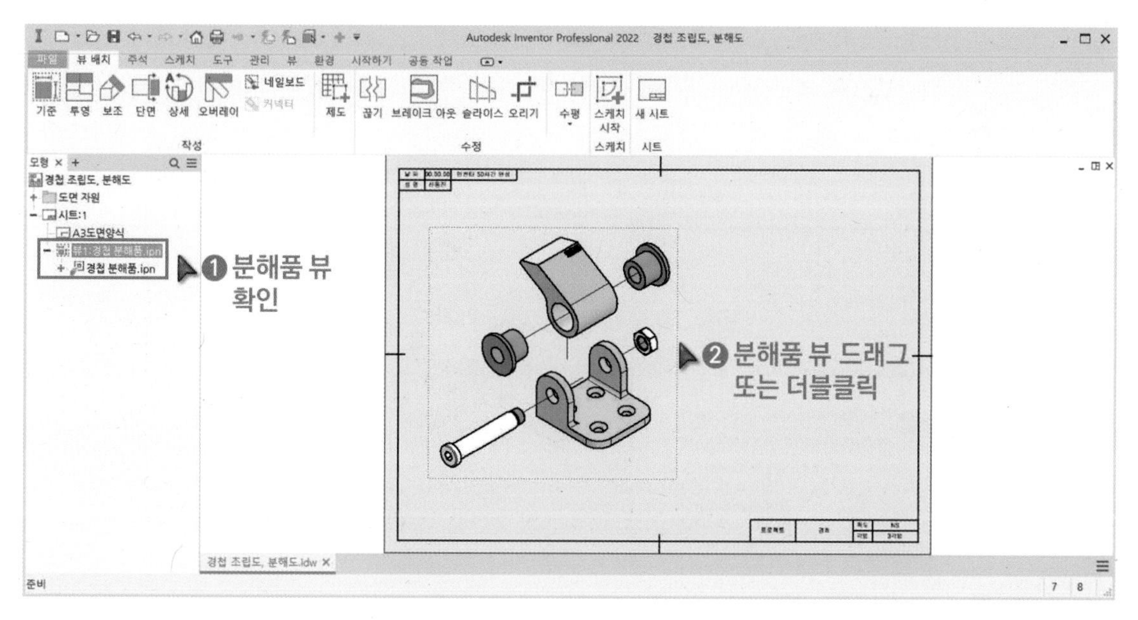

13 품번기호 기입 중요 Point 실습 Point

품번기호는 부품의 번호를 표시하는 기호입니다. 품번기호와 부품 리스트의 품번이 동일해야 부품에 대한 품명, 재질, 수량 등의 정보를 정확하게 파악할 수 있습니다.

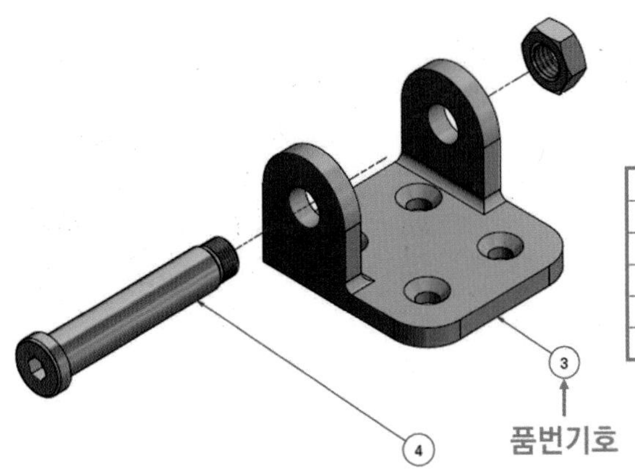

5	육각 너트	SCM435	1	M18
4	경첩핀	SCM435	1	
3	베이스	SUS304	1	
2	부싱	SCM415	2	
1	경첩	SUS304	1	
품번	품명	재질	수량	비고

부품 리스트

1 주석 도구모음의 「① 품번기호」를 클릭합니다. 분해품 뷰의 「너트」를 클릭하고 순서대로 「확인」을 클릭합니다.

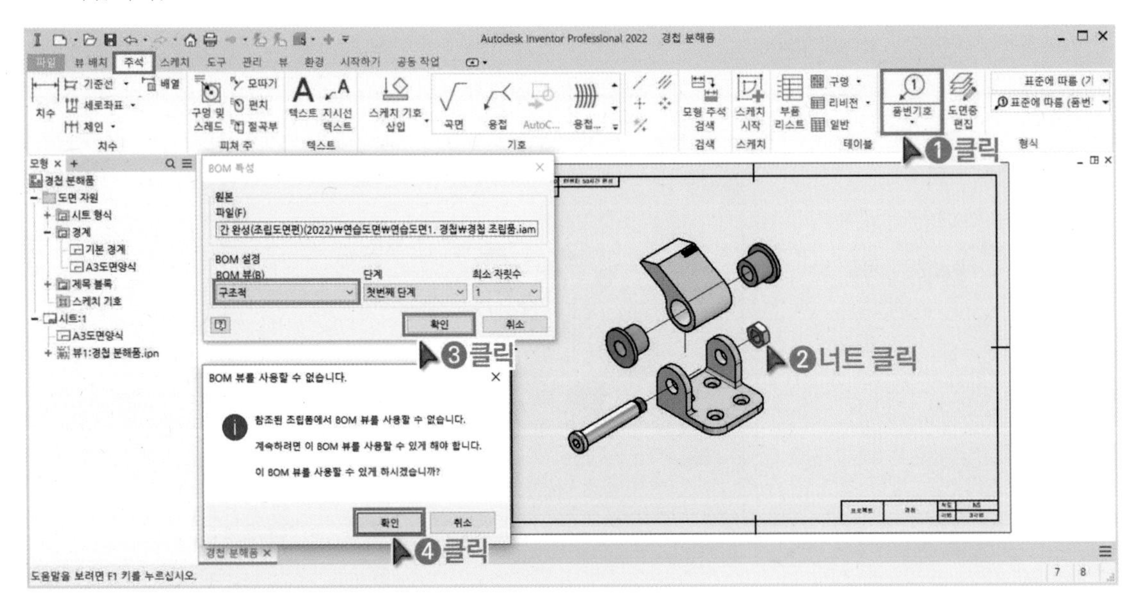

2 임의의 지점을 더블 클릭해서 품번기호를 배치합니다.

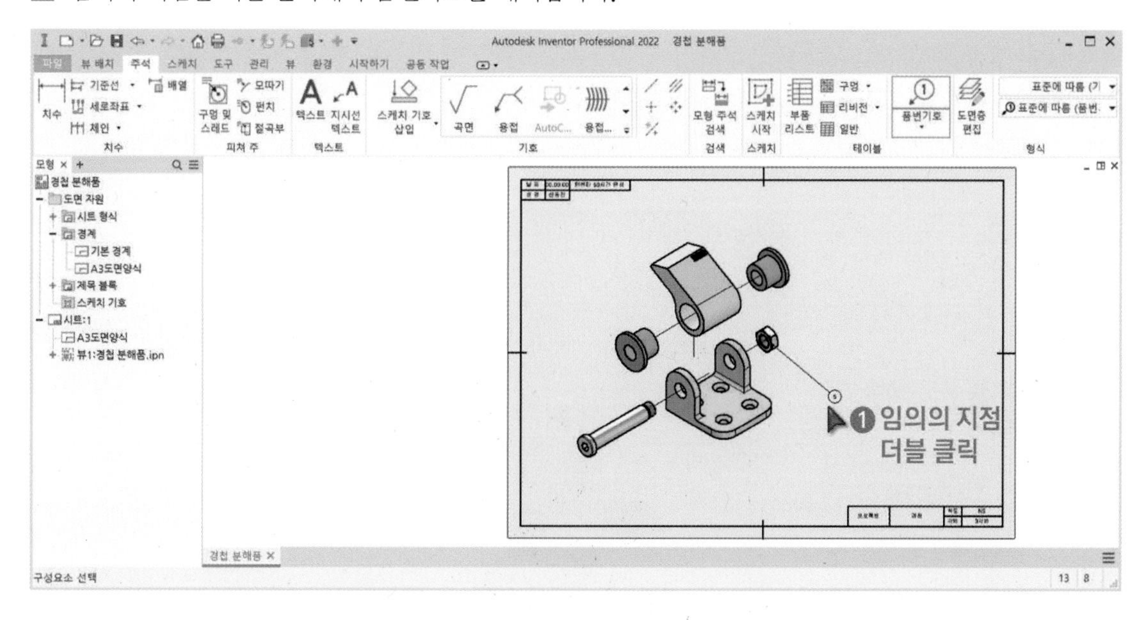

3 모든 부품에 품번기호를 기입합니다. 「부싱」처럼 2개 이상의 부품은 품번기호가 중복되지 않도록 하나만 기입합니다. 품번기호를 배치할 땐 수직, 수평 또는 등각축의 방향으로 배치하는 것이 좋습니다.

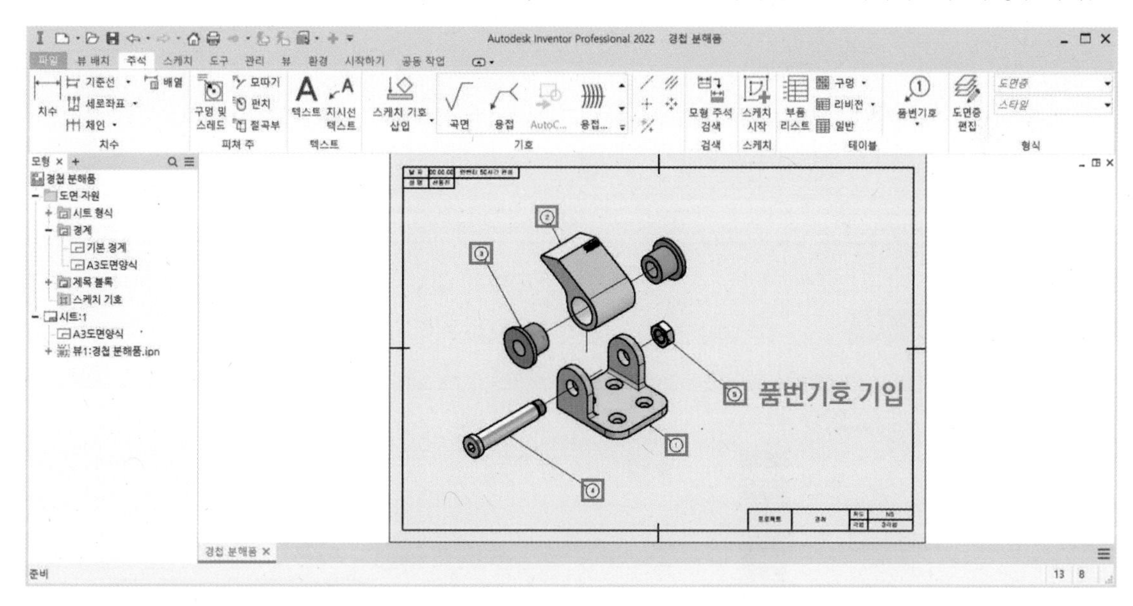

14 BOM 작성 중요 Point 실습 Point

BOM(Bill of material)은 각 부품의 관계와 품명, 수량, 재질 등의 정보를 작성하고 표시하는 기능입니다. BOM에 작성된 내용이 부품 리스트에 자동으로 반영됩니다.

1 작업트리의 「뷰1. 경첩 분해품.ipn」에서 우클릭하고 「BOM」을 클릭합니다.

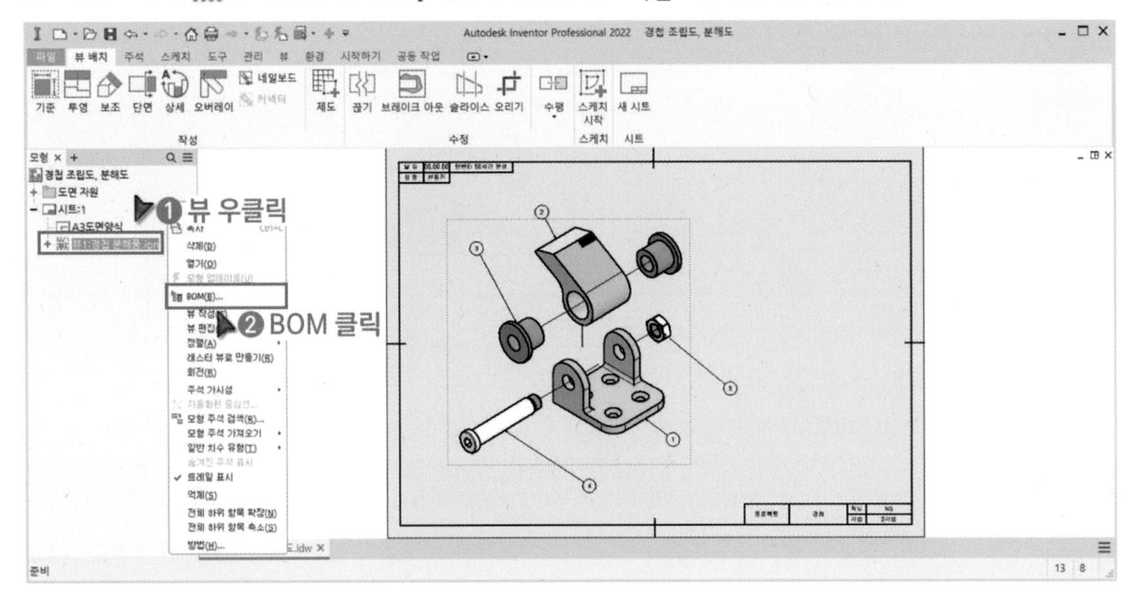

2 「구조적」을 클릭합니다. 부품 리스트에 표시할 열은 「품번, 품명, 재질, 수량, 비고」입니다. BOM의 「부품 번호」는 품명으로 이름을 바꿔서 사용할 수 있습니다. 하지만 「단위수량, 스톡 번호, 설명, 리비전」은 불필요한 열이기 때문에 상단으로 드래그해서 삭제합니다.

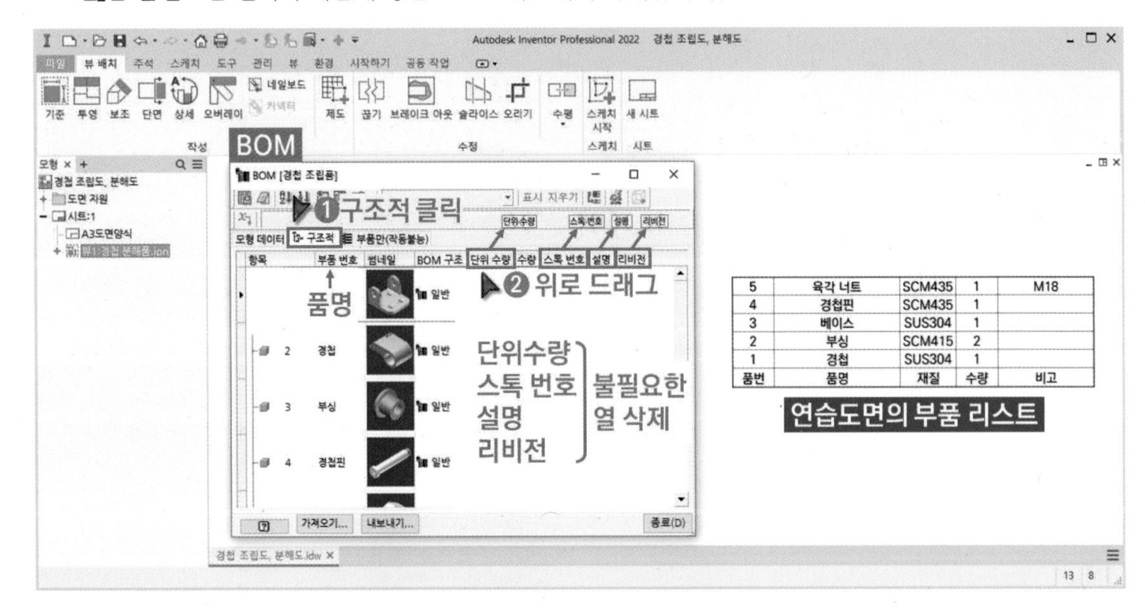

5	육각 너트	SCM435	1	M18
4	경첩핀	SCM435	1	
3	베이스	SUS304	1	
2	부싱	SCM415	2	
1	경첩	SUS304	1	
품번	품명	재질	수량	비고

연습도면의 부품 리스트

3 「 사용자 iProperty 열 추가」를 클릭합니다. 부품리스트에 필요한 「품번, 재질, 비고」열을 추가합니다.

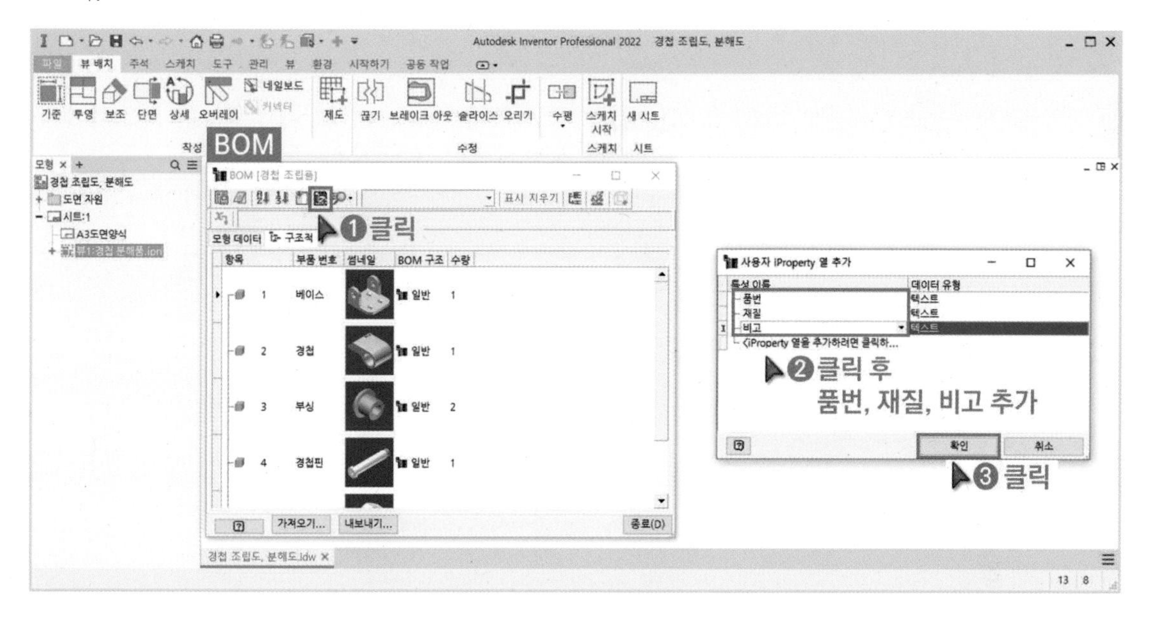

4 「 1 항목」의 번호는 조립품(iam) 생성 시 부여되는 의미 없는 번호이니 무시해도 됩니다. 「부품번호」에는 품명을 입력합니다. 「품번, 재질, 비고」에는 부품 리스트의 내용을 입력합니다. 「비고」에는 규격품의 정보나 부품의 질량 등 관련 정보를 입력합니다.

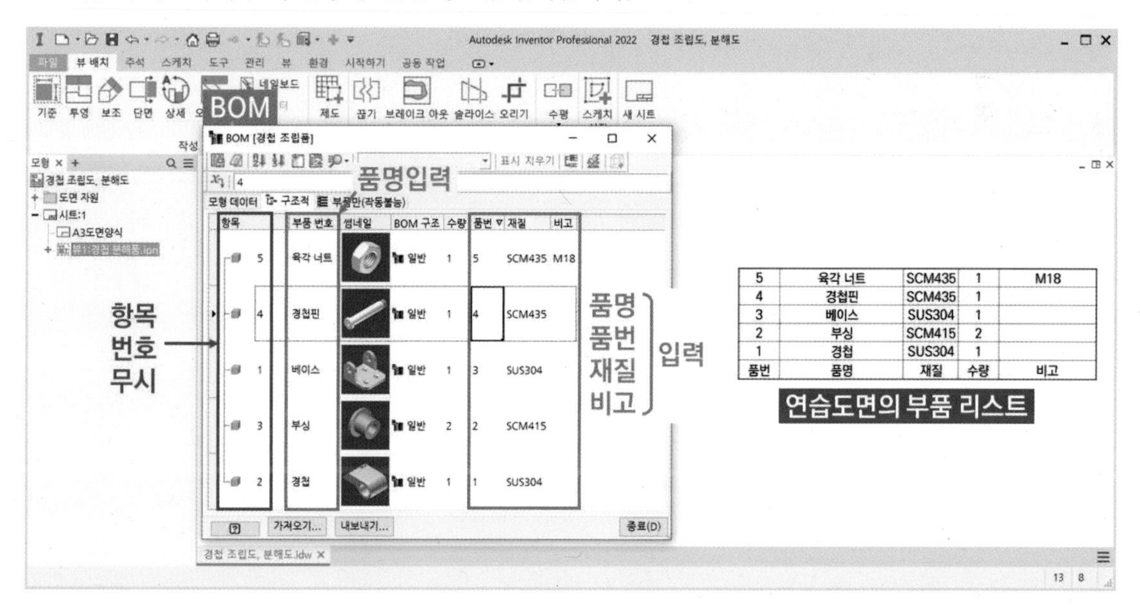

5	육각 너트	SCM435	1	M18
4	경첩핀	SCM435	1	
3	베이스	SUS304	1	
2	부싱	SCM415	2	
1	경첩	SUS304	1	
품번	품명	재질	수량	비고

5 「 BOM 내보내기」를 클릭해서 BOM을 엑셀파일로 저장합니다.

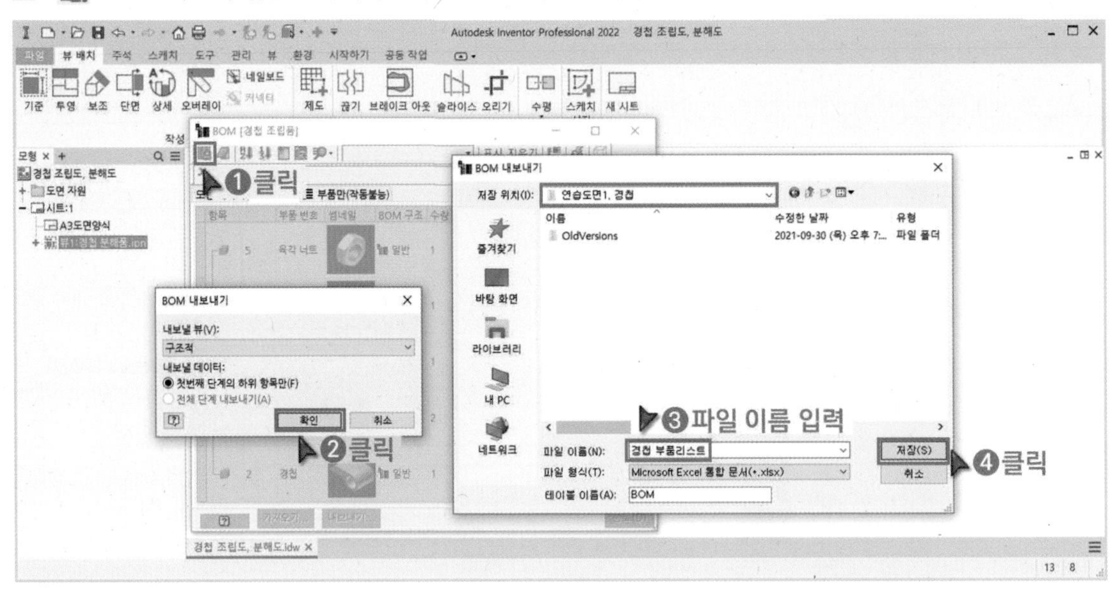

6 저장한 엑셀파일을 확인합니다.

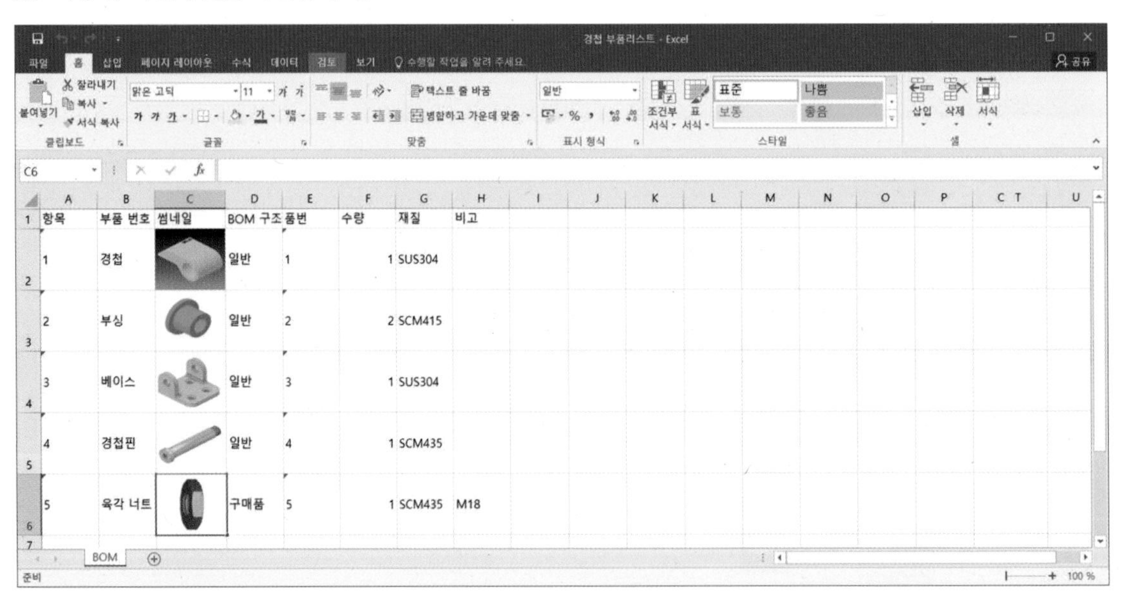

7 도면의 품번기호와 부품 리스트의 품번을 비교 · 검토합니다. 도면의 품번기호에는 BOM의 「항목」이 표시되고 있습니다. 도면의 품번기호와 부품 리스트의 품번이 서로 다를 경우 도면을 해독하기 어렵습니다. 따라서 품번기호에 BOM의 「품번」이 표시되도록 설정해야 합니다.

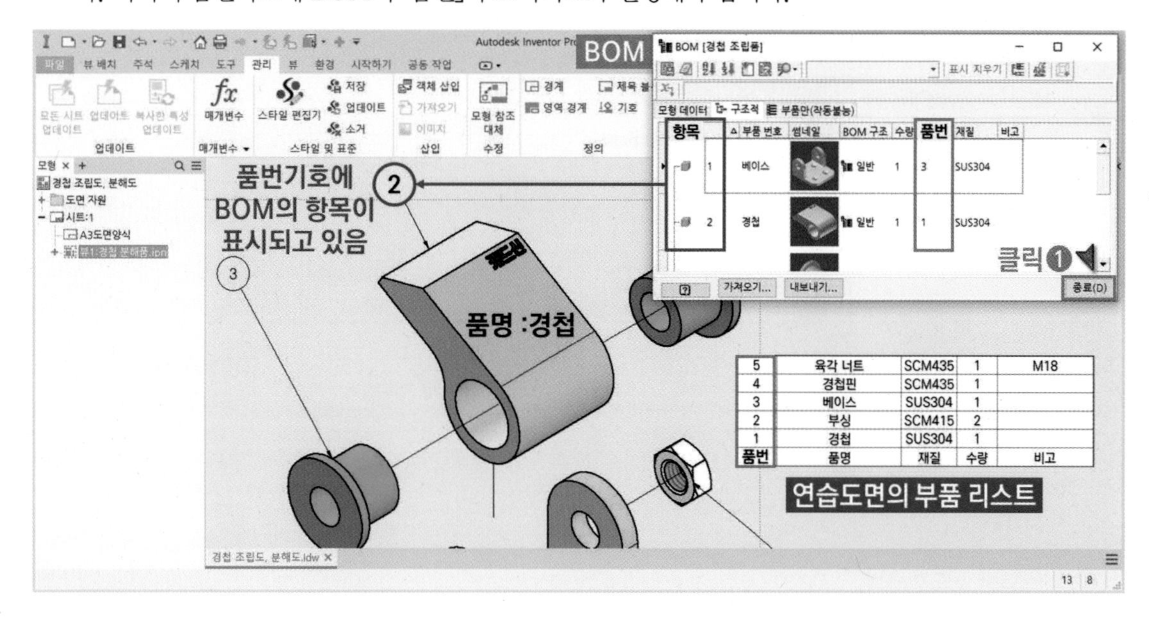

8 「스타일 편집기」를 클릭하고 「품번기호(ISO)」 스타일을 선택합니다. 품번기호(ISO) 스타일은 기본적으로 BOM의 「항목」이 표시되도록 설정되어 있습니다. BOM의 「항목」 대신 「품번」이 표시되도록 설정해야 합니다.

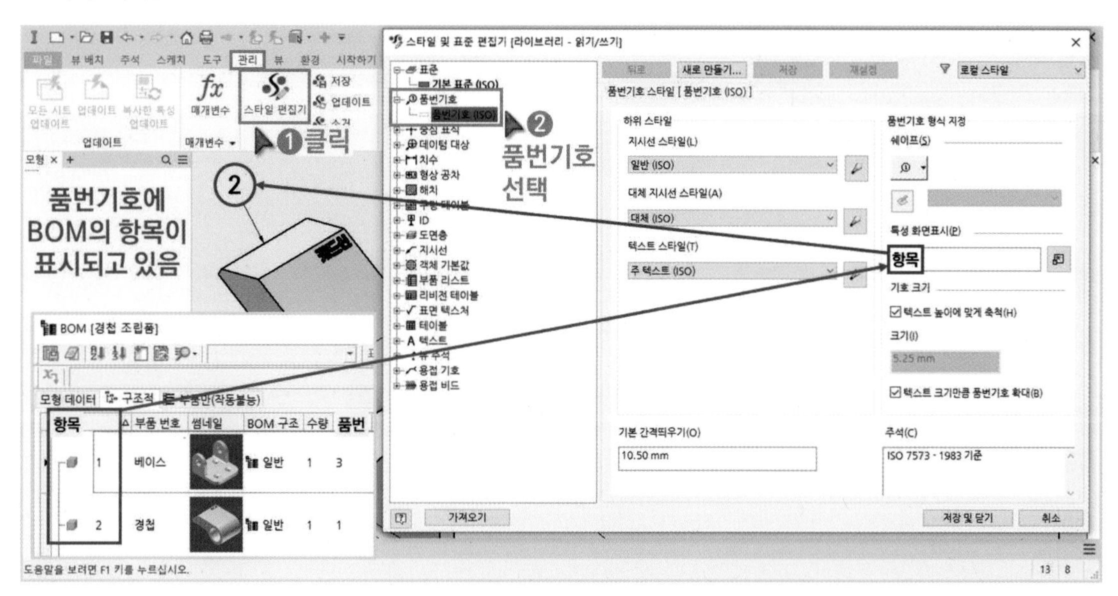

9 「 특성 선택자」를 클릭하고 「새 특성」을 클릭합니다. 「품번」을 추가합니다.

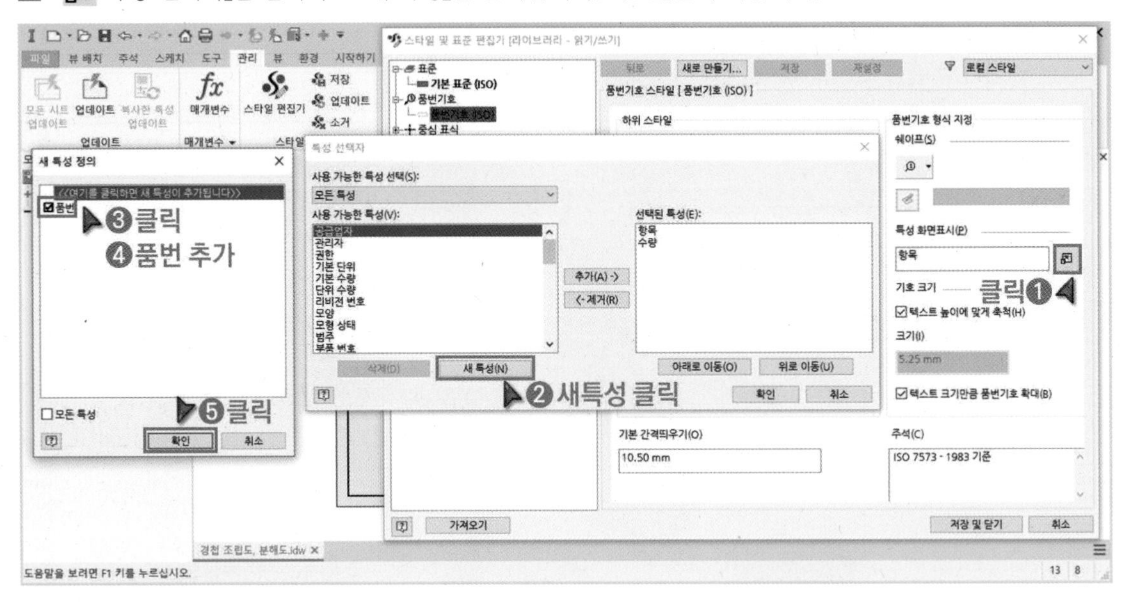

10 「위로 이동」을 클릭해서 「품번」을 가장 위로 이동합니다.

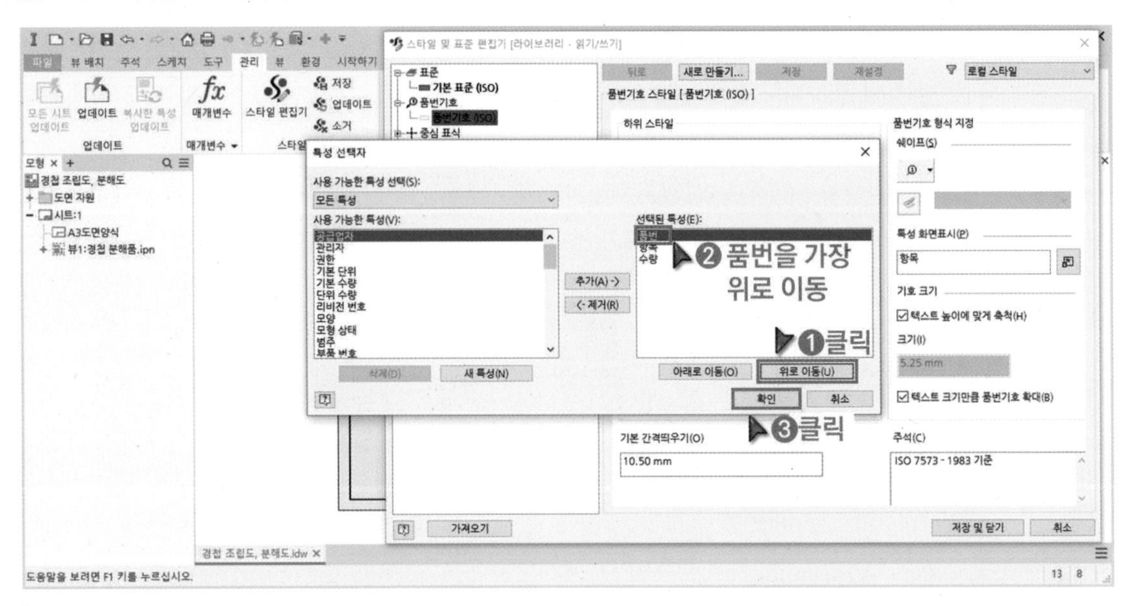

11 특성 화면표시가 「품번」으로 변경된 것을 확인합니다. 「저장 및 닫기」를 클릭합니다.

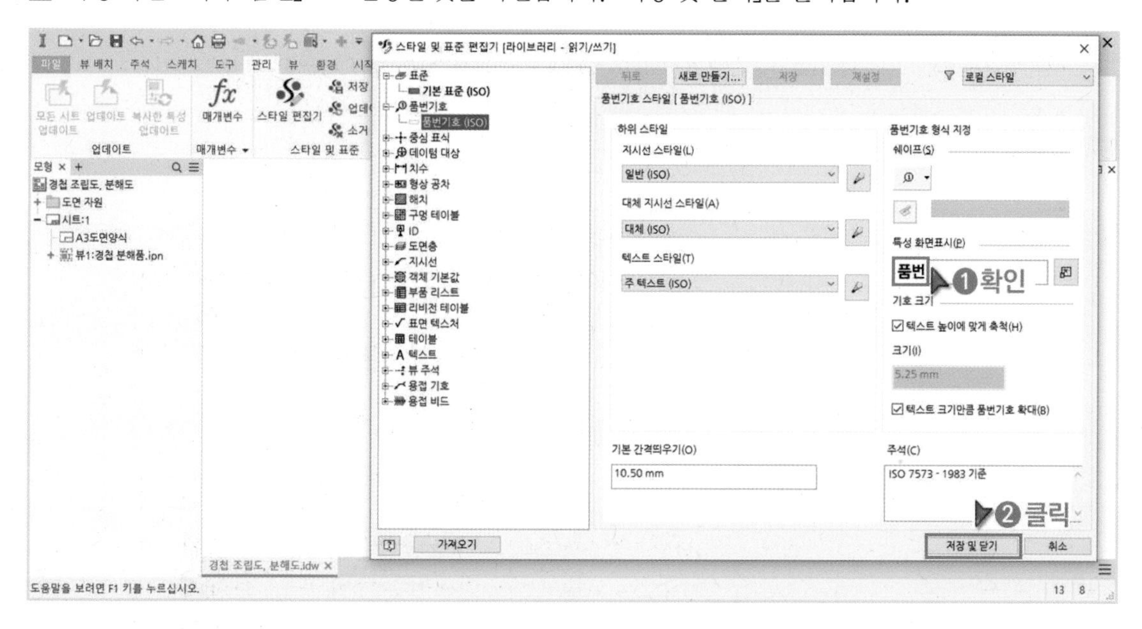

12 부품 리스트의 품번과 동일하게 품번기호가 변경된 것을 확인합니다.

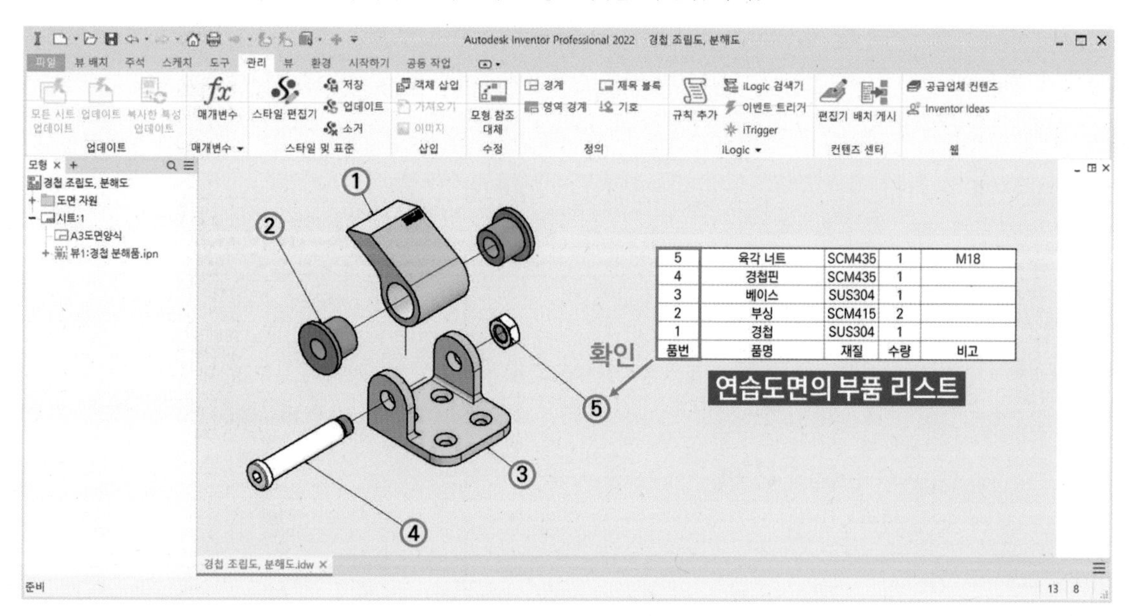

15 부품 리스트 삽입 중요 Point 실습 Point

1 주석 도구모음의 「 부품 리스트」를 클릭합니다. 분해품 뷰를 선택하고 확인을 클릭합니다.

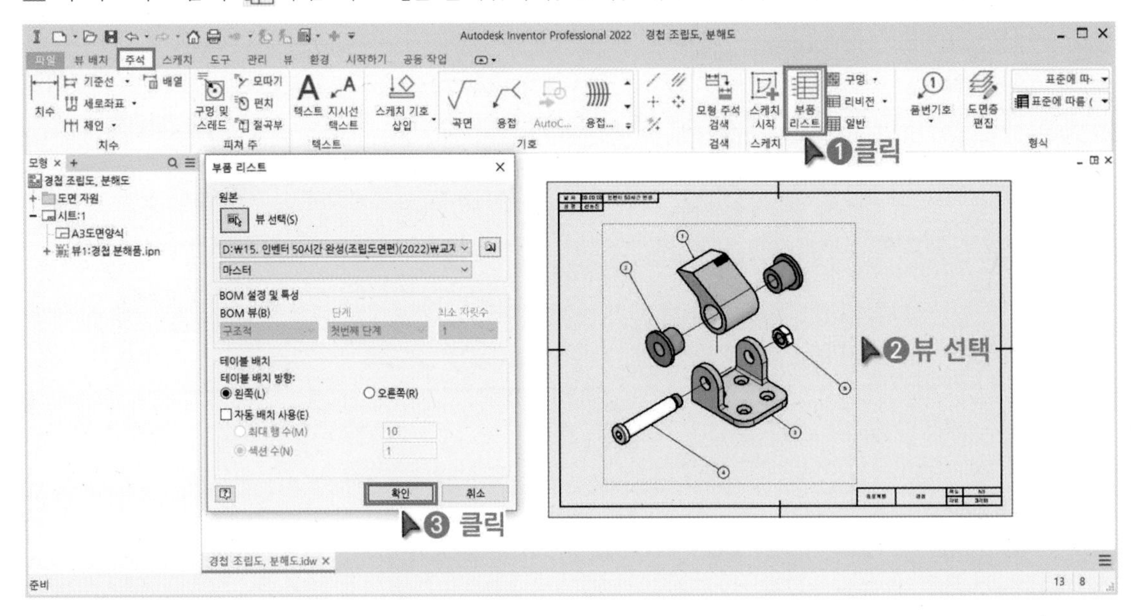

2 BOM의 부품 리스트를 임의의 위치에 배치합니다. BOM에서 작성한 내용이 BOM의 부품 리스트에 반영되지 않은 것을 파악할 수 있습니다. 부품 리스트의 스타일을 변경하면 BOM에 작성한 내용을 표시할 수 있습니다.

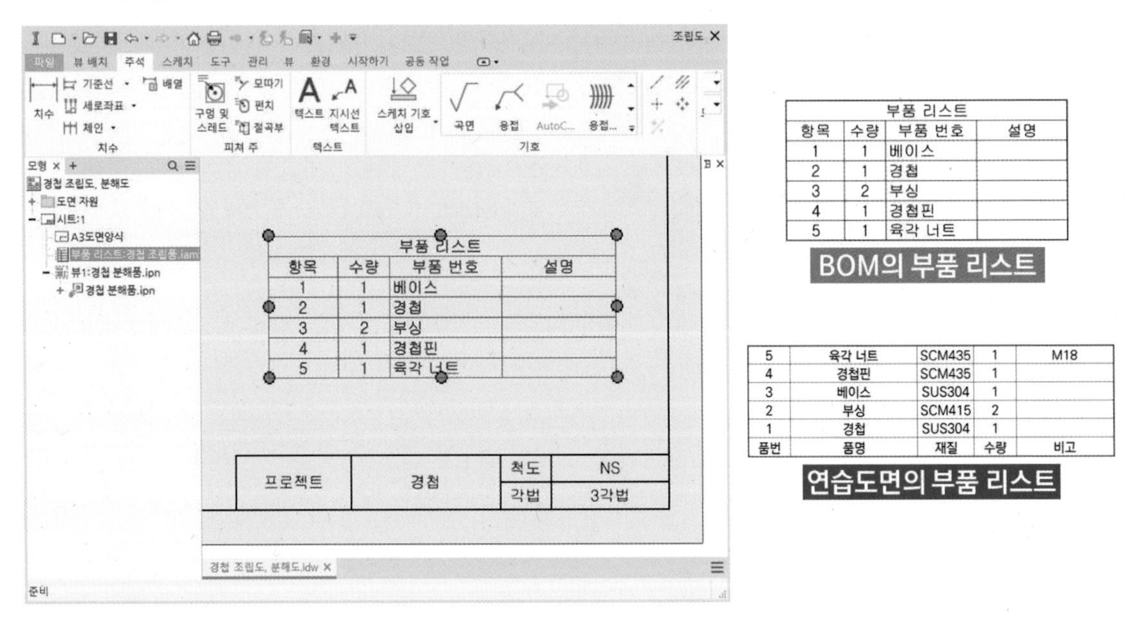

항목	수량	부품 번호	설명
1	1	베이스	
2	1	경첩	
3	2	부싱	
4	1	경첩핀	
5	1	육각 너트	

BOM의 부품 리스트

5	육각 너트	SCM435	1	M18
4	경첩핀	SCM435	1	
3	베이스	SUS304	1	
2	부싱	SCM415	2	
1	경첩	SUS304	1	
품번	품명	재질	수량	비고

연습도면의 부품 리스트

3 「스타일 편집기」를 클릭하고 「부품리스트(ISO)」 스타일을 선택합니다. 「□ 제목(T)」 옵션을 체크 해제하고 제목(A)의 방향을 「▦ 맨 아래」를 선택합니다. 부품리스트에 표시할 열을 불러오기 위해 「열 선택자」를 클릭합니다.

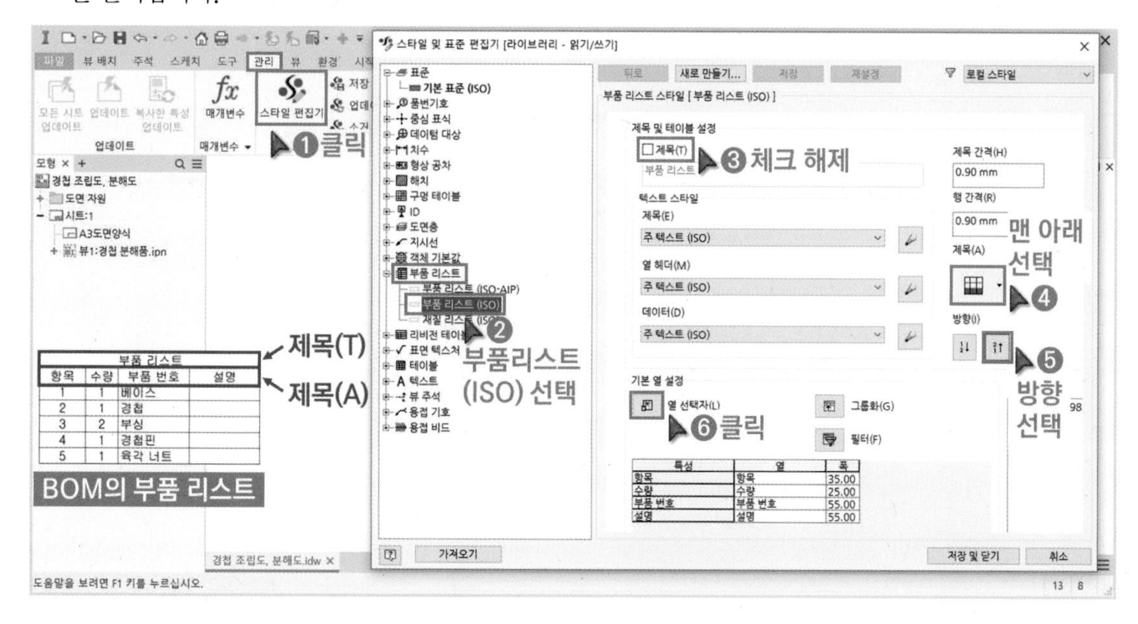

4 「항목, 설명」을 선택하고 「제거」를 클릭합니다. 「새 특성」을 클릭하고 부품리스트에 표시할 「품번, 재질, 비고」를 추가합니다.

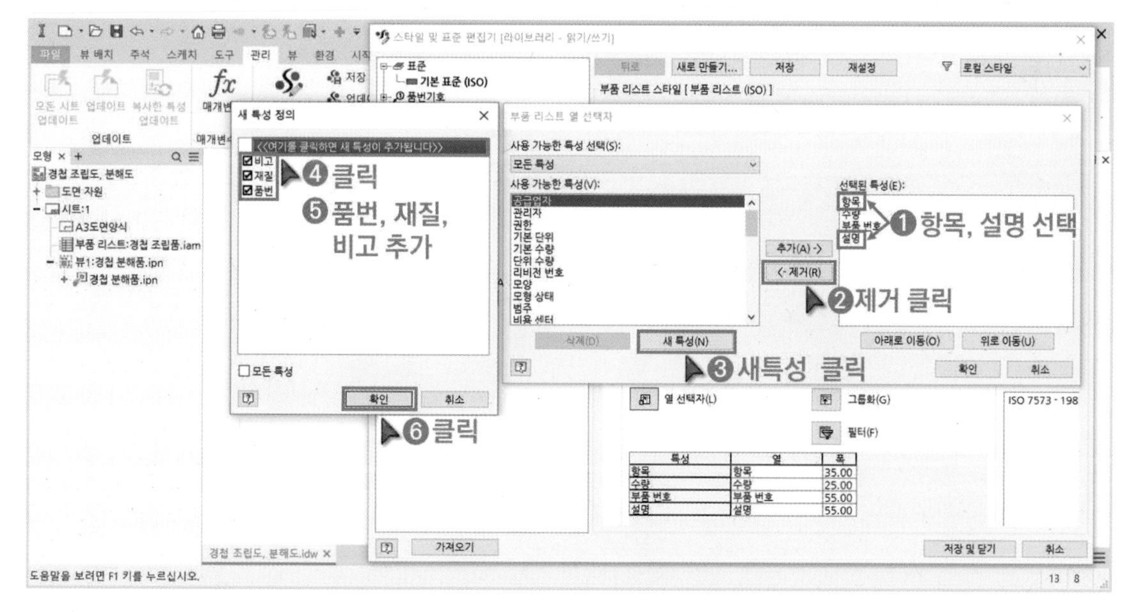

5 열의 순서를「품번 → 부품번호 → 재질 → 수량 → 비고」순으로 변경합니다.

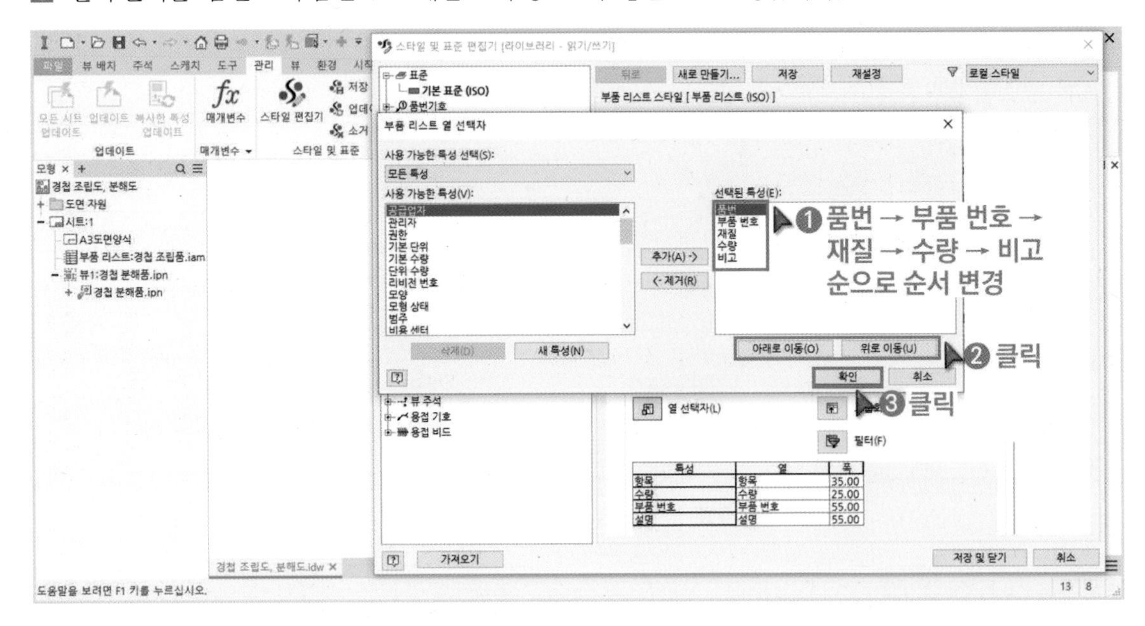

6 도면양식을 참고해서 열의「부품번호」를「품명」으로 변경하고「폭」치수를 변경합니다.

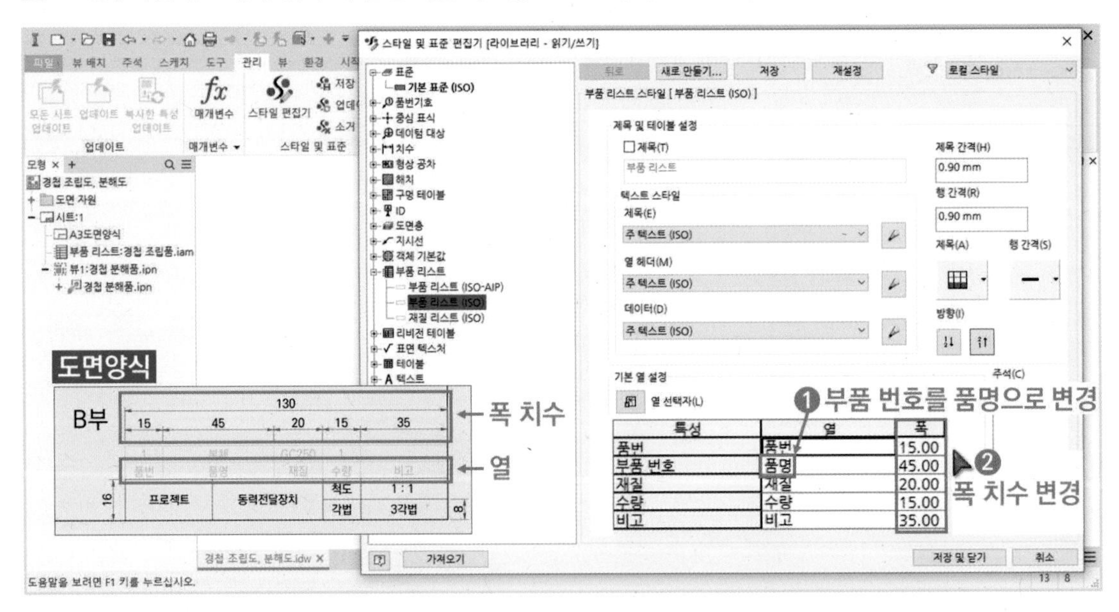

7 열을 클릭해서 텍스트를 가운데로 정렬합니다.

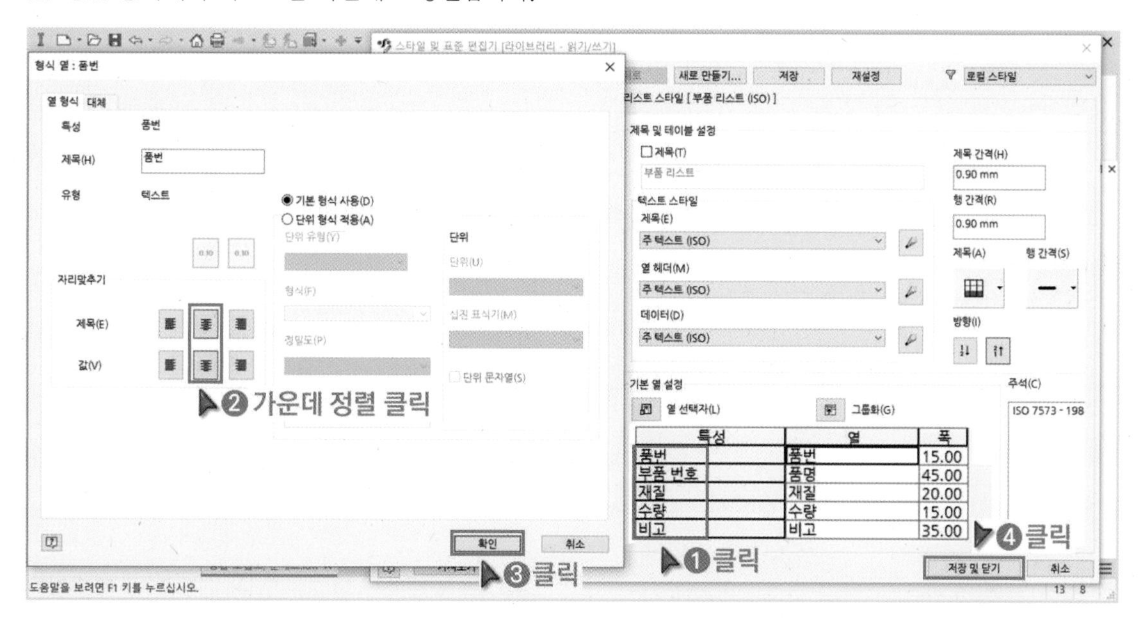

8 주석 도구모음의 「부품 리스트」를 클릭합니다. 분해품 뷰를 선택하고 확인을 클릭합니다.

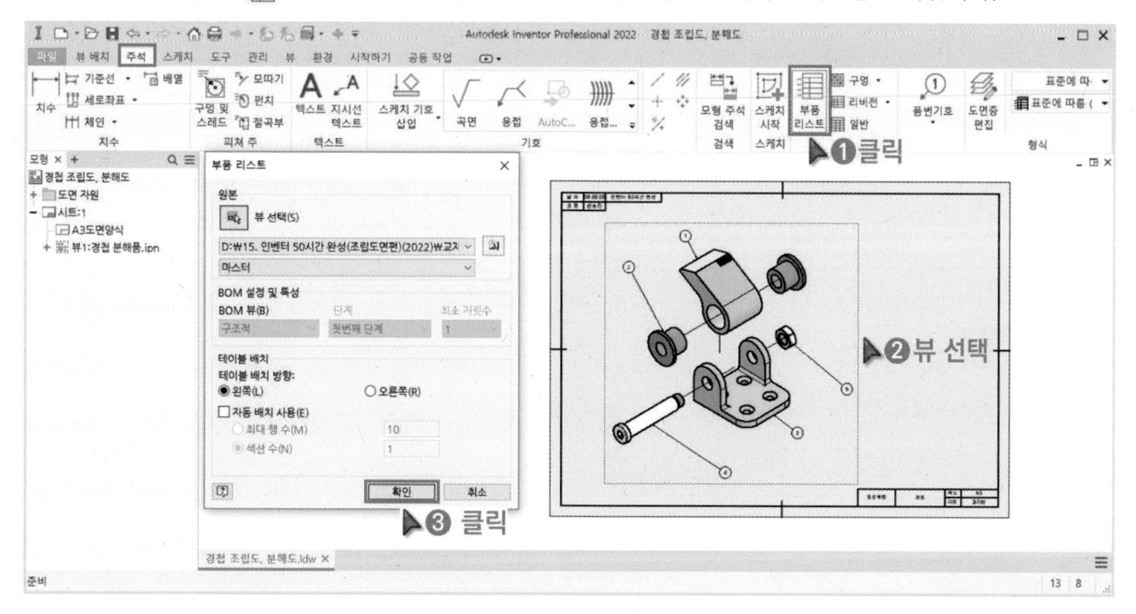

9 부품 리스트의 위치를 지정합니다.

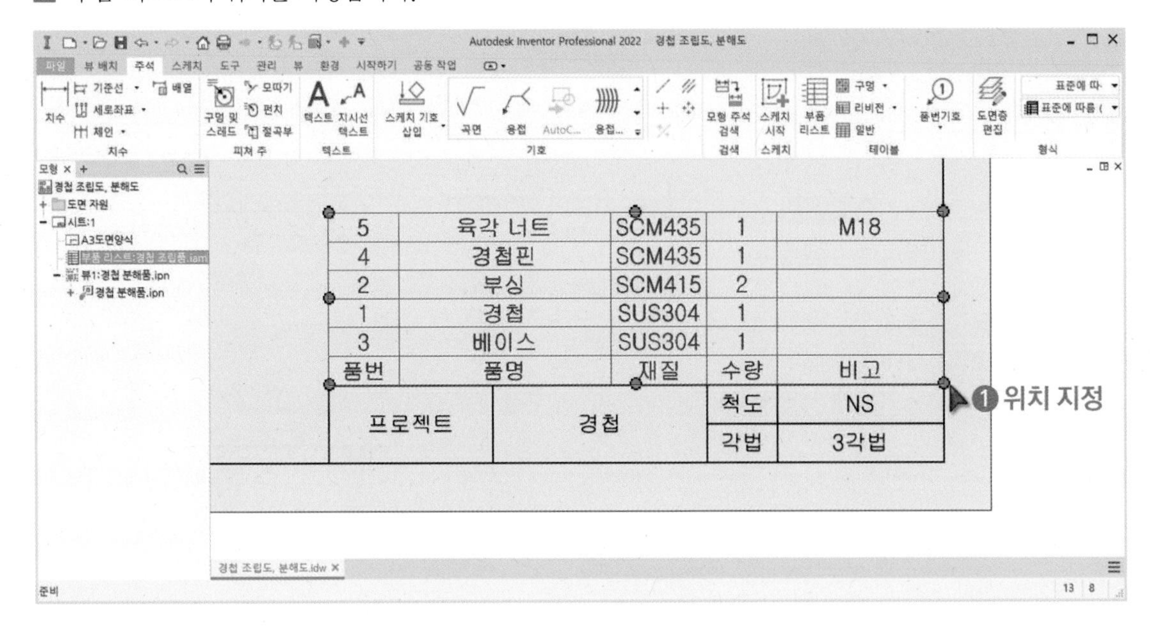

10 표제란의 부품 리스트를 더블 클릭하고 「정렬」을 클릭합니다. 「첫 번째 정렬 기준 : 품번」을 선택하고 오름차순으로 정렬합니다.

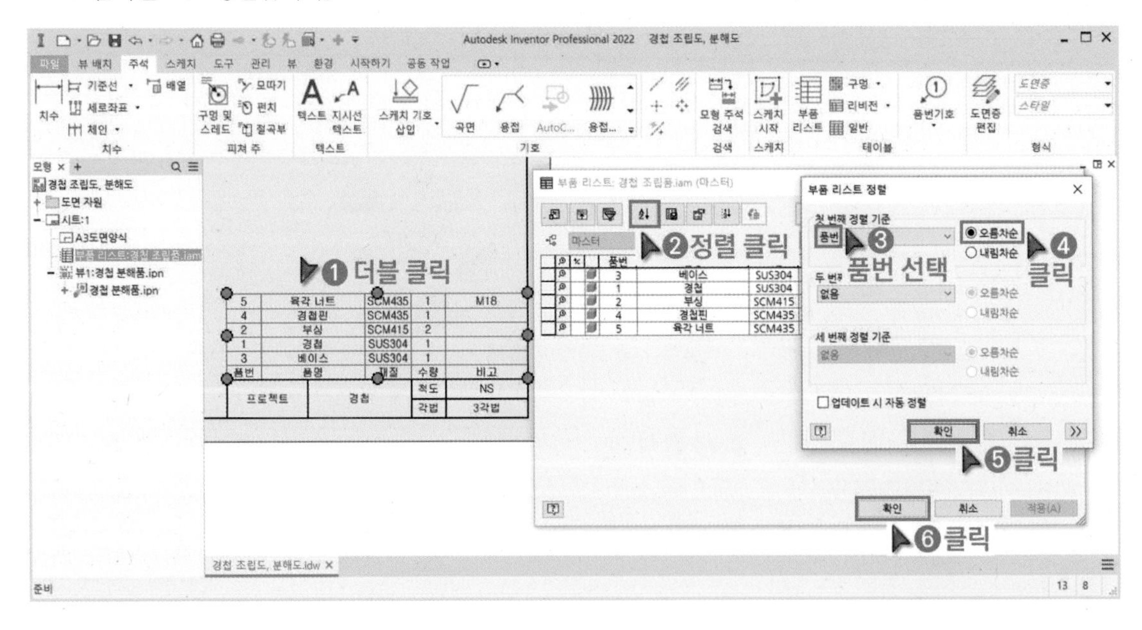

16 색상 변경 중요 Point 실습 Point

도면의 모든 객체의 색상은 도면층 스타일을 편집해서 변경할 수 있습니다.

1 품번기호를 클릭하고 도면층 스타일을 확인합니다. 품번 기호의 도면층 스타일은 「기호(ISO)」입니다.

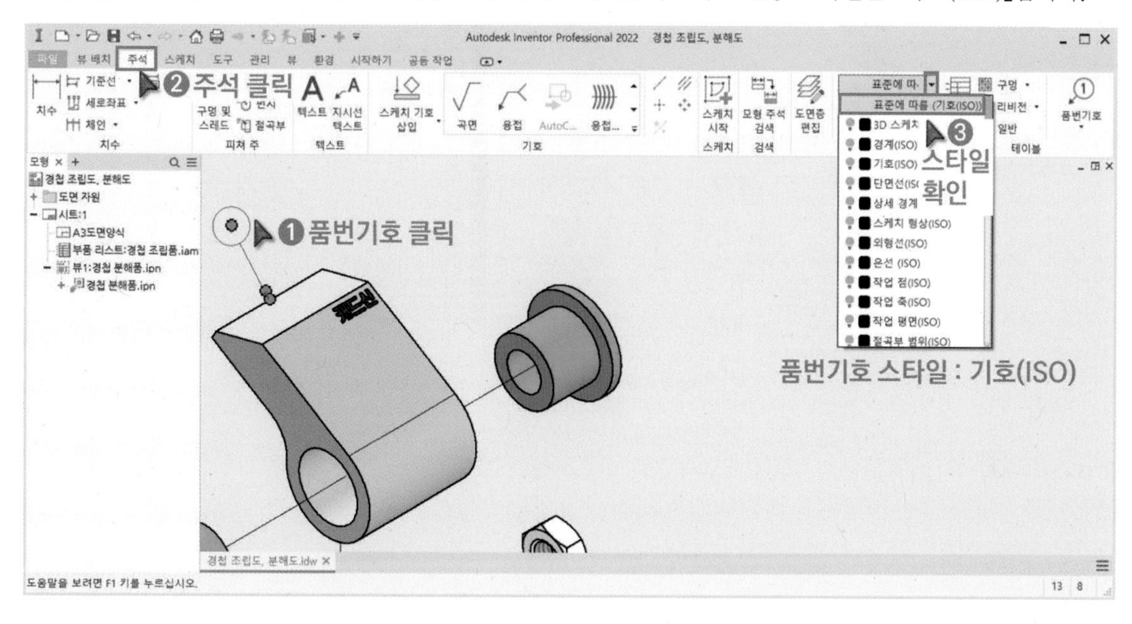

2 트레일 선을 클릭하고 도면층 스타일을 확인합니다. 트레일 선의 도면층 스타일은 「트레일 미세조정(ISO)」입니다. 색상을 변경하기 위해 「 도면층 편집」을 클릭합니다.

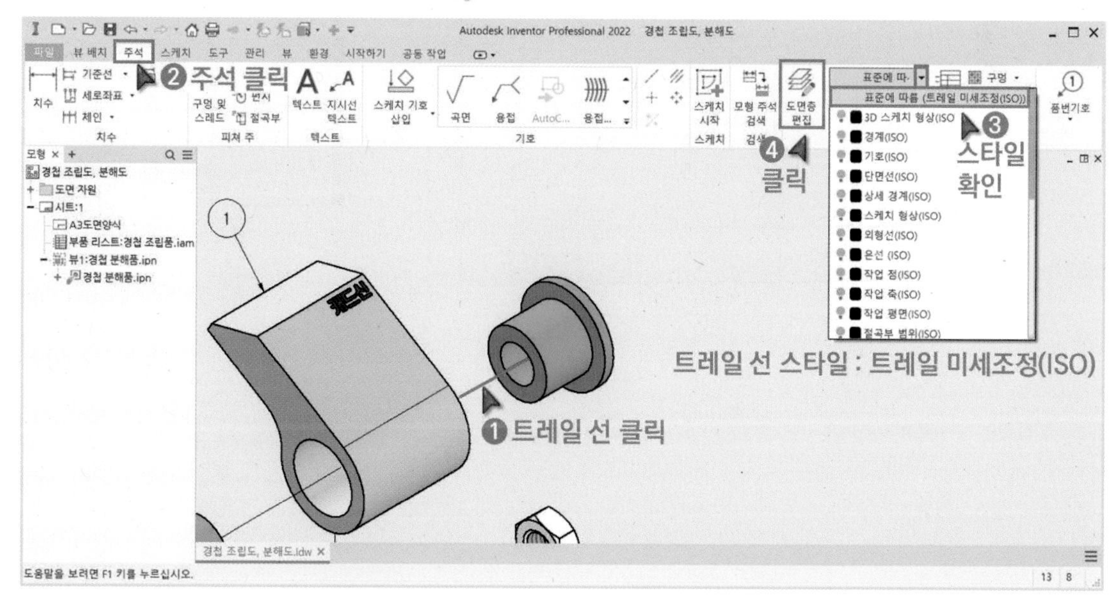

3 「기호(ISO), 트레일 미세조정(ISO)」 도면층의 색상과 선 종류를 변경합니다.

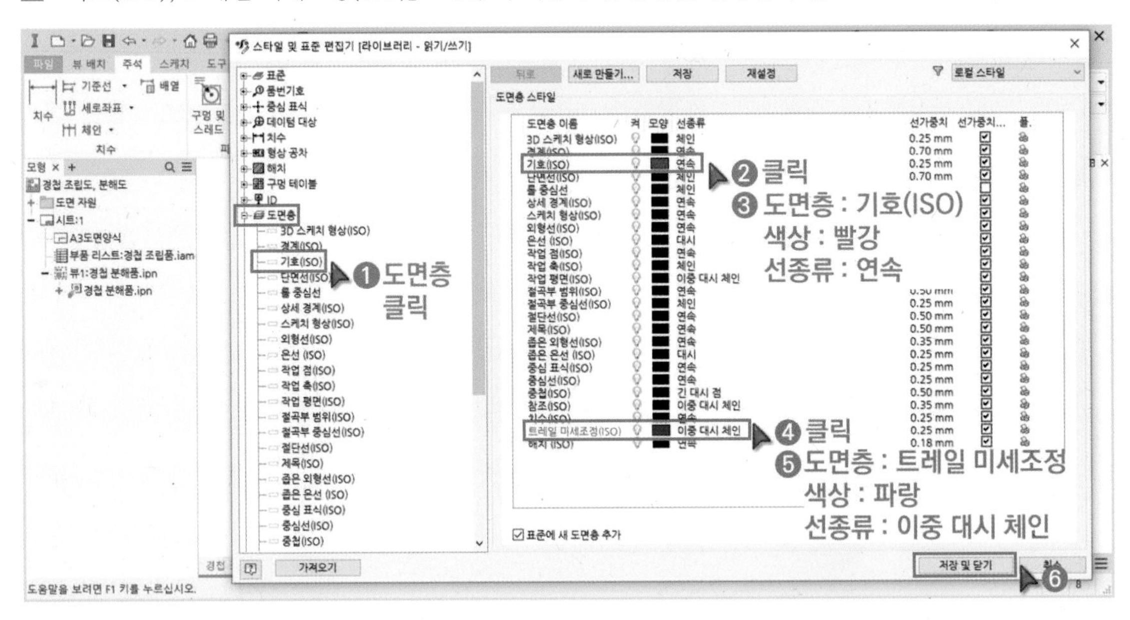

4 부품리스트의 도면층을 「좁은 외형선(ISO)」로 변경합니다.

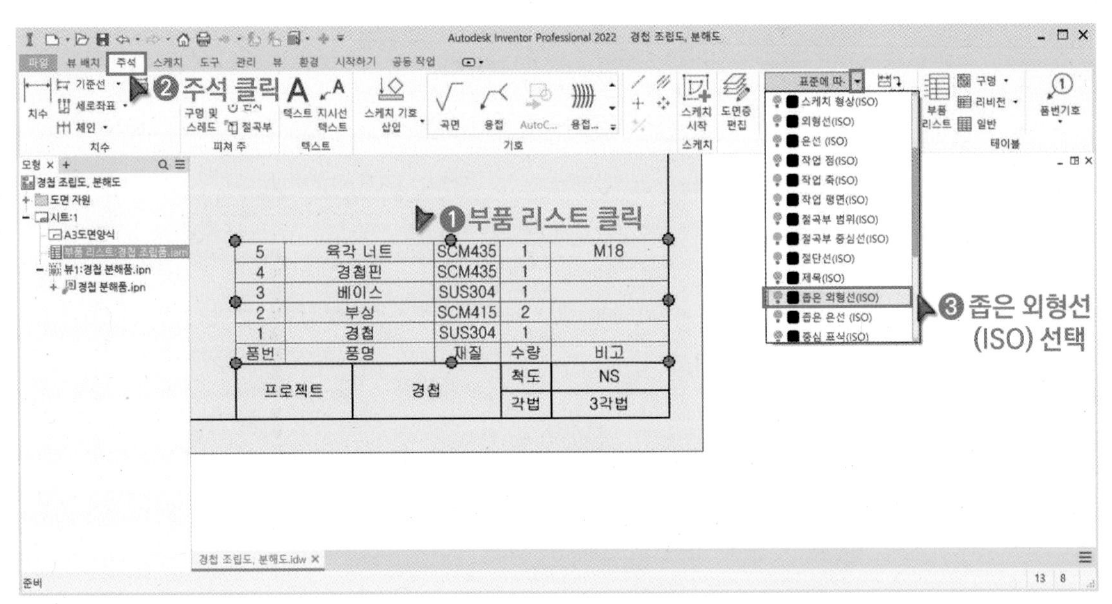

5 품번 기호의 텍스트 색상을 변경하기 위해 「품번기호 스타일 편집」을 클릭합니다.

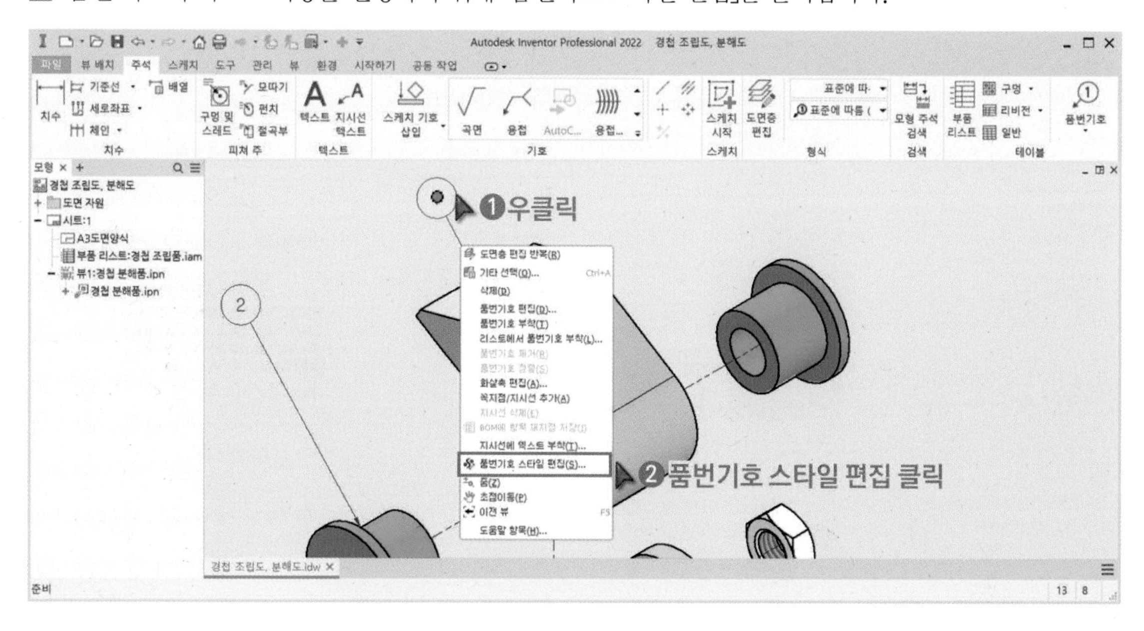

6 품번기호의 텍스트는 주 텍스트(ISO)의 스타일을 사용하고 있습니다. 텍스트의 색상을 변경하기 위해서 「 텍스트 스타일 편집」을 클릭합니다.

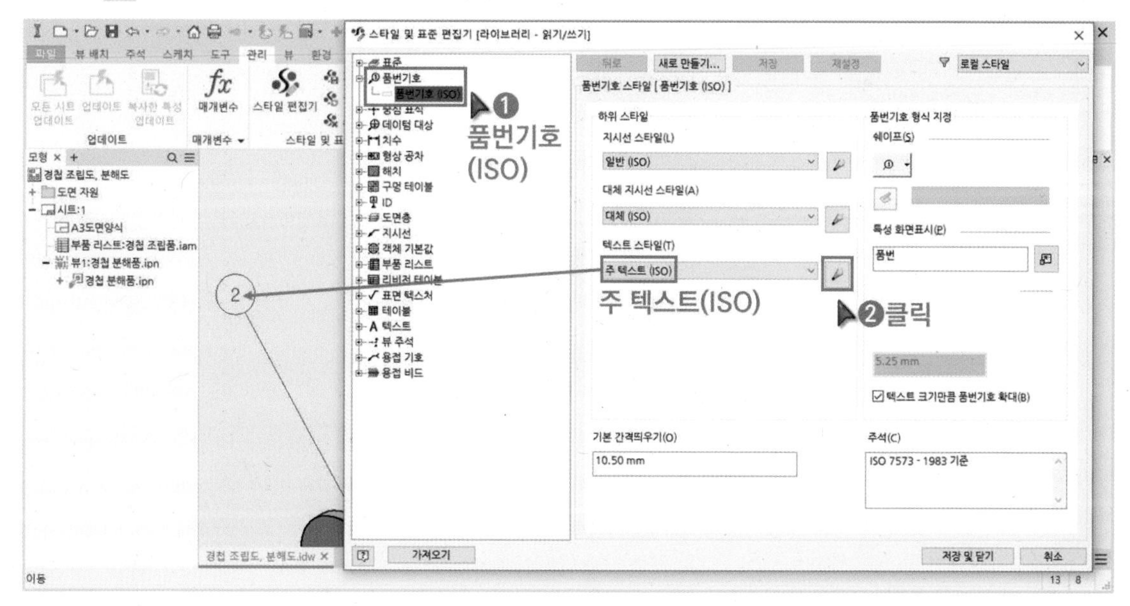

7 주 텍스트(ISO) 스타일의 「색상」을 클릭합니다. 색상을 검은색으로 변경합니다.

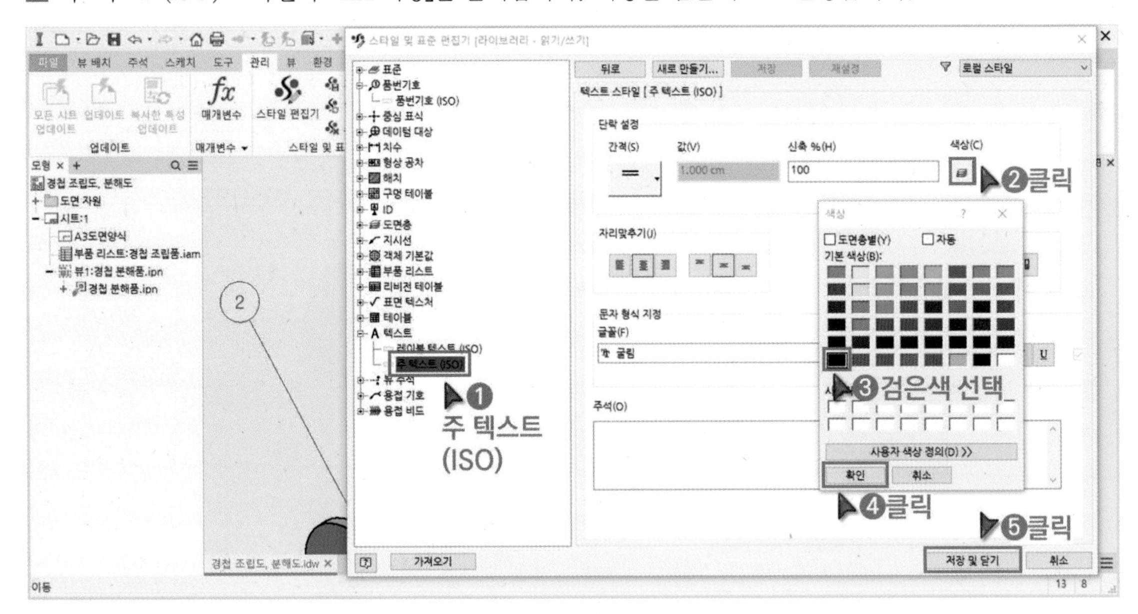

8 품번기호, 트레일 선, 부품 리스트의 색상을 검토합니다.

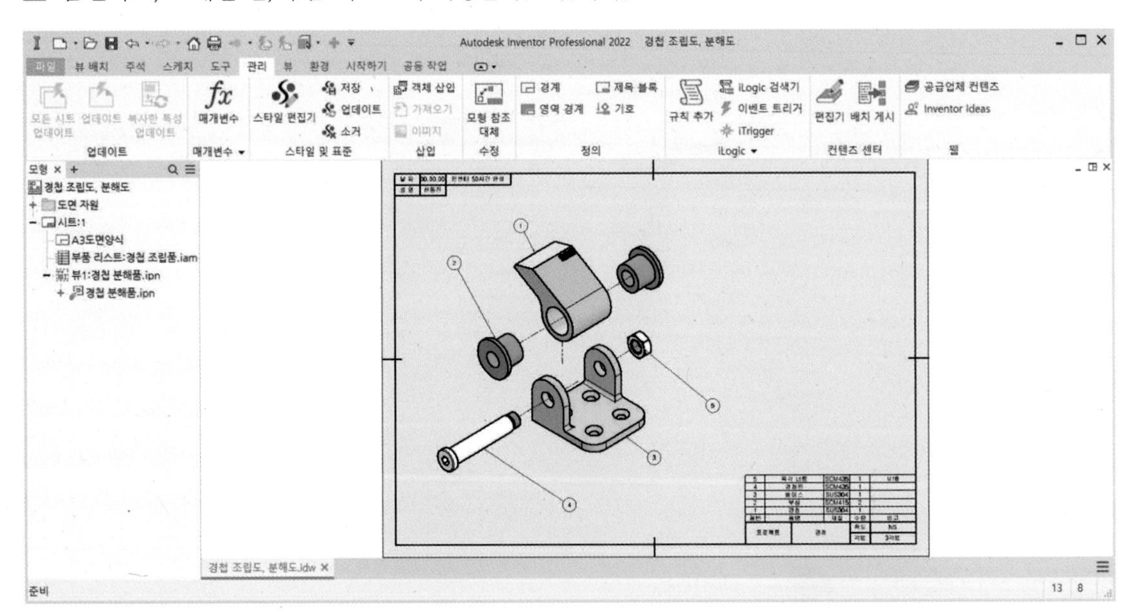

17 조립품 뷰 배치 중요 Point 실습 Point

1 「 기준」을 클릭하고 「경첩 조립품.iam」을 불러옵니다.

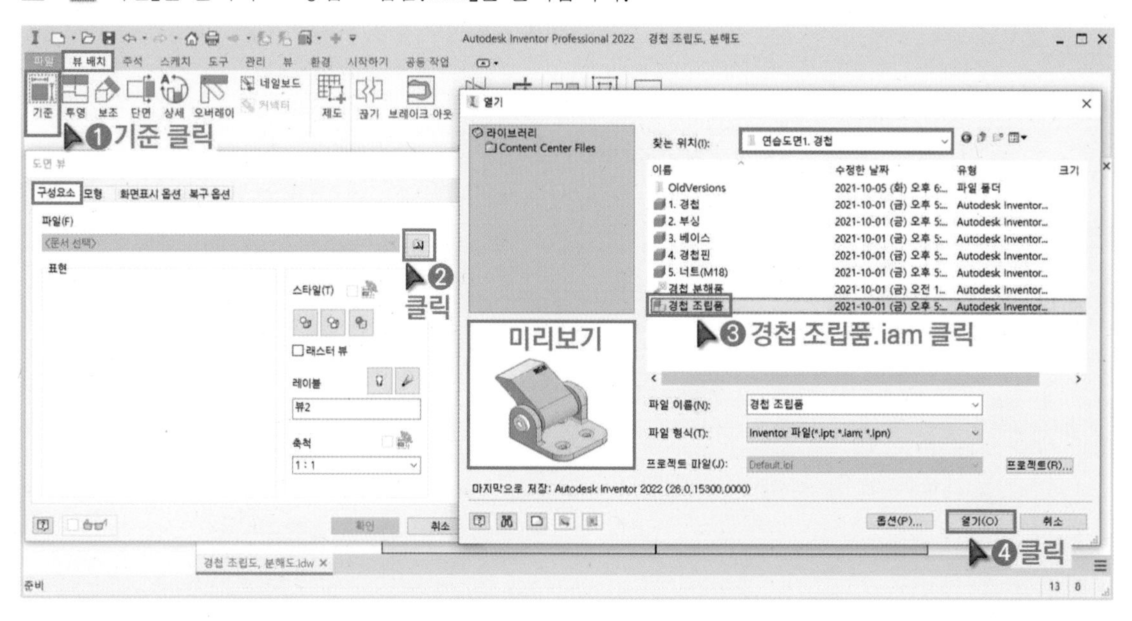

2 뷰의 스타일, 방향을 선택하고 배치상태를 확인합니다. 조립품 뷰가 도면 크기에 맞도록 축척 값을 적절하게 입력합니다.

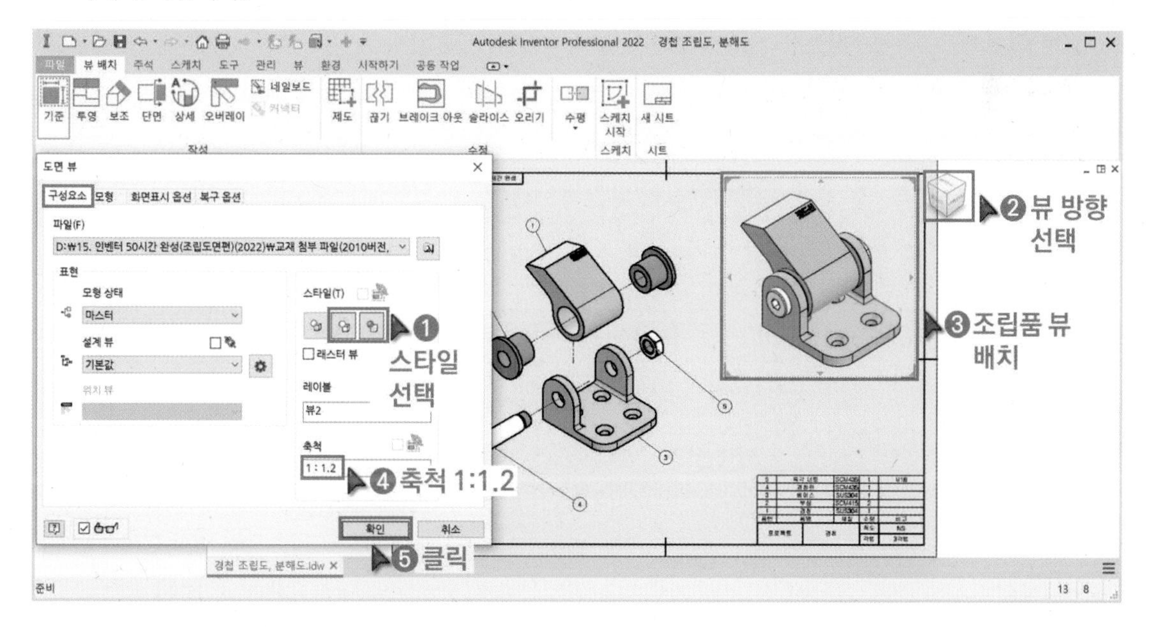

18 스타일 및 도면 저장 실습 Point

1 관리 도구모음의「 저장」을 클릭합니다. 스타일을 저장하지 않으면 새로운 도면작성 시 스타일 충돌이 발생합니다. 따라서 스타일을 변경한 이후에는 항상 스타일 저장을 진행합니다.

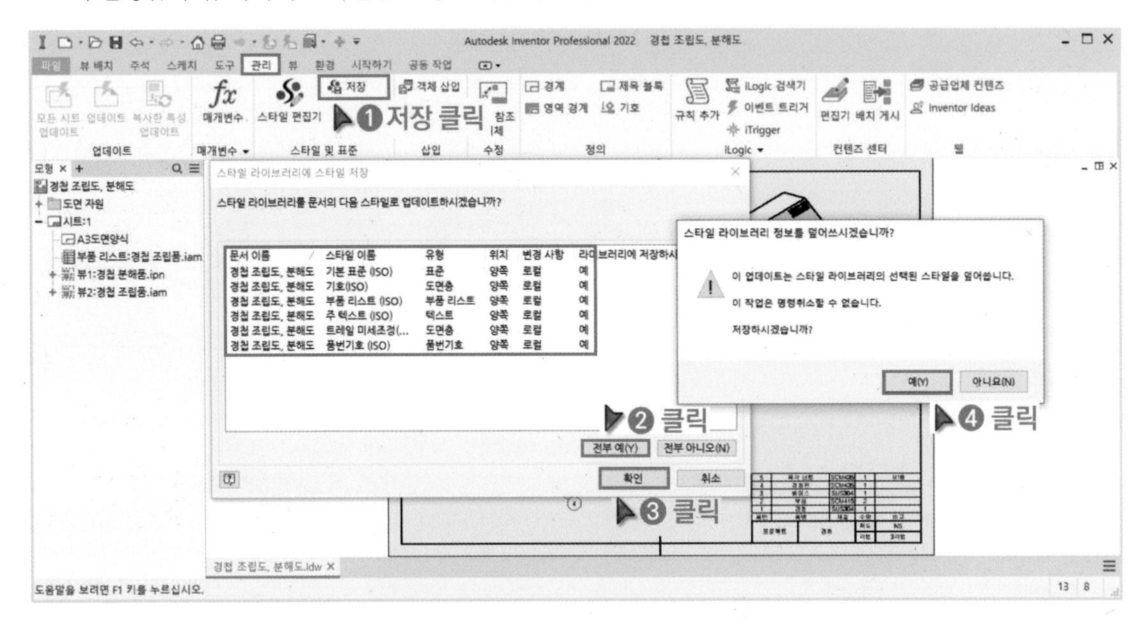

2 지금까지 설정한 스타일을 파일로 저장해서 다른 컴퓨터에서 불러올 수 있습니다.「스타일 편집기」를 클릭합니다.「기본 표준(ISO)」 우클릭 후「내보내기」를 클릭합니다. 파일 이름을「인벤터 도면스타일(2022)」로 입력하고 저장합니다.

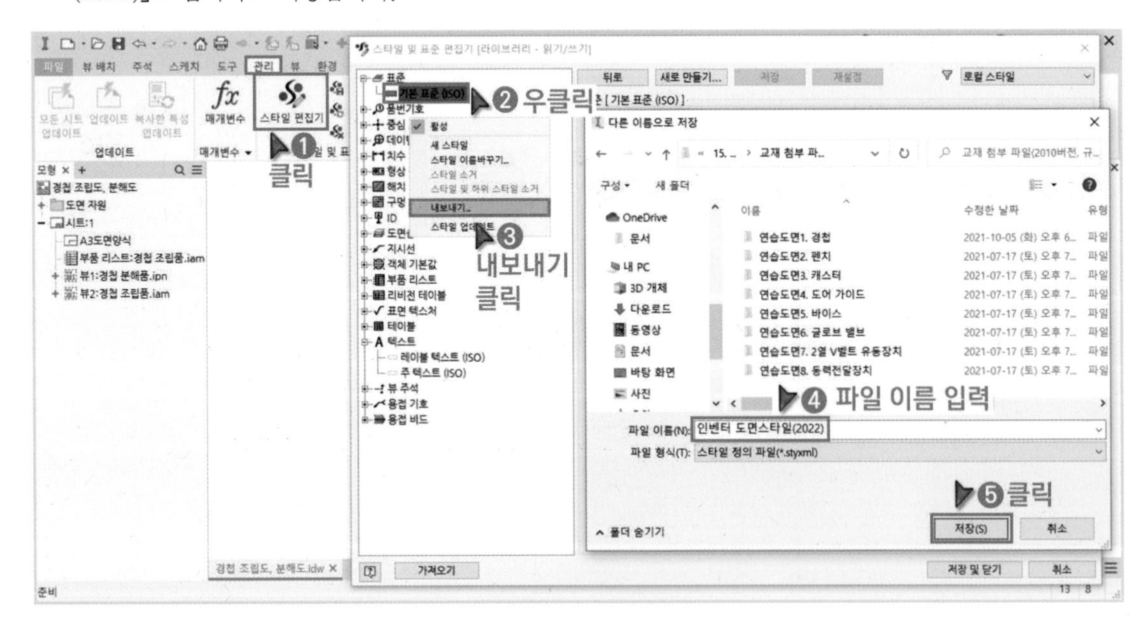

3 다른 컴퓨터에서 「가져오기」 기능으로 「인벤터 도면 스타일(2022)」 파일을 불러오면 지금까지 설정한 스타일을 그대로 사용할 수 있습니다.

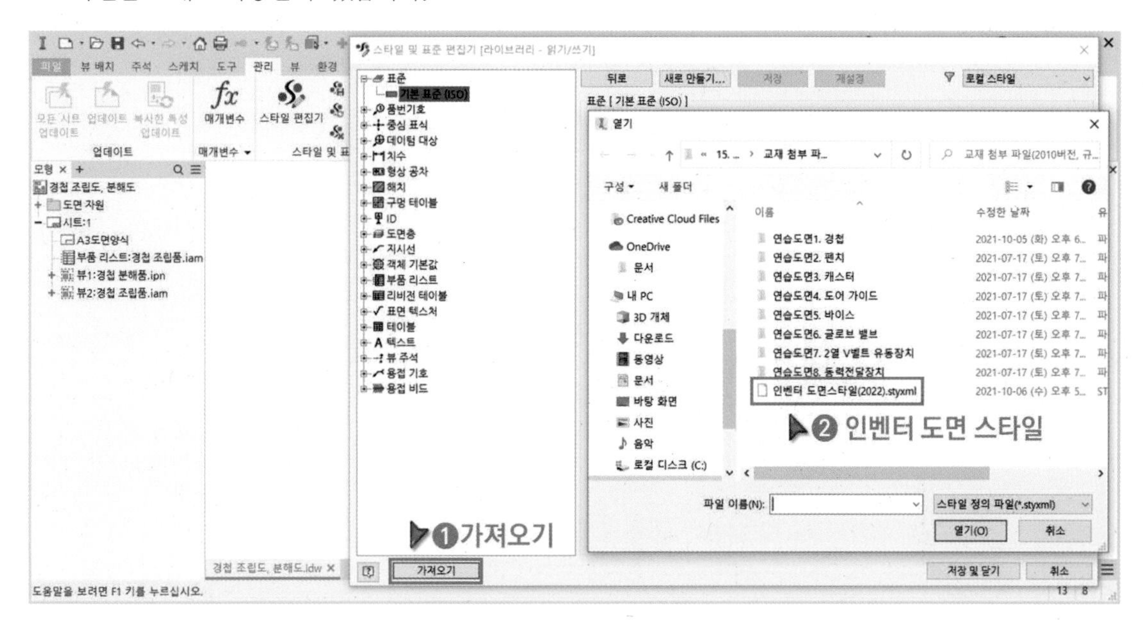

4 완성한 도면을 저장합니다.

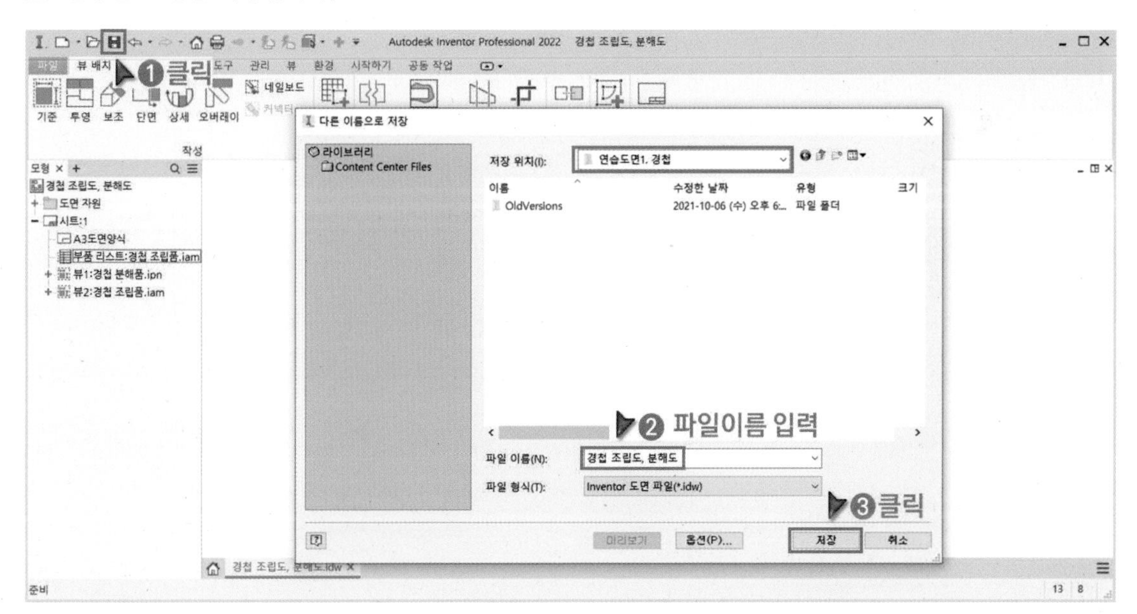

19 도면 출력 실습 Point

https://cafe.naver.com/dongjinc/1128

1 「 인쇄」를 클릭합니다. 인쇄할 프린터를 선택합니다. 출력 시 선 굵기를 제거할 경우 「☑ 객체 선가중치 제거」를 체크합니다. 「최적 맞춤」을 클릭해서 출력하는 용지에 맞춰 출력되도록 합니다.

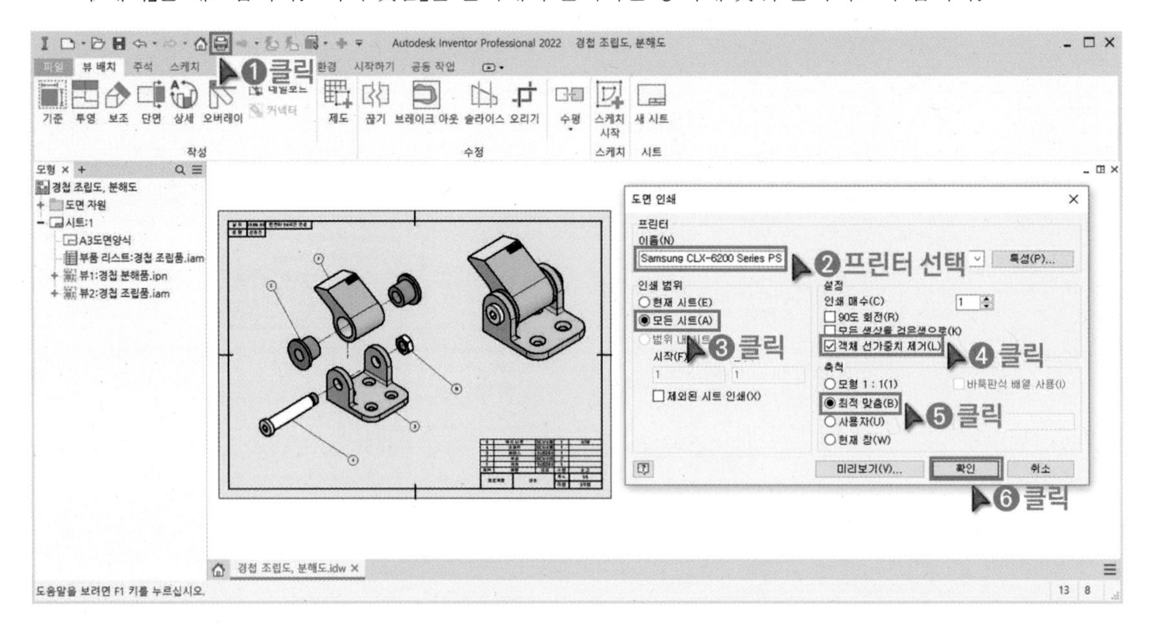

2 「 PDF」를 클릭합니다. 「옵션」을 클릭합니다.

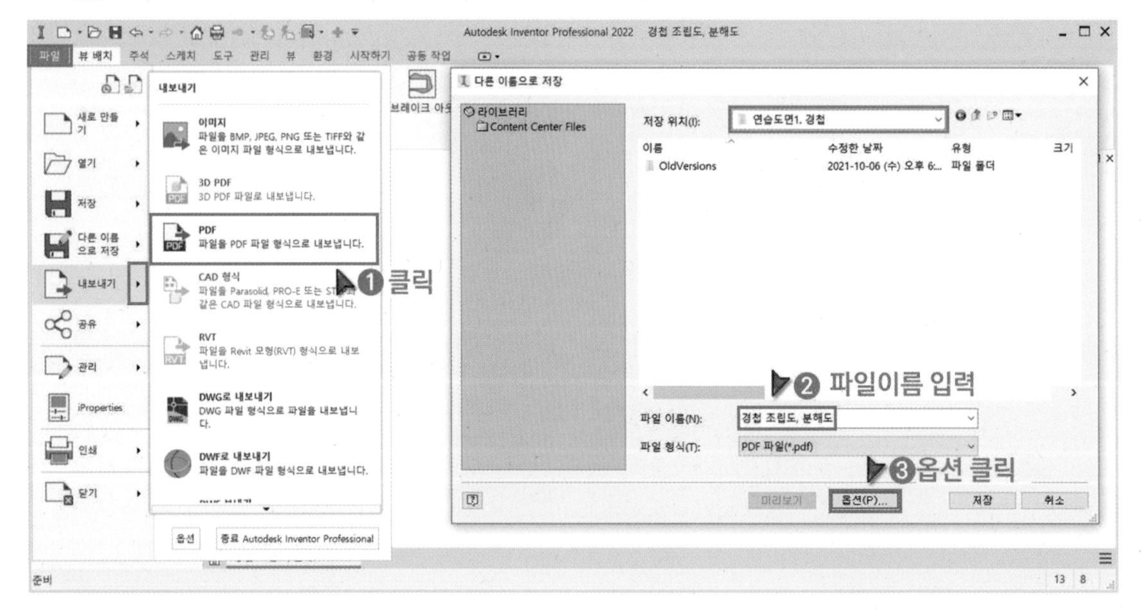

3 「☑ 객체 선가중치 제거」를 체크합니다. 벡터 해상도 값이 높을수록 PDF의 품질은 높아집니다.

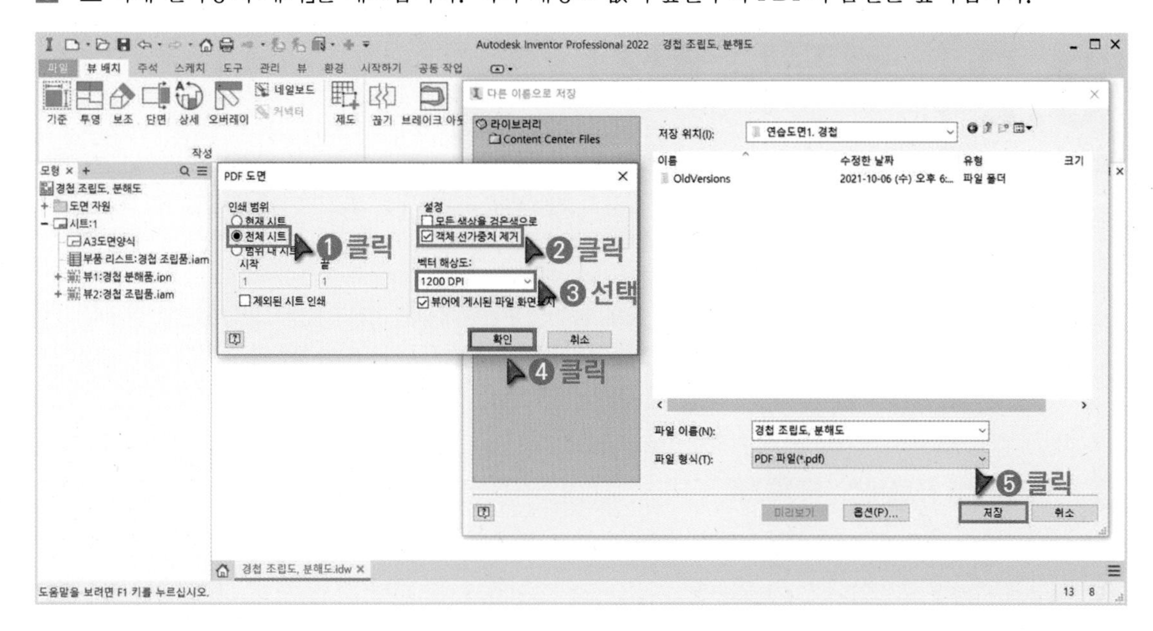

4 저장한 PDF 파일을 확인합니다.

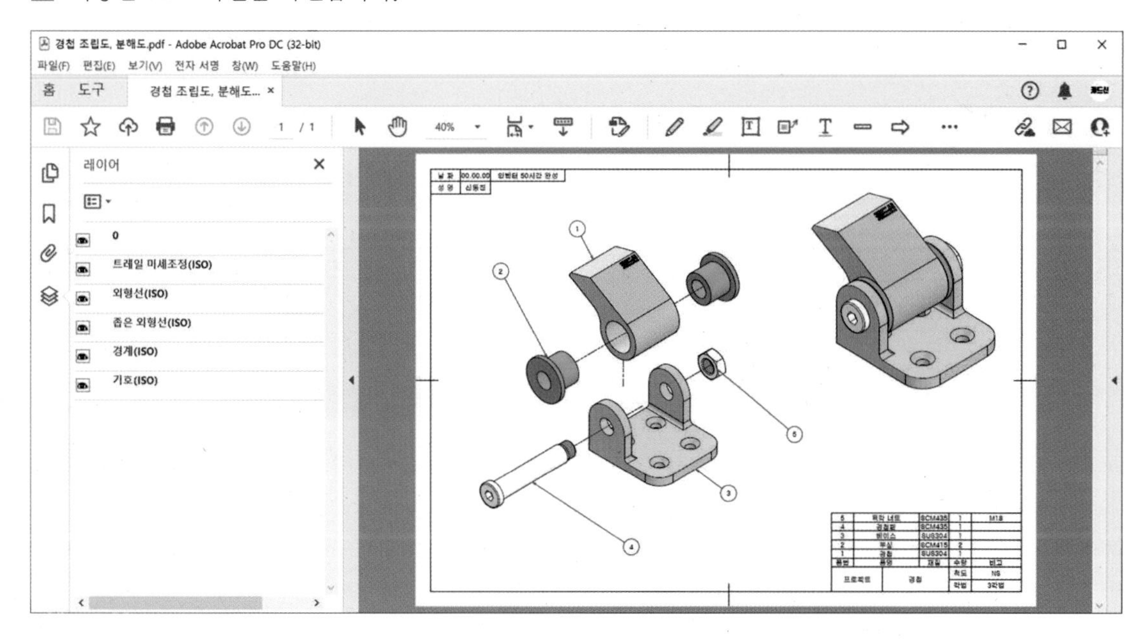

SECTION

3.2 부품도 작성

학습목표
- KS 및 ISO 국내외 규격 또는 사내 규정에 맞는 2D 도면 유형을 설정하여 투상 및 치수 등 관련정보를 생성할 수 있다.
- 도면에 대상물의 치수에 관련된 공차를 표현할 수 있다.
- 대상물의 모양, 자세, 위치 및 흔들림에 관한 기하공차를 도면에 표현할 수 있다.
- 대상물의 표면거칠기를 고려하여 다듬질공차 기호를 표현할 수 있다.

1 부품도 작성 프로세스 중요 Point

https://cafe.naver.com/dongjinc/1129

부품도는 기계를 구성하는 부품을 제작하기 위해 제작에 관련된 다양한 정보(형상, 치수, 공차, 가공법 등)를 상세하게 나타낸 도면입니다. 아래와 같이 부품도를 작성하기 위해서는 CAD프로그램 운용, 기계제도, 정투상법, 단면도법, 일반허용차, 끼워맞춤공차, 기하공차, 표면거칠기, 재료선정, 기계요소, KS표준 등 관련 지식이 필요합니다. 본 단원에서는 CAD프로그램을 운용해서 부품도를 작성하는 방법에 대해서 알아보겠습니다. 도면을 효율적으로 작성하기 위해서는 KS A 0005(제도–통칙) 규정에 따라 다음 순서대로 도면을 작성하면 됩니다.

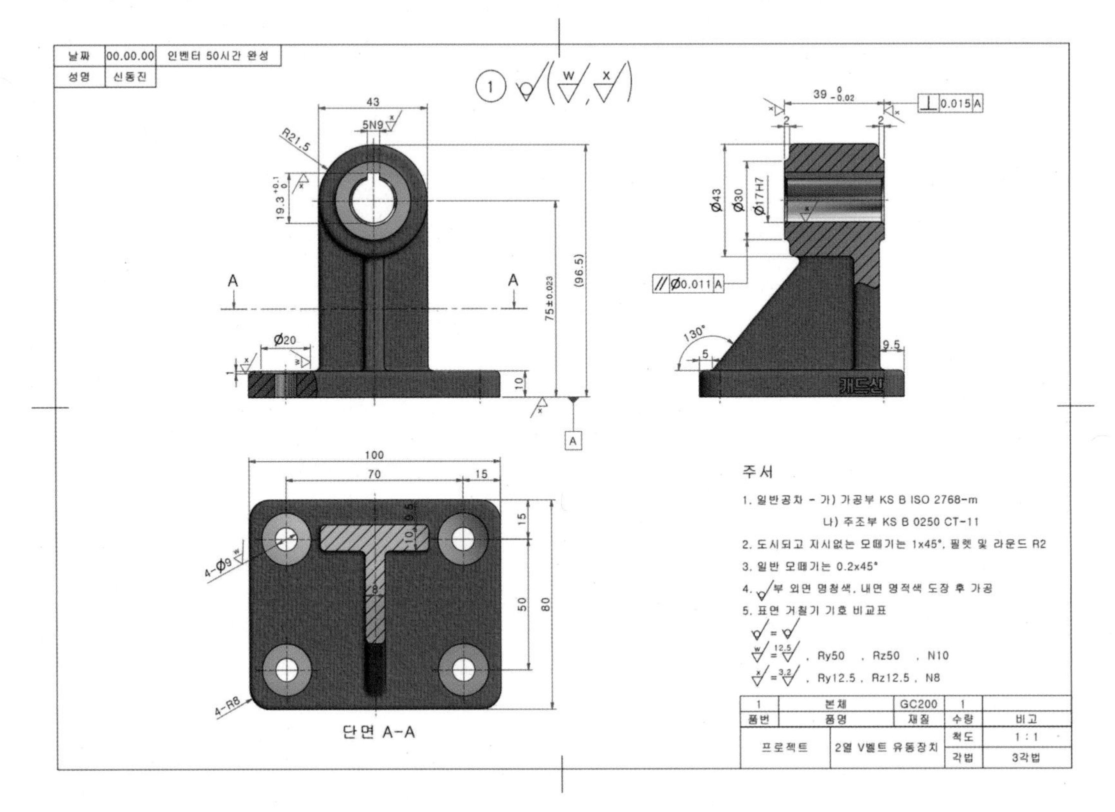

1 도면의 양식은 KS B ISO 5457 규정에 따라 작성합니다.

2 투상도는 KS A ISO 5456 규정에 따르며 필요한 투상도의 수를 결정해서 3각법으로 배치합니다.

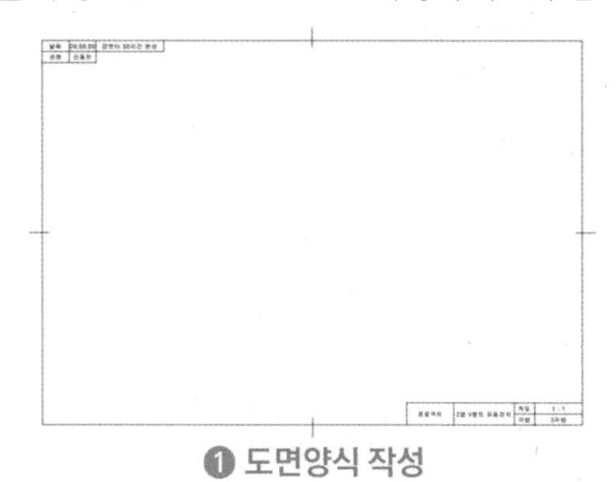

❶ 도면양식 작성

❷ 투상도(뷰) 배치

3 치수는 KS B ISO 129-1 규정에 따르며 형상의 크기와 위치를 모두 표현할 수 있도록 치수를 기입합니다.

4 표면거칠기는 KS B ISO 4287에서 규정하는 중심선 평균 거칠기(Ra)를 사용해서 기입합니다. 표면거칠기 기호의 제도는 KS A ISO 1302 규정에 따릅니다.

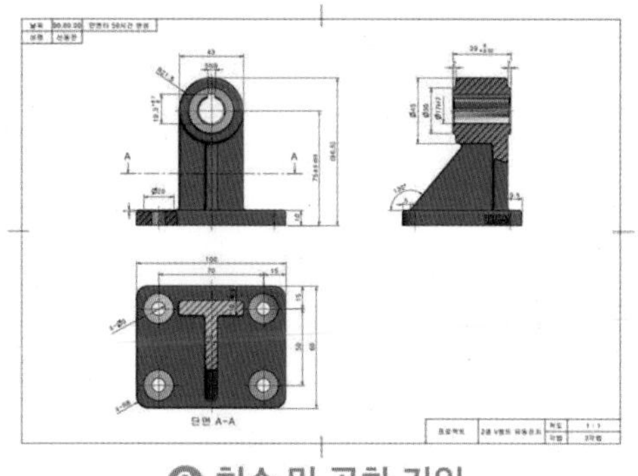

❸ 치수 및 공차 기입

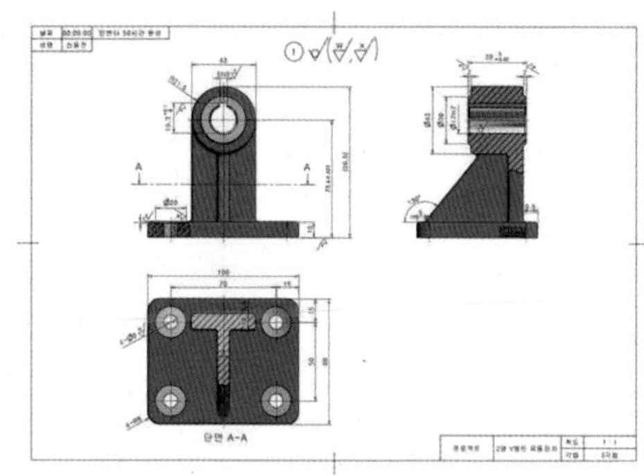

❹ 표면거칠기 기호 기입

5 기하공차는 KS A ISO 1101, KS B ISO 5459 규정에 따라 작성합니다.

6 주서는 정보를 명확하고 쉽게 전달하기 위해서 간결하게 항목별로 작성하며 전문용어는 한국산업표준에 규정된 용어 및 과학기술처 등의 학술용어를 사용합니다.

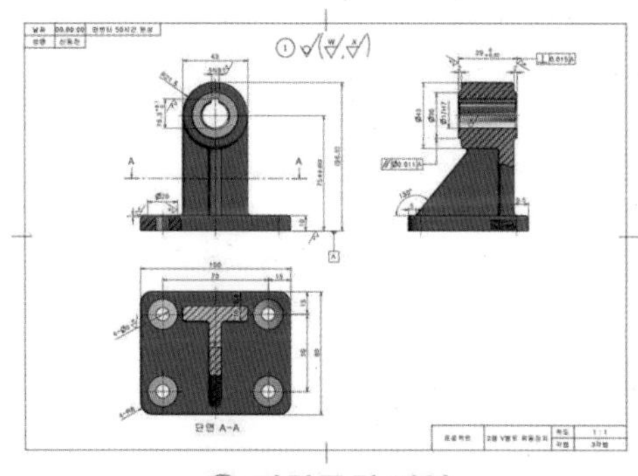

❺ 기하공차 기입

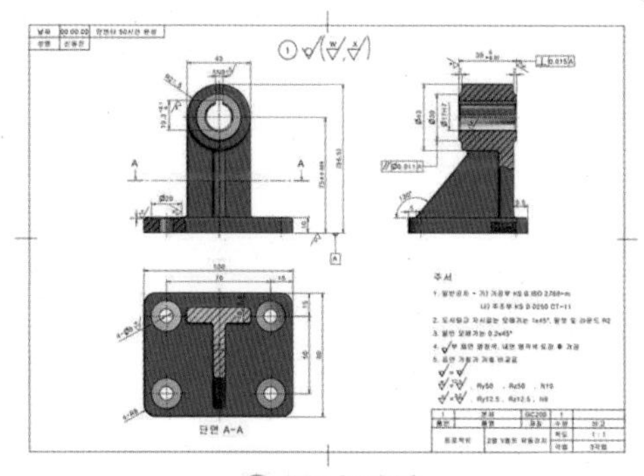

❻ 주서 기입

2 도면 스타일 설정 중요 Point 실습 Point

https://cafe.naver.com/dongjinc/1130

도면에는 설계자의 의도가 반영되어야 하며 도면을 보는 사람이 쉽게 해독할 수 있도록 정확하고 간결하고 균일하게 작성되어야 합니다. 아래와 같이 스타일을 설정해서 도면을 균일하게 작성해보도록 합시다.

스타일		내용	
표준	기본 표준(ISO)	뷰 기본 설정	삼각법(T)
품번기호	품번기호(ISO)	특성 화면표시 : 품번	
치수	기본값(ISO	단위	십진 표식기 : 마침표 화면표시 : ☐ 후행 각도 화면표시 : ☐ 후행
		화면표시	A 연장 : 2.00mm B 원점 : 1.00mm C 간격 : 0.50mm D 간격 : 8.00mm
		텍스트	공차 크기 : 2.50mm
		공차	1차 단위 화면 표시 : ☐ 후행 표시 옵션 : 후행 0 없음 –기호 없음
형상 공차	형상 공차(ISO)	☑ 원형 런아웃(채움) ☑ 전체 런아웃(채움)	
도면층	기호(ISO)	연속	
	단면선(ISO)	체인	
	상세경계(ISO)	연속	
	중심 표식(ISO)	체인	
	중심선(ISO)	체인	
	치수(ISO)	연속	
	트레일 미세조정(ISO)	이중 대시 체인	
	해치(ISO)	연속	
부품 리스트	부품 리스트(ISO)	☐ 제목(T) 제목(A) : 맨 아래	

특성	열	폭
품번	품번	15.00
부품 번호	품명	45.00
재질	재질	20.00
수량	수량	15.00
비고	비고	35.00

스타일		내용	
텍스트	레이블 텍스트(ISO)	텍스트 높이 : 5.0mm	〈공통 사항〉 자리맞추기: 중심 중간 글꼴 : 굴림 색상 :
	주 텍스트(ISO)	텍스트 높이 : 3.5mm	
	텍스트 높이 2.5	텍스트 높이 : 2.5mm	
	텍스트 높이 5.0	텍스트 높이 : 5.0mm	
표면 텍스처	표면 텍스처(ISO)	텍스트 스타일 : 텍스트 높이 2.5	〈공통 사항〉 표준참조:ISO1302–1978
	표면 텍스처 높이 5.0	텍스트 스타일 : 텍스트 높이 5.0	

1 「새로 만들기」를 클릭하고 「A3도면양식.idw」를 더블 클릭해서 실행합니다.

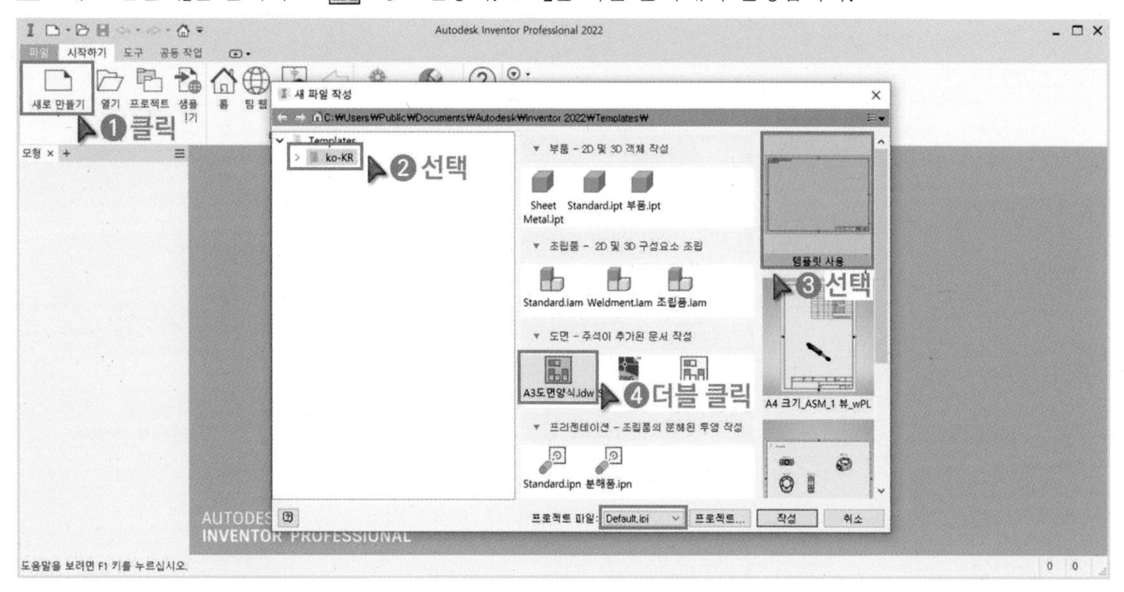

2 「스타일 편집기」를 클릭하고 「기본 표준(ISO)」 스타일을 선택합니다. 뷰 기본 설정 탭의 투영 유형을 「삼각법」으로 선택합니다.

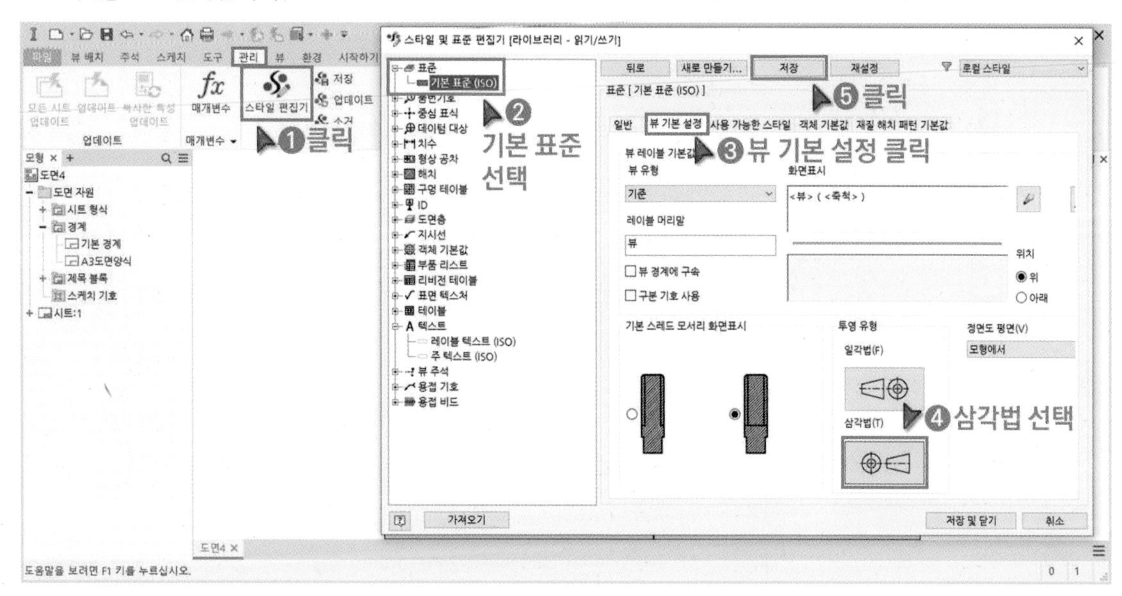

3 「품번기호(ISO)」 스타일을 선택합니다. 특성 화면표시에 「품번」이 표시되도록 설정합니다.(설정 방법 참고 : 단원3.1 – 14. BOM 작성)

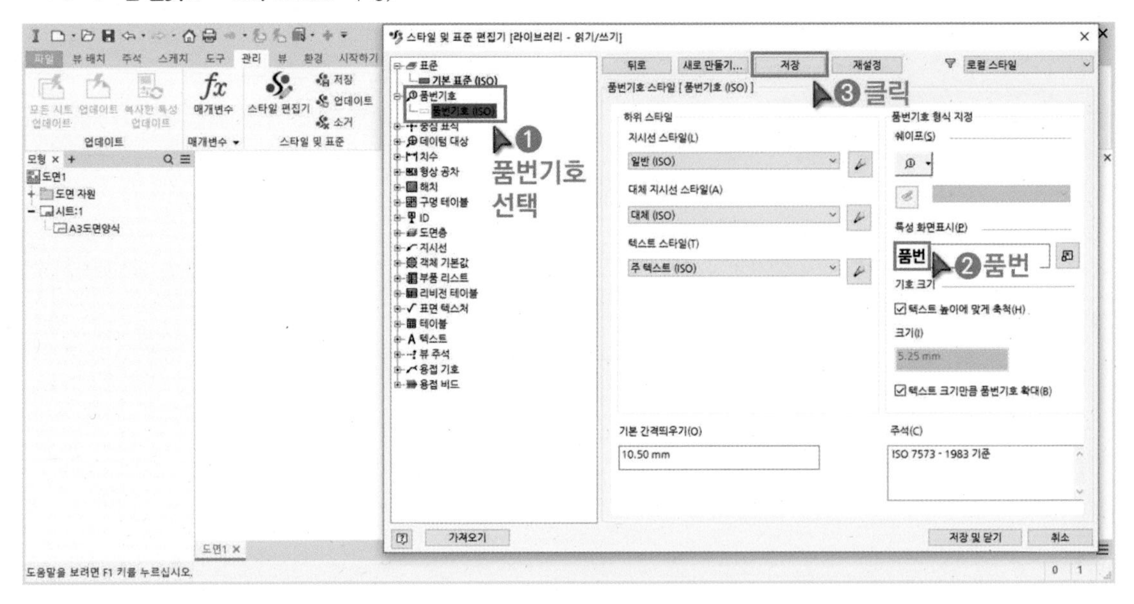

4 치수의 「기본값(ISO)」 스타일을 선택합니다. 소수점은 마침표로 표시되고 소수점 뒤의 0은 생략되도록 설정합니다.

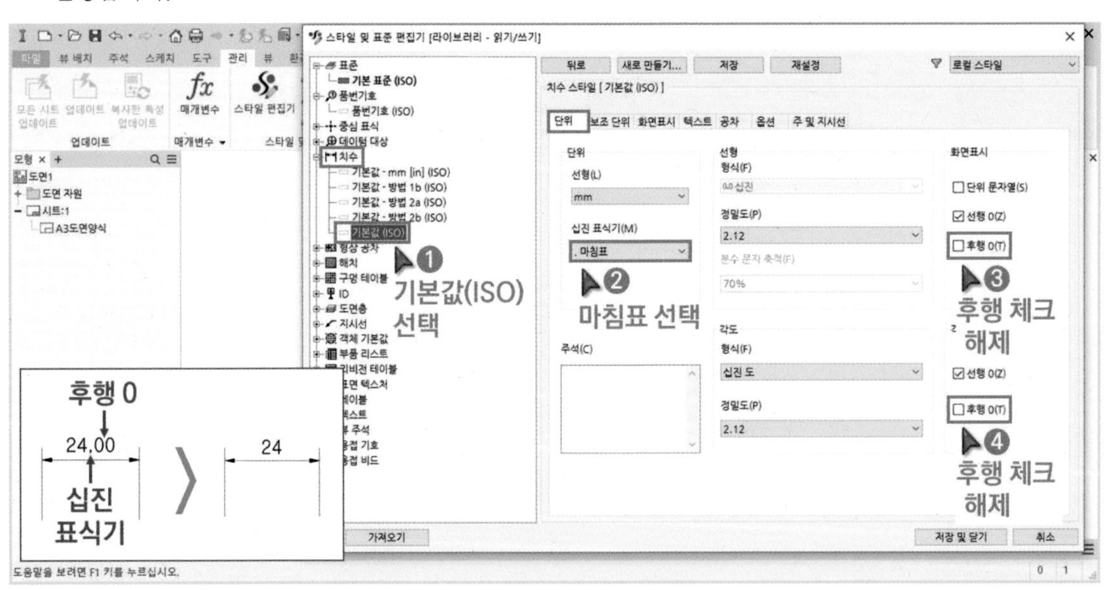

5 「화면표시」 탭을 클릭합니다. 치수의 설정값을 변경합니다.

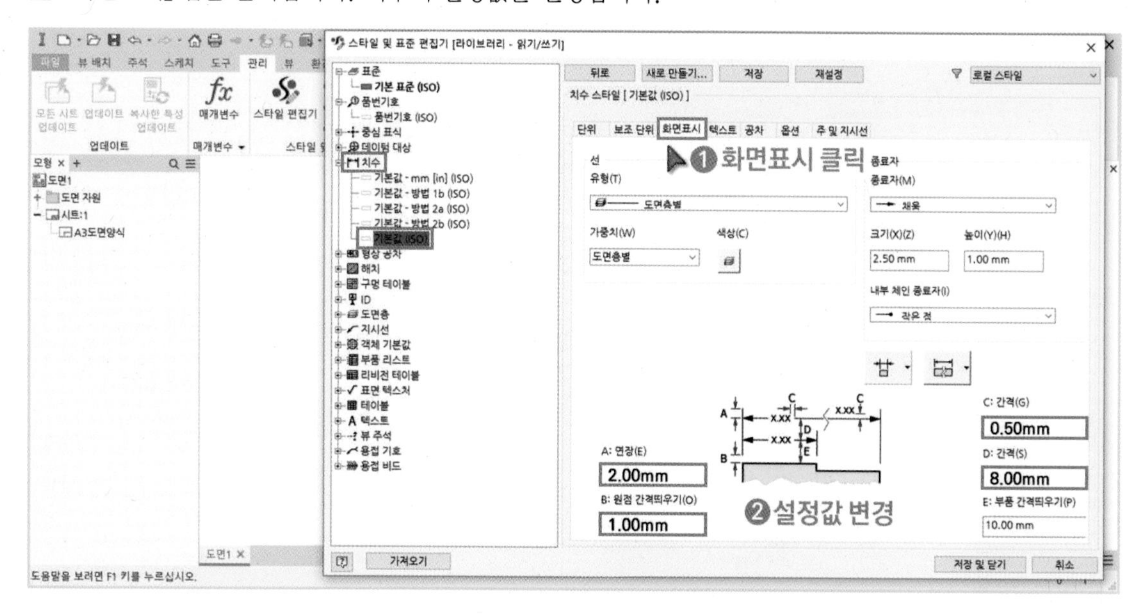

6 「텍스트」 탭을 클릭합니다. 공차의 크기를 변경합니다.

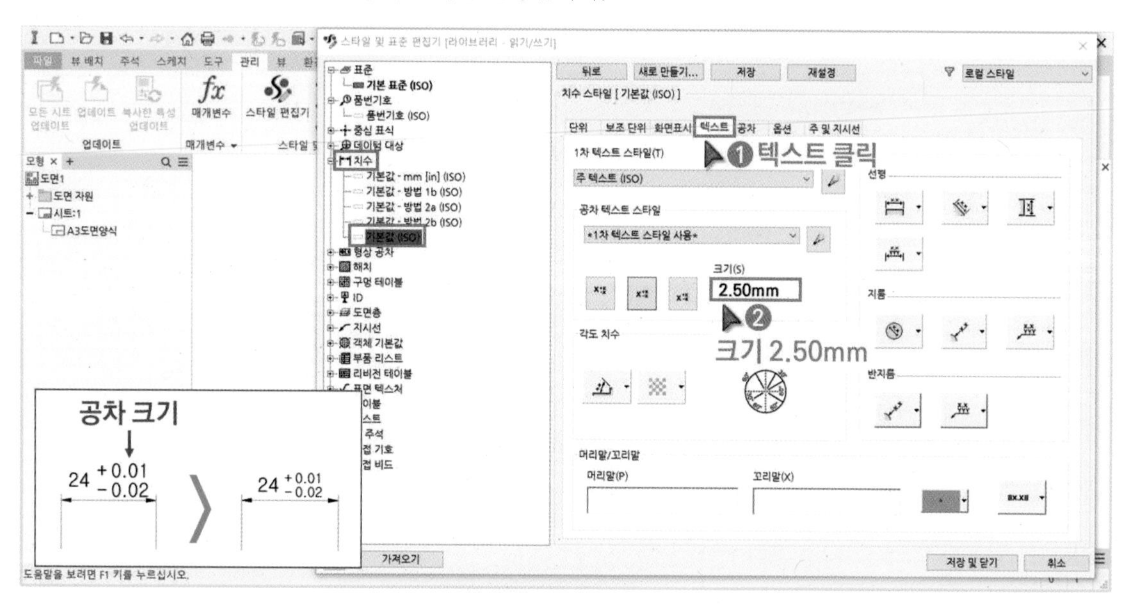

7 「공차」 탭을 클릭합니다. 공차 소수점 뒤의 0은 생략되도록 설정하고 표시 유형을 변경합니다.

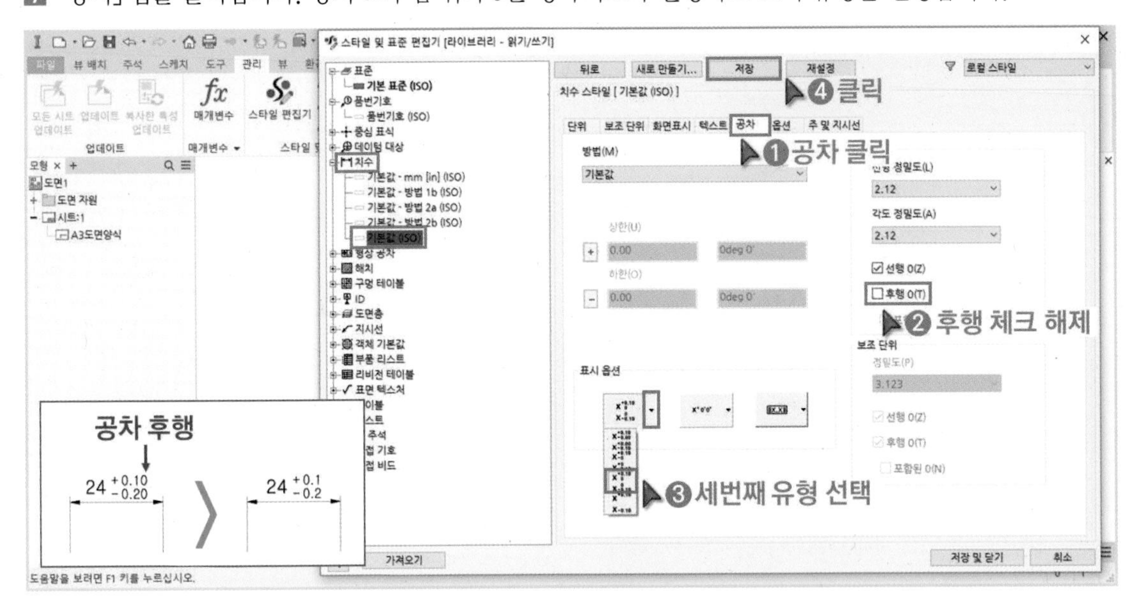

8 「형상공차(ISO)」 스타일을 선택합니다. 원형, 전체 런아웃(채움) 형태의 기호를 추가합니다.

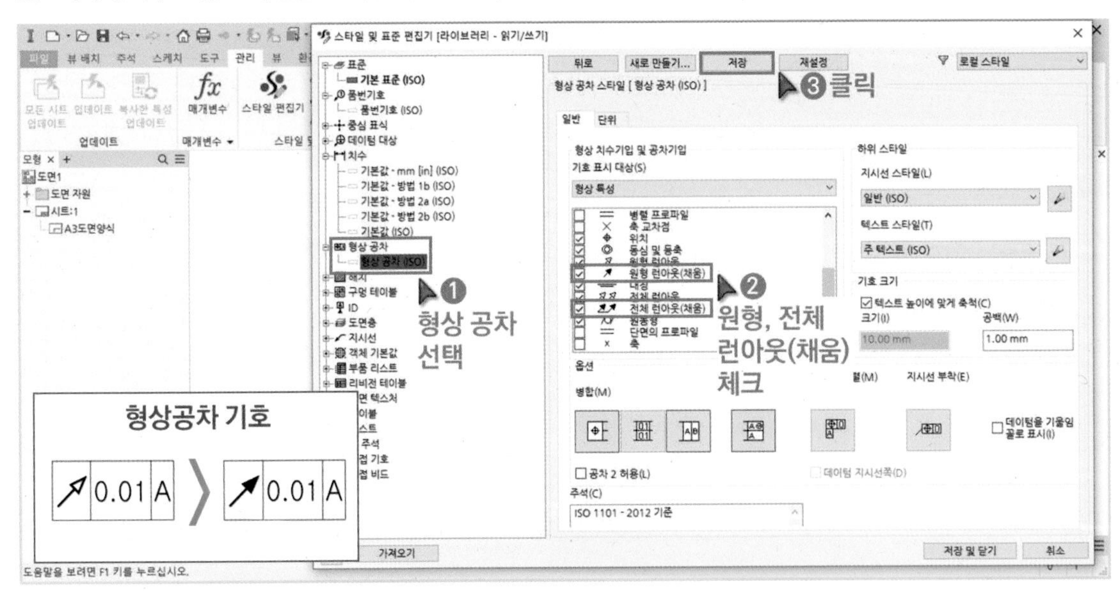

9 「도면층」 스타일을 선택합니다. 아래의 표와 같이 도면층의 색상, 선종류를 변경합니다.

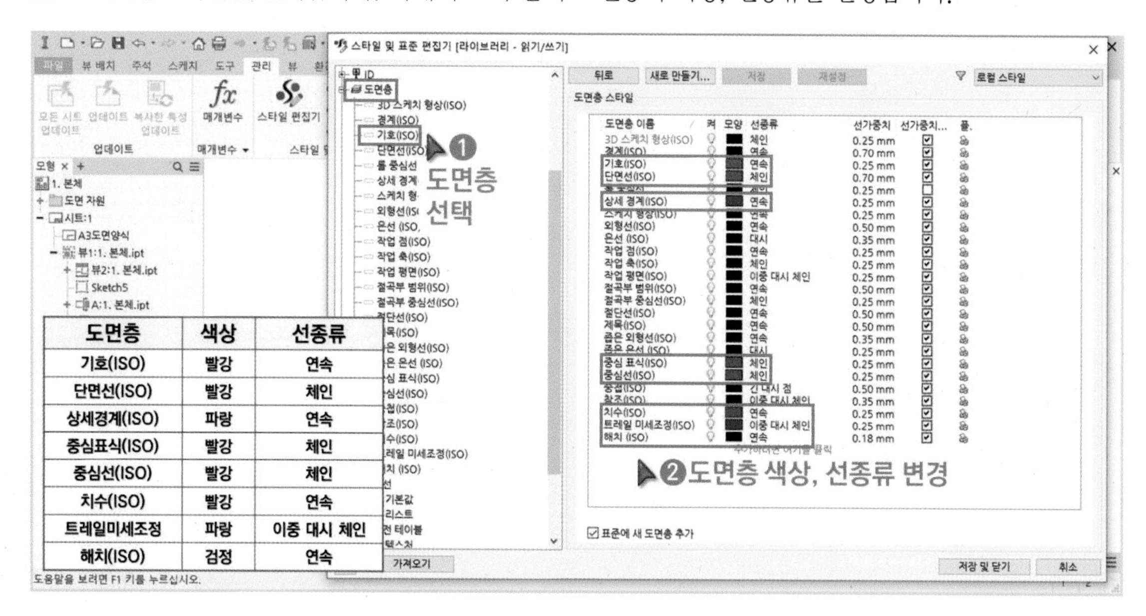

도면층	색상	선종류
기호(ISO)	빨강	연속
단면선(ISO)	빨강	체인
상세경계(ISO)	파랑	연속
중심표식(ISO)	빨강	체인
중심선(ISO)	빨강	체인
치수(ISO)	빨강	연속
트레일미세조정	파랑	이중 대시 체인
해치(ISO)	검정	연속

10 「부품 리스트(ISO)」 스타일을 선택합니다. 아래와 같이 제목의 형태와 부품 리스트를 설정합니다.(설정 방법 참고 : 단원3.1 – 15. 부품 리스트 삽입)

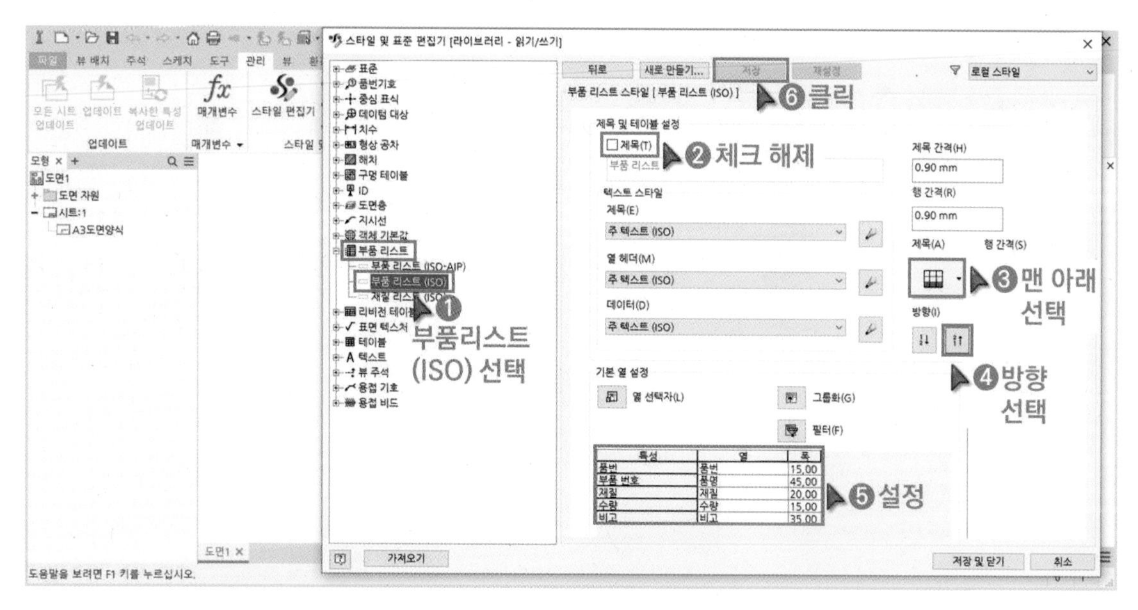

11 「레이블 텍스트(ISO)」 스타일을 선택합니다. 자리맞추기, 글꼴, 텍스트 높이를 변경합니다.

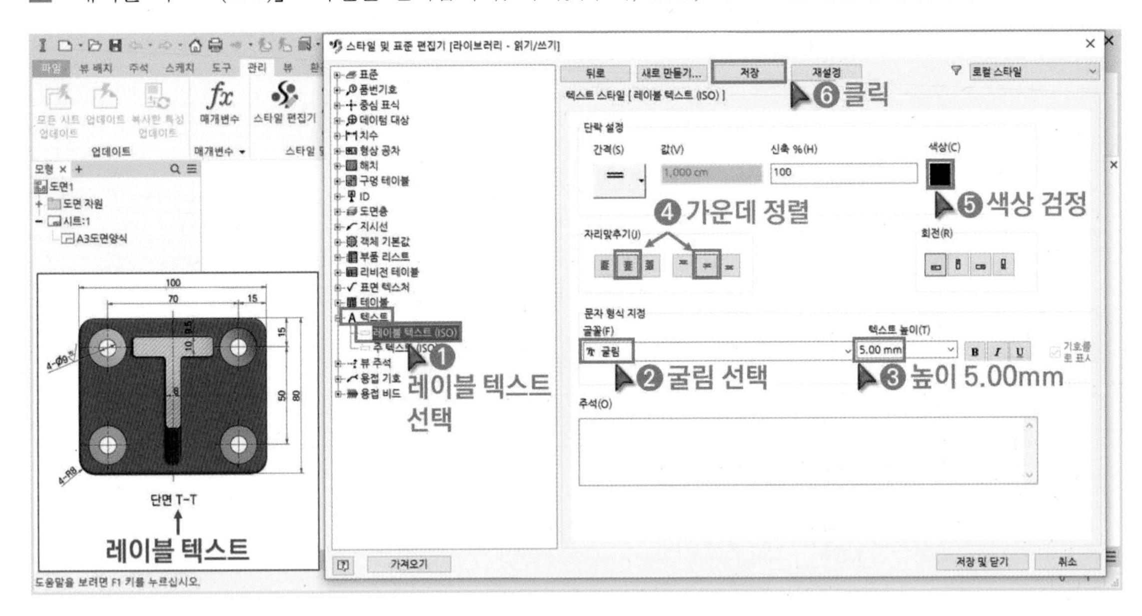

12 「주 텍스트(ISO)」 스타일을 선택합니다. 자리맞추기, 글꼴, 텍스트 높이를 변경합니다.

⑬ 「주 텍스트(ISO)」 스타일 선택 후 「새로 만들기」를 클릭합니다. 스타일 이름 「텍스트 높이 2.5」를 입력해서 새로운 스타일을 생성합니다.

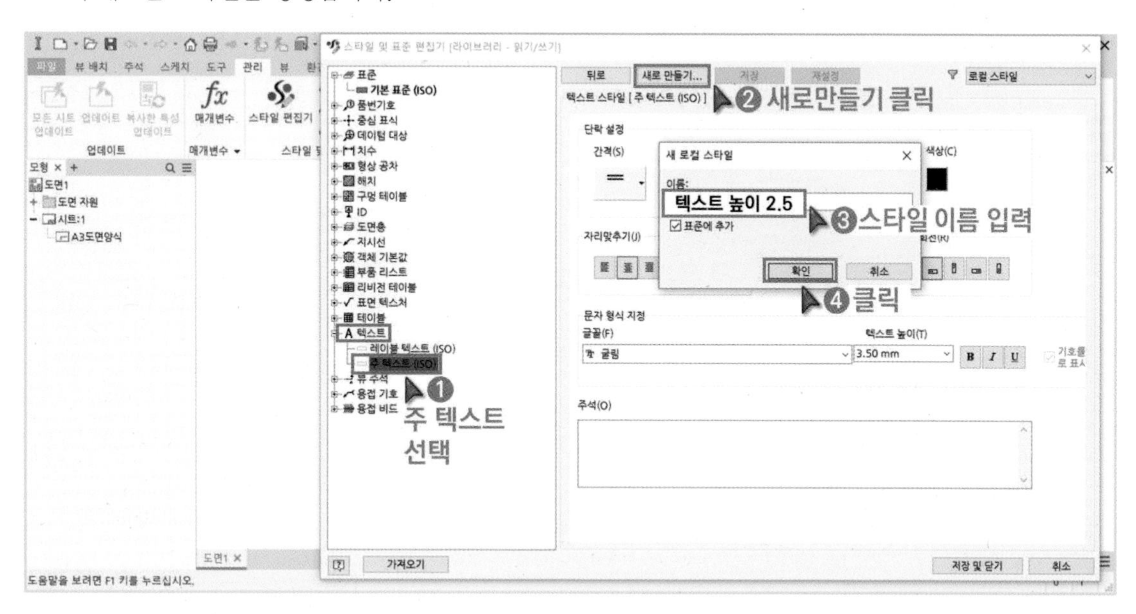

⑭ 「텍스트 높이 2.5」 스타일을 선택합니다. 자리맞추기, 글꼴, 텍스트 높이를 변경합니다.

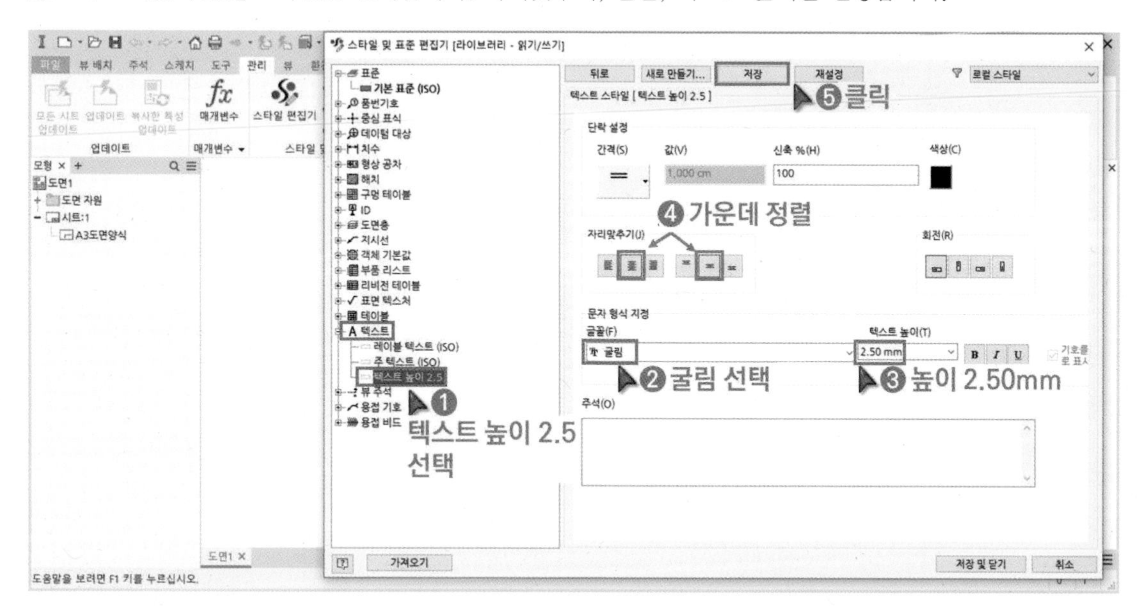

15 「새로 만들기」를 클릭합니다. 스타일 이름「텍스트 높이 5.0」을 입력해서 새로운 스타일을 생성합니다.

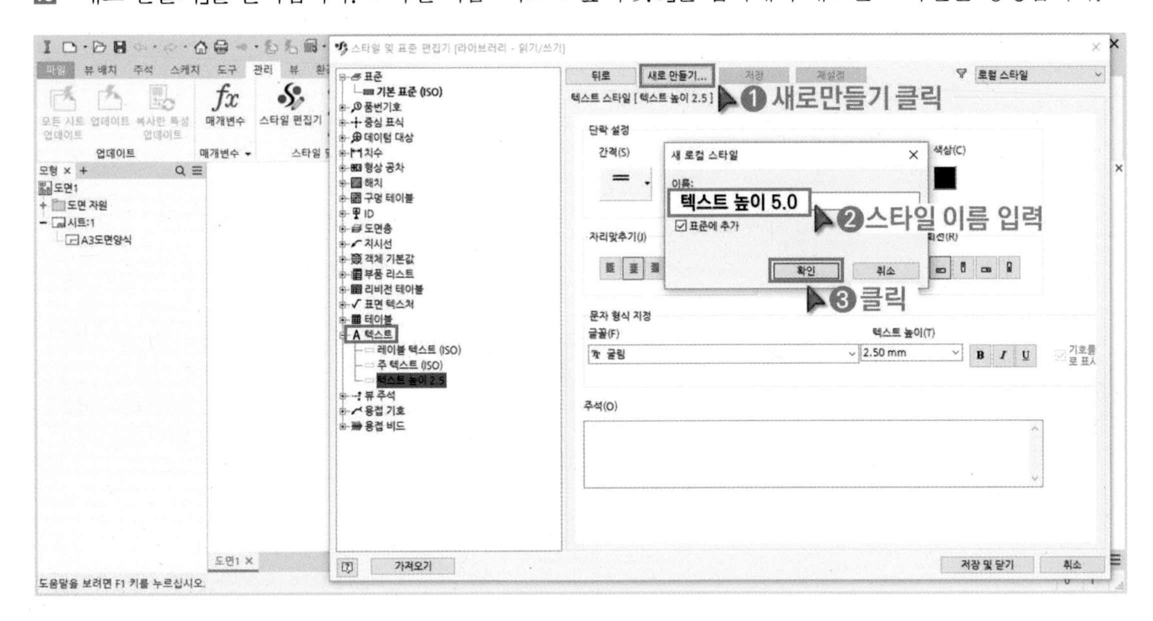

16 「텍스트 높이 5.0」 스타일을 선택합니다. 자리맞추기, 글꼴, 텍스트 높이를 변경합니다.

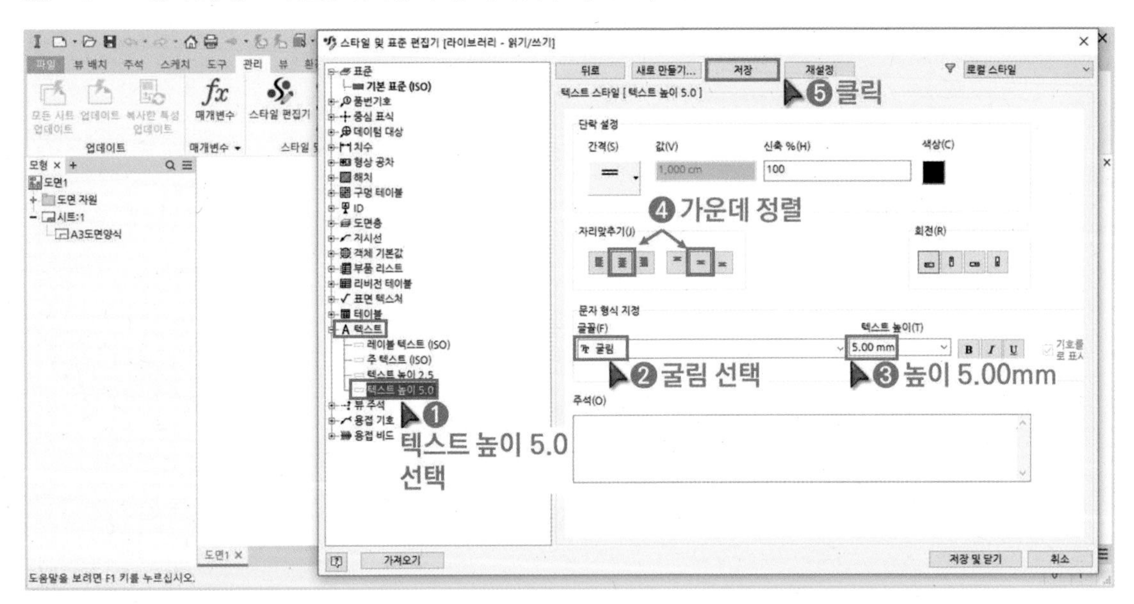

17 「표면 텍스처(ISO)」 스타일을 선택합니다. 텍스트 스타일과 표준 참조를 변경합니다.

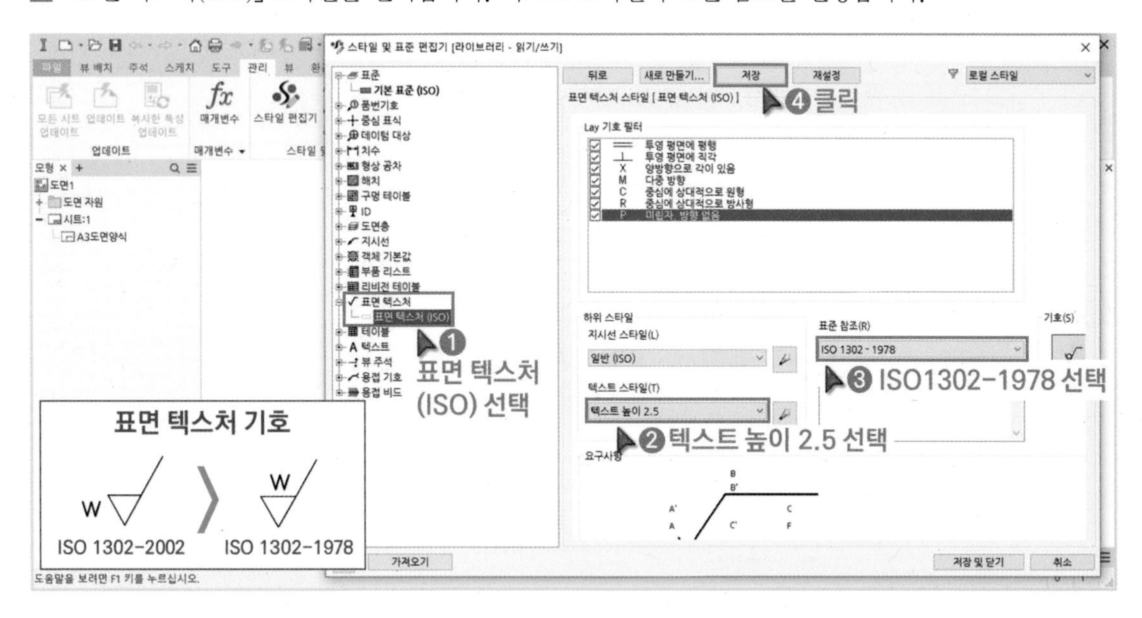

18 「새로 만들기」를 클릭합니다. 스타일 이름「표면 텍스처 5.0」을 입력해서 새로운 스타일을 생성합니다.

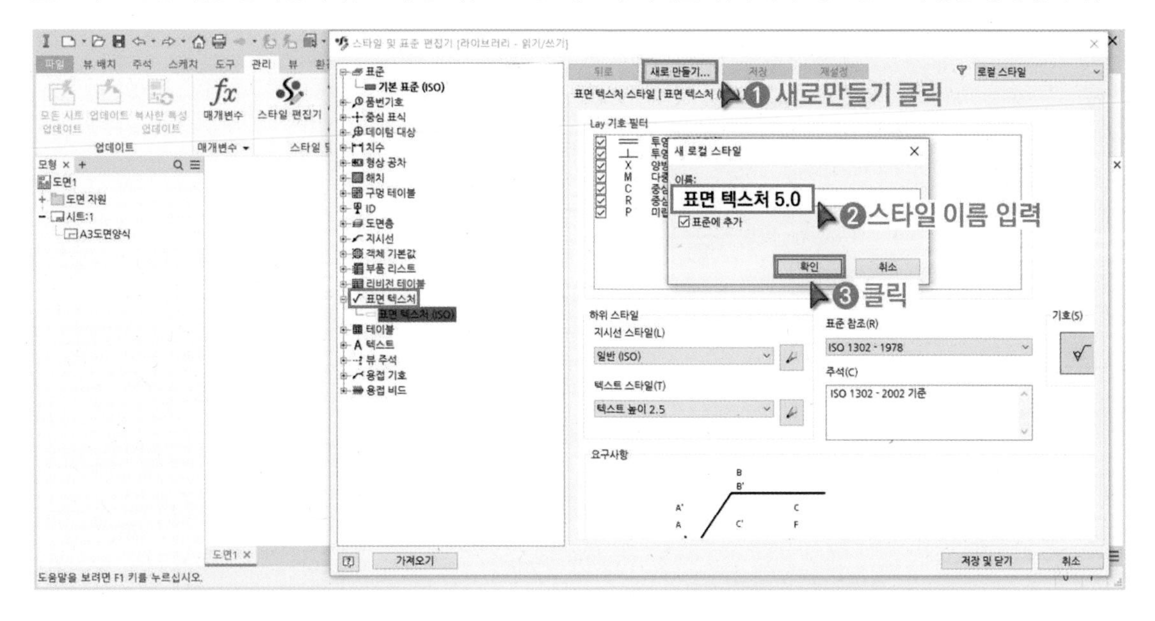

⑲ 「표면 텍스처 5.0」 스타일을 선택합니다. 텍스트 스타일과 표준 참조를 변경합니다.

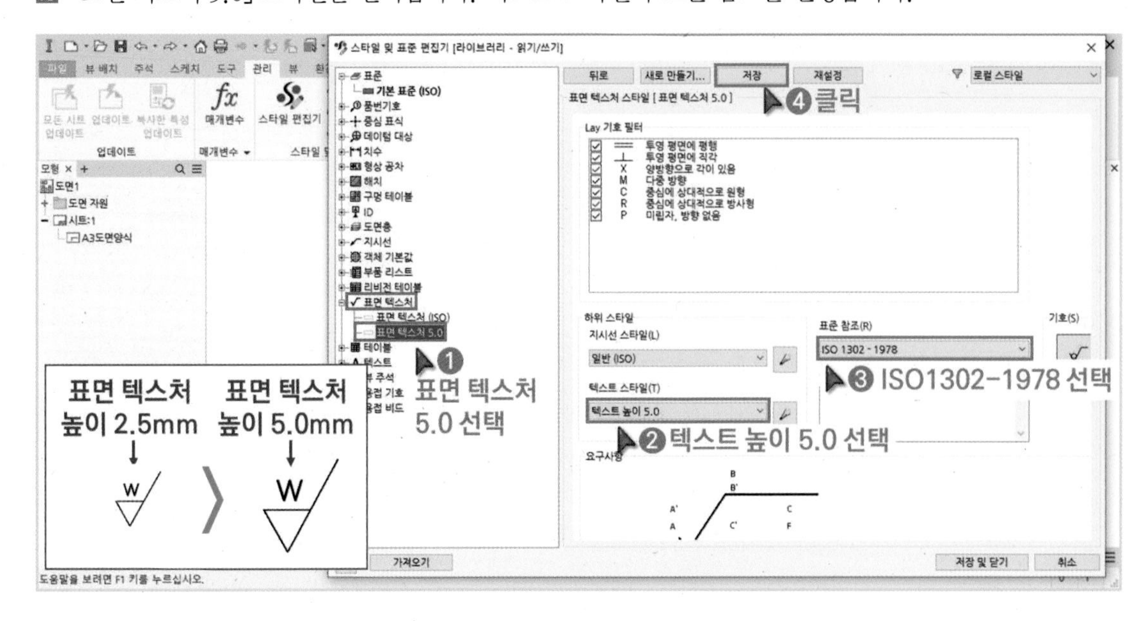

⑳ 「내보내기」를 클릭합니다. 도면 스타일의 파일 이름을 「인벤터 도면 스타일(2022)」으로 저장합니다.

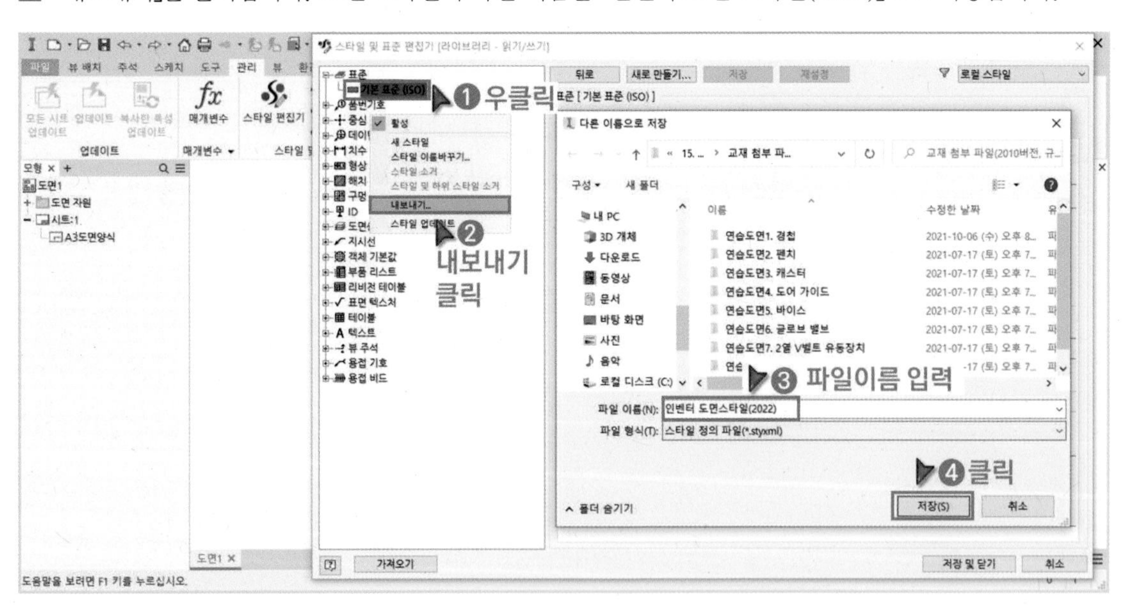

21 도면 작성에 필요한 스타일을 모두 설정해서 파일로 저장했습니다. 다른 컴퓨터에서 「가져오기」 기능으로 「인벤터 도면 스타일(2022).styxml」 파일을 불러오면 지금까지 설정한 스타일을 그대로 사용할 수 있습니다.

22 관리 도구모음의 「 저장」을 클릭해서 스타일을 저장합니다. 「Default」 프로젝트의 스타일 라이브러리의 사용이 「읽기 전용」으로 되어 있을 경우 스타일 저장이 되지 않습니다. (단원3.1 – 9.도면양식 및 템플릿 작성 참고)

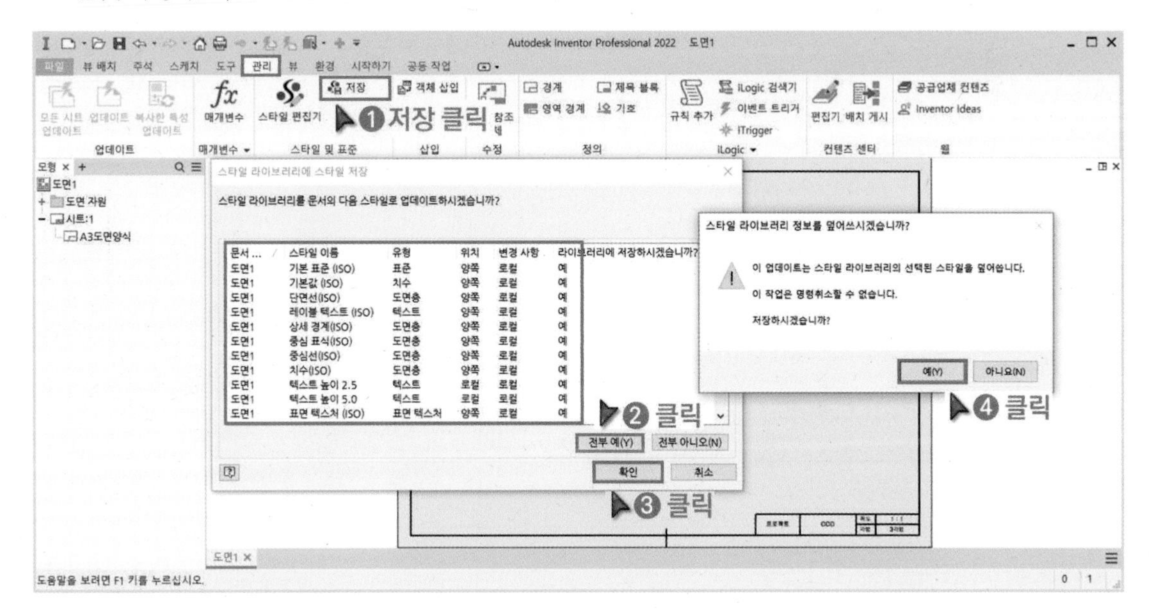

3 도면양식 수정 실습 Point

https://cafe.naver.com/dongjinc/1131

1 도면양식 수정을 위해 「정의 편집」을 클릭합니다.

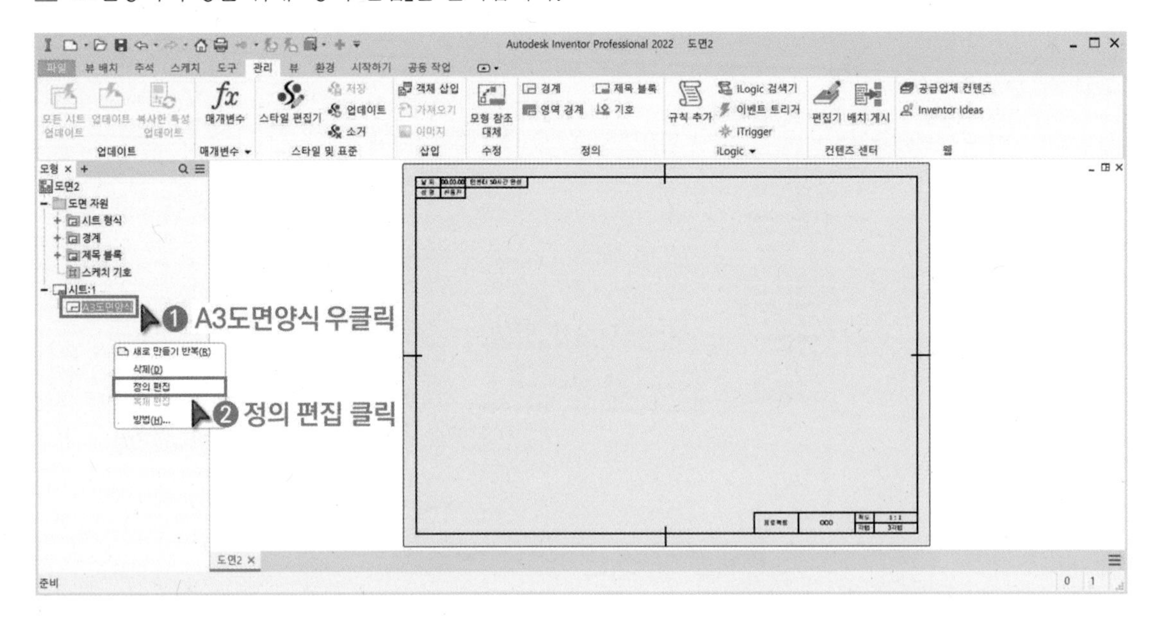

2 기존에 작성했던 텍스트를 더블 클릭해서 수정합니다. 프로젝트 이름은 「2열 V벨트 유동장치」로 작성합니다. 투상도(뷰)를 확대 또는 축소하지 않고 실제 크기로 배치할 예정입니다. 따라서 척도를 「1 : 1」로 작성합니다.

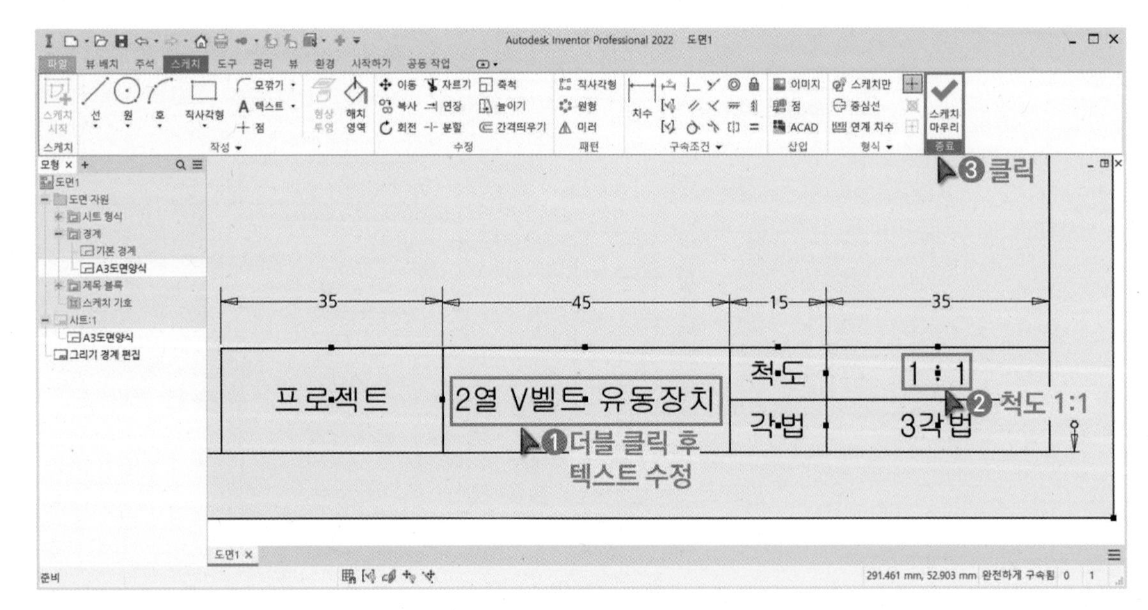

4 부품 뷰 배치 중요 Point 실습 Point

투상법에 의해 도면을 작성할 때에는 6개의 투상도(정면도, 우측면도, 좌측면도, 평면도, 배면도, 저면도)를 전부 그리지 않습니다. 제품의 형상을 알아볼 수 있으며 크기를 나타내는 치수를 모두 표현할 수 있는 범위 내에서 꼭 필요한 투상도만을 작성하면 됩니다. 일반적으로 정면도, 평면도, 우측면도를 그려줍니다.

1 「기준」을 클릭하고 연습도면7. 2열 V벨트 유동장치의「1. 본체.ipt」파일을 불러옵니다.

2 스타일, 축척값, 뷰의 방향을 설정합니다.

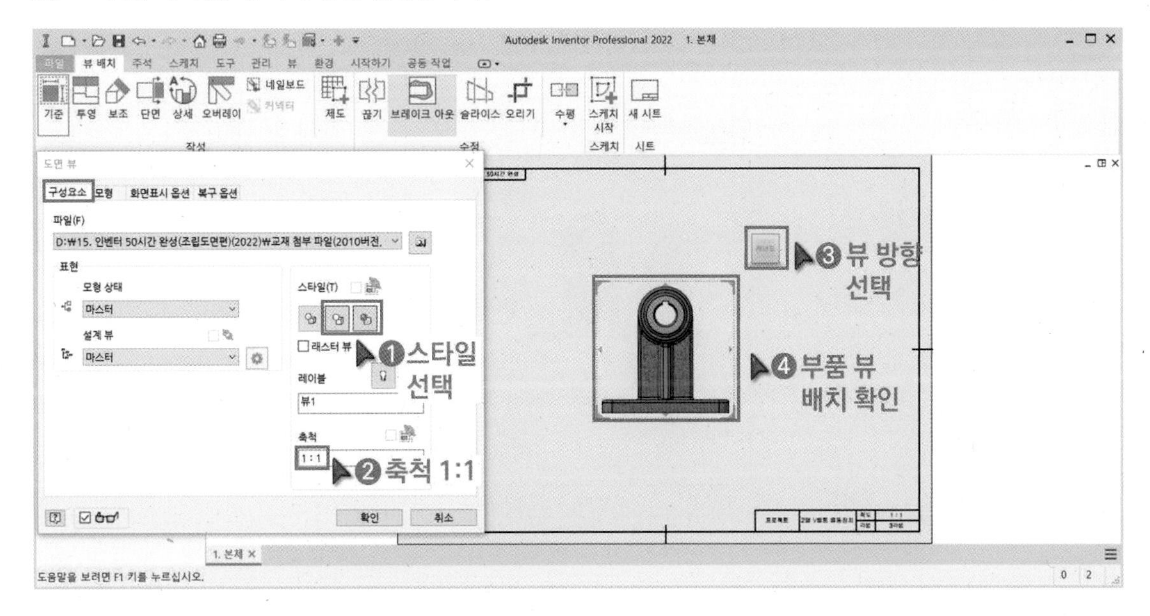

3 화면표시 옵션을 클릭하고 「☐ 접하는 모서리」 체크 해제합니다. 등각 조립도 · 분해도의 경우 제품의 형상이 잘 보이도록 접하는 모서리를 표시하는 것이 좋습니다. 하지만 부품도의 경우 접하는 모서리를 표시하면 외형선, 숨은선, 치수선 등 많은 선으로 인해 도면해독이 어려울 수 있습니다. 따라서 부품도는 접하는 모서리를 표시하지 않는 것이 좋습니다.

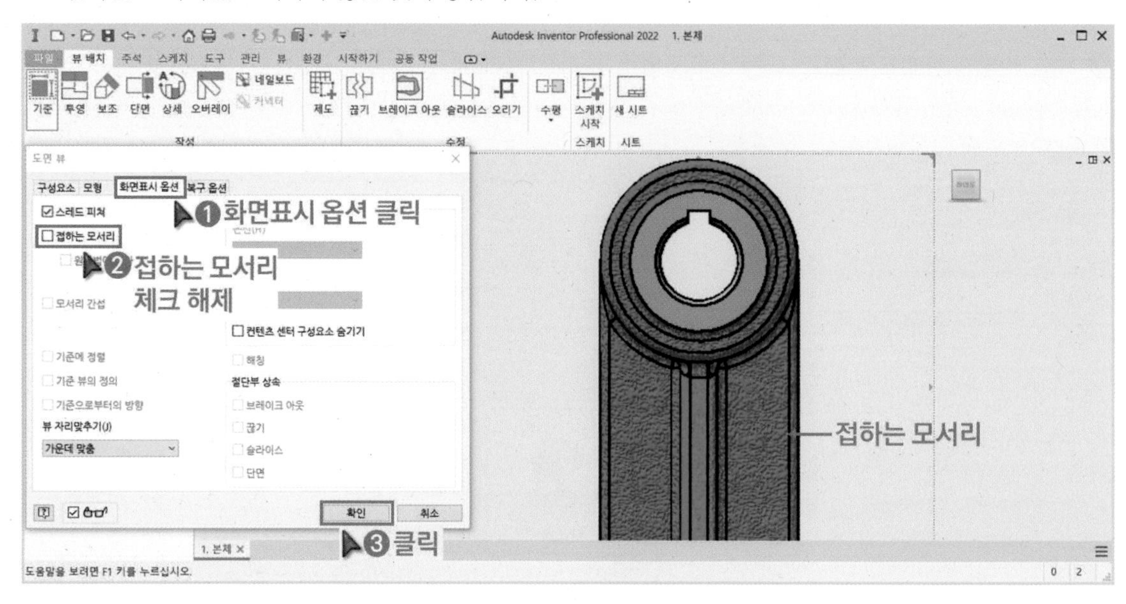

4 작업트리에 생성된 부품 뷰를 확인합니다. 작업화면의 부품 뷰를 드래그하면 뷰를 이동할 수 있으며 더블 클릭하면 뷰의 스타일, 방향 등을 변경할 수 있습니다.

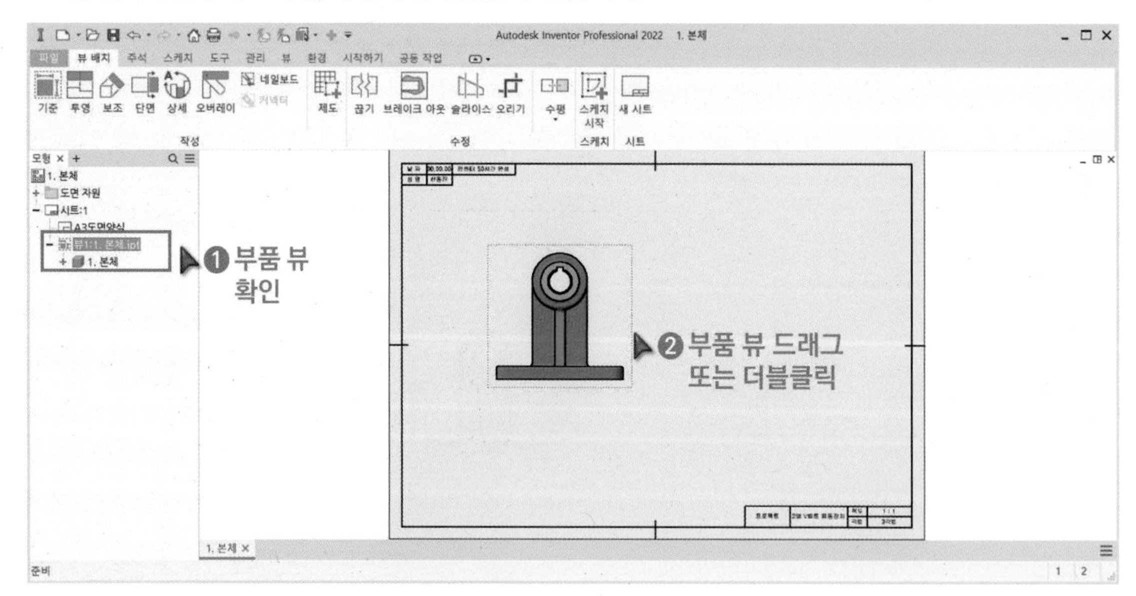

5 「투영」을 클릭하고 필요한 뷰를 배치합니다.

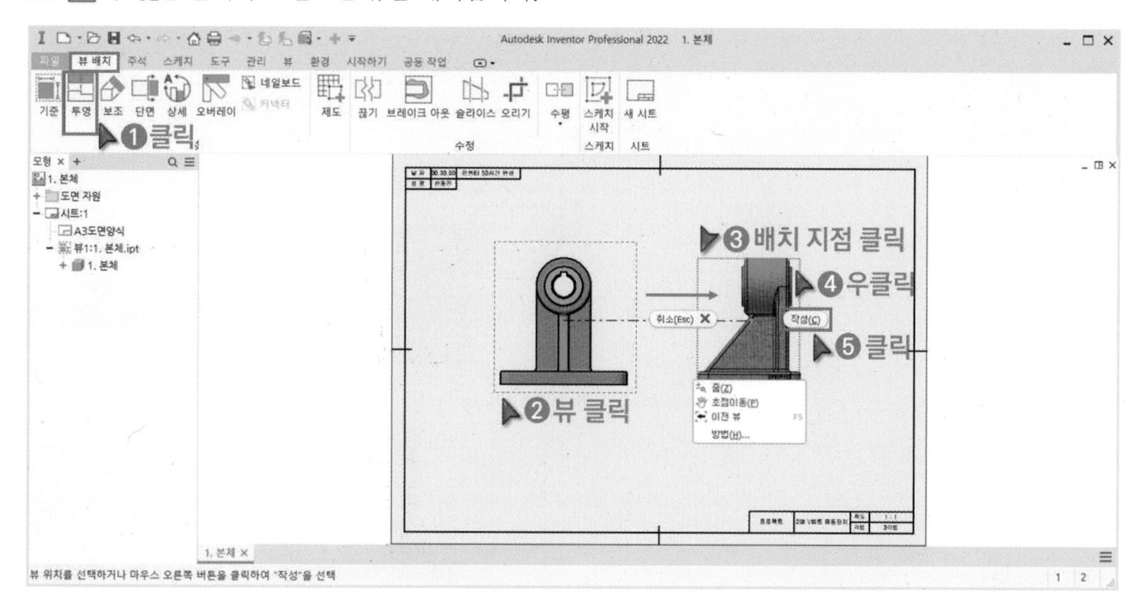

6 단면도를 배치하기 위해 「단면」을 클릭하고 절단선을 작성합니다. 형상의 내부구조를 명료하게 나타내기 위해 절단한 면을 그대로 표현한 것을 단면도라고 합니다.

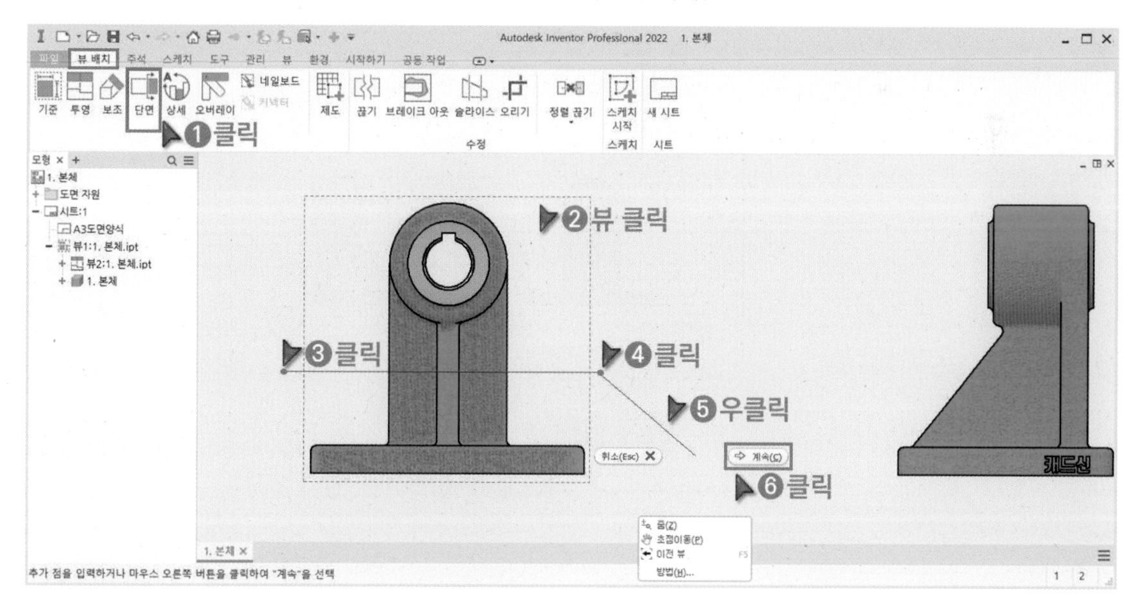

7 마우스를 이동해서 단면도의 위치를 지정할 수 있습니다. 단면도의 위치에 따라 시선 방향(화살표 방향)이 바뀌며 단면도의 형태가 달라집니다.

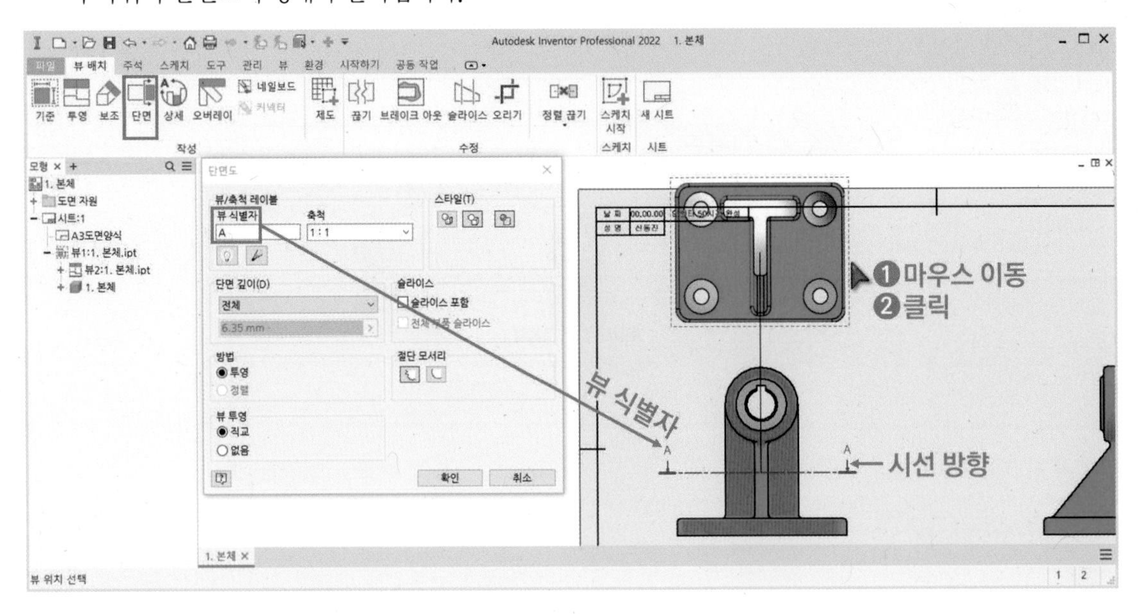

8 단면도 뷰와 레이블 텍스트를 드래그해서 아래로 위치시킵니다.

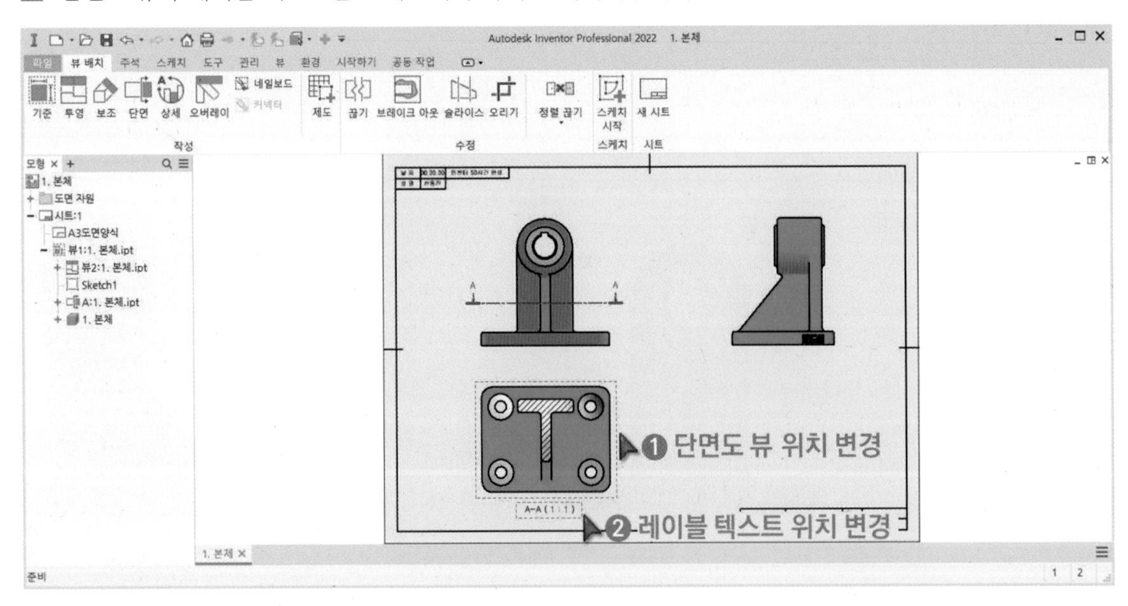

9 레이블 텍스트를 더블 클릭합니다. 텍스트를 아래와 같이 수정합니다.

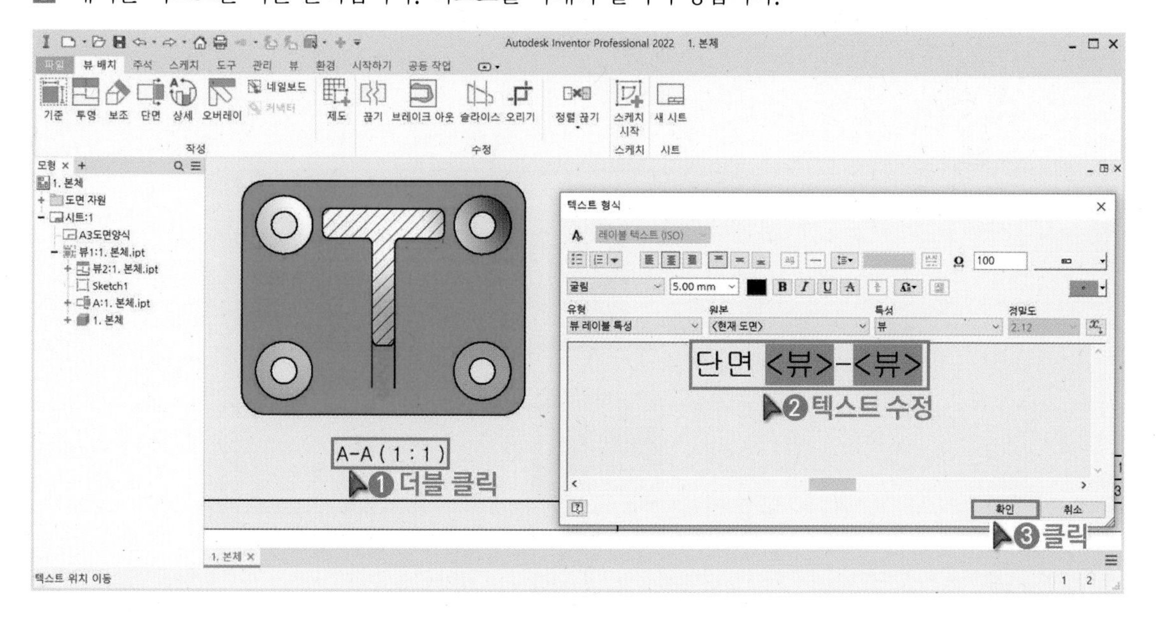

10 텍스트의 색상을 검은색으로 변경합니다.

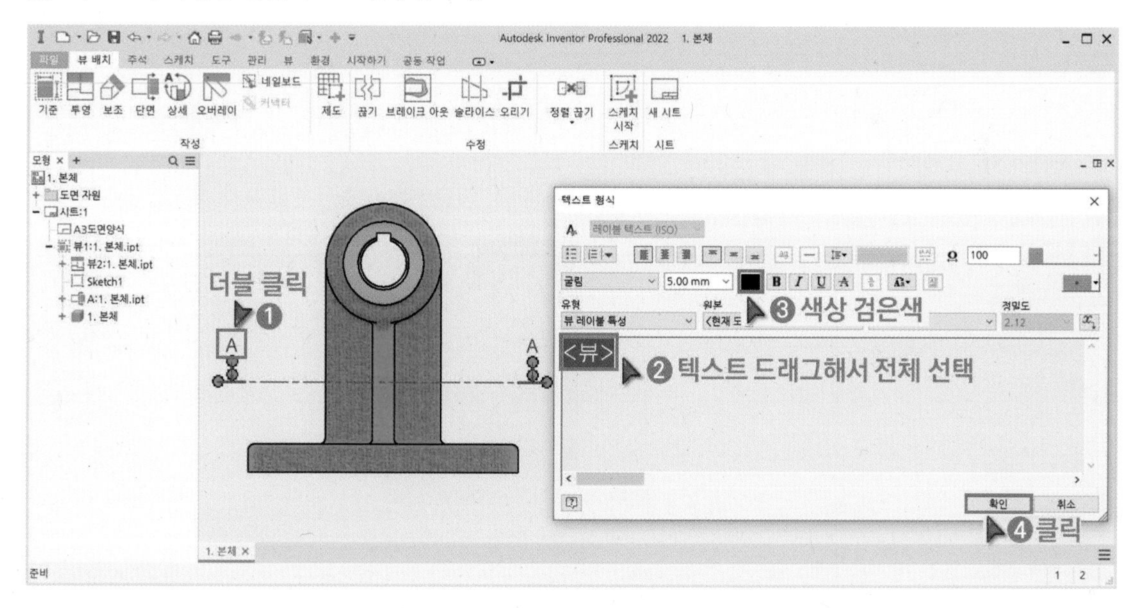

11 「뷰」를 클릭하고 「스케치 시작」을 클릭합니다.

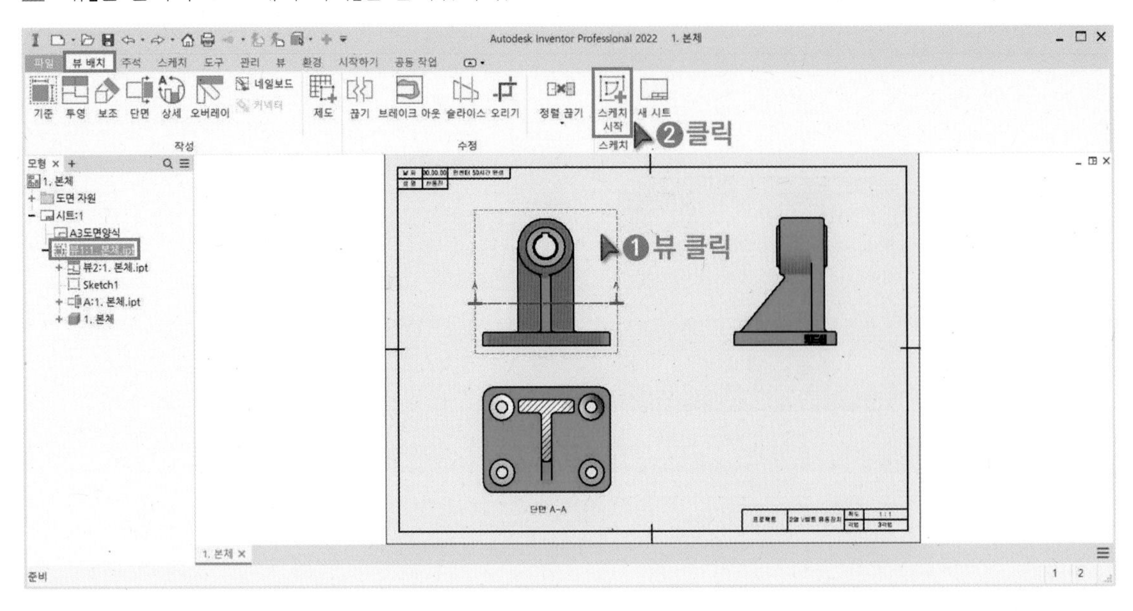

12 닫혀진 형태로 「스플라인」을 스케치합니다. 뷰를 선택하고 스케치를 작성하면 작업트리의 「 뷰」에 스케치가 종속됩니다.

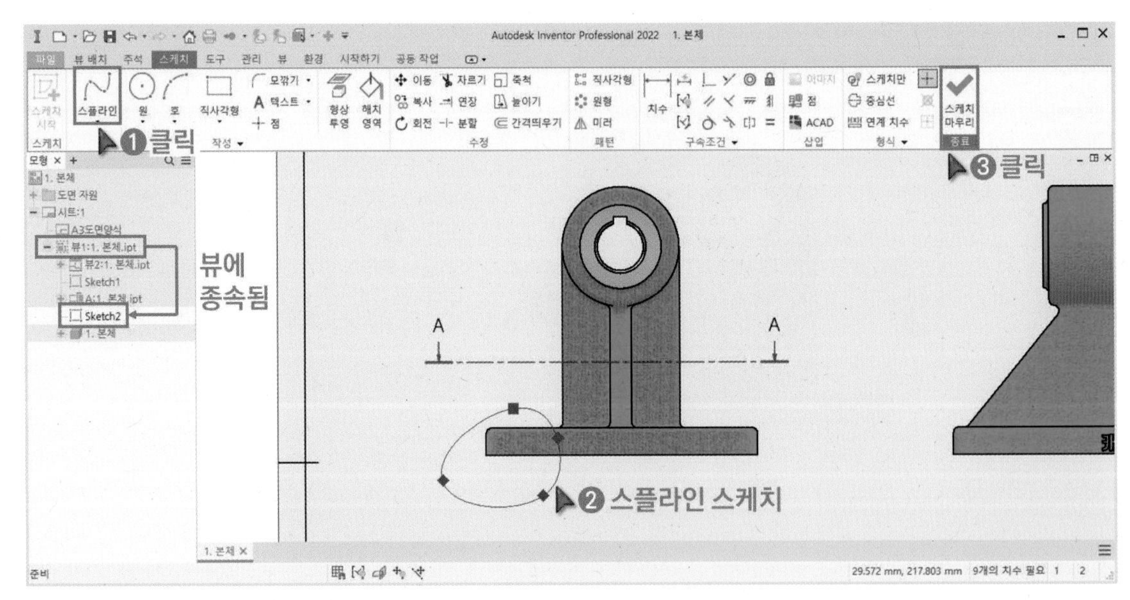

13 「브레이크 아웃」을 클릭하고 뷰를 클릭합니다. 프로파일(닫힌 스플라인 스케치)은 자동으로 인식됩니다. 깊이를 지정하기 위해 원의 사분점을 클릭합니다. 「브레이크 아웃」 기능은 부분 단면도를 작성하는 기능입니다. 부분 단면도는 물체의 어느 특정한 부분만을 나타내는 단면도입니다. 프로파일은 절단하는 영역을 의미하고 깊이는 절단하는 지점을 의미합니다. 만약 스케치가 닫혀있지 않다면 프로파일은 선택되지 않습니다.

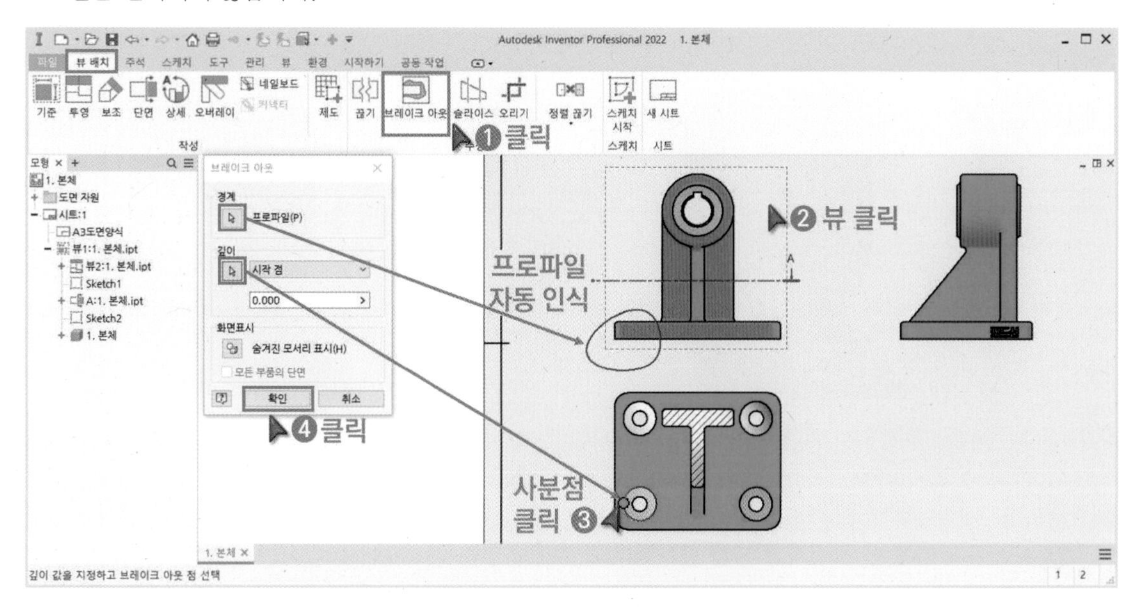

14 「뷰」를 클릭하고 「스케치 시작」을 클릭합니다.

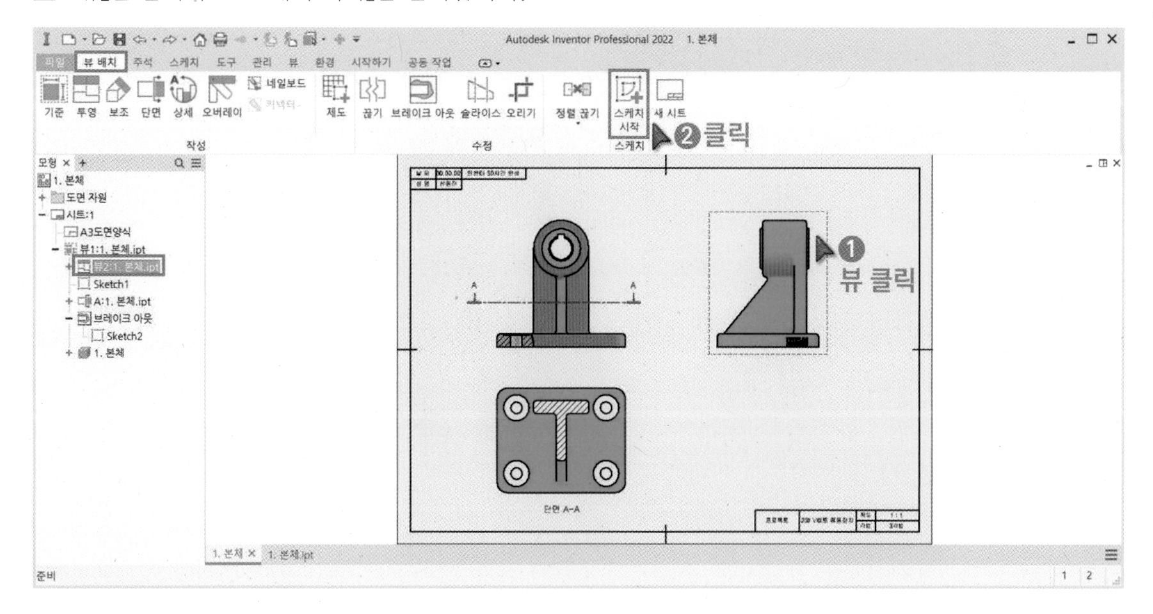

15 「형상투영」을 클릭해서 모서리 선을 투영합니다. 아래의 보라색 선처럼 닫힌 영역의 스케치를 작성합니다.

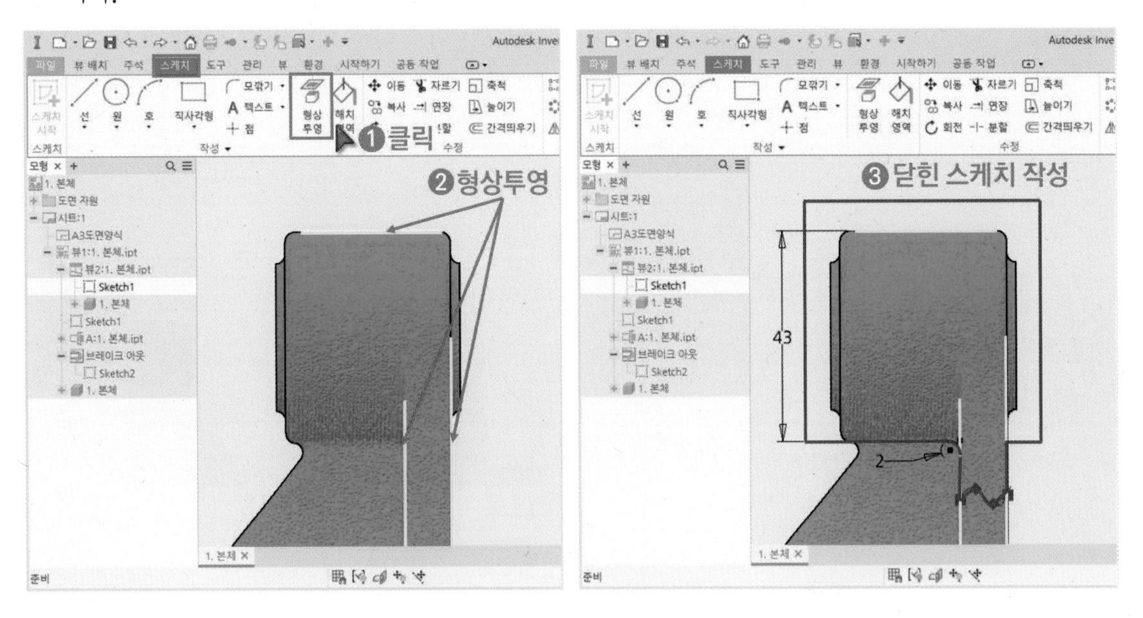

16 「 브레이크 아웃」을 클릭하고 뷰를 클릭합니다. 프로파일(닫힌 스케치), 깊이를 클릭해서 부분 단면도를 작성합니다.

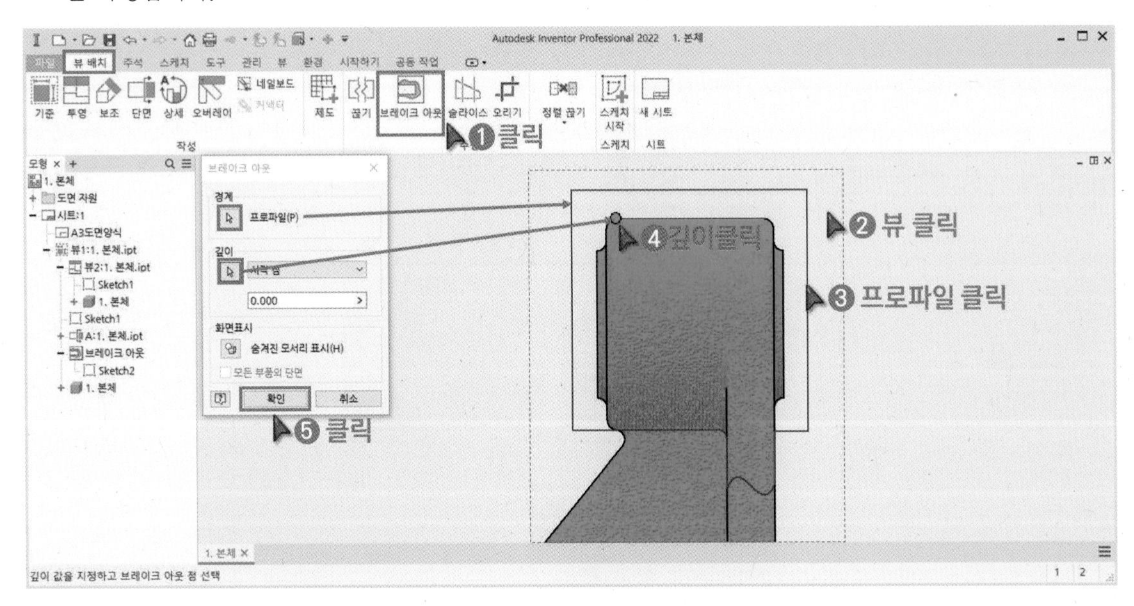

17 뷰에서 우클릭합니다. 「 자동화된 중심선」을 클릭합니다.

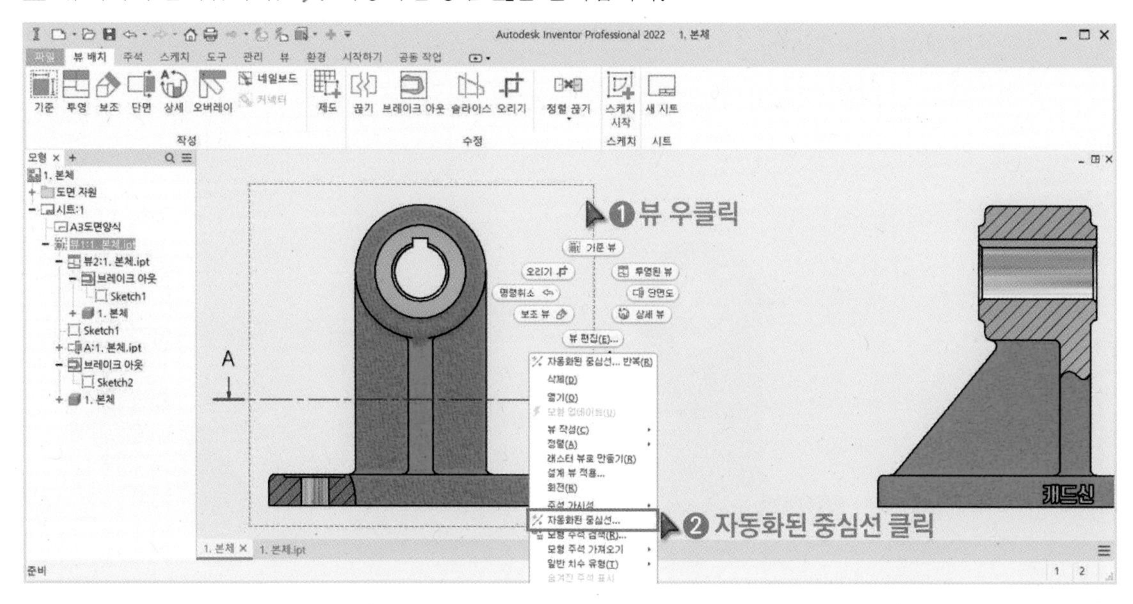

18 적용 대상에서 구멍, 원통, 회전을 선택하면 형상을 자동으로 인식해서 중심선이 생성됩니다.

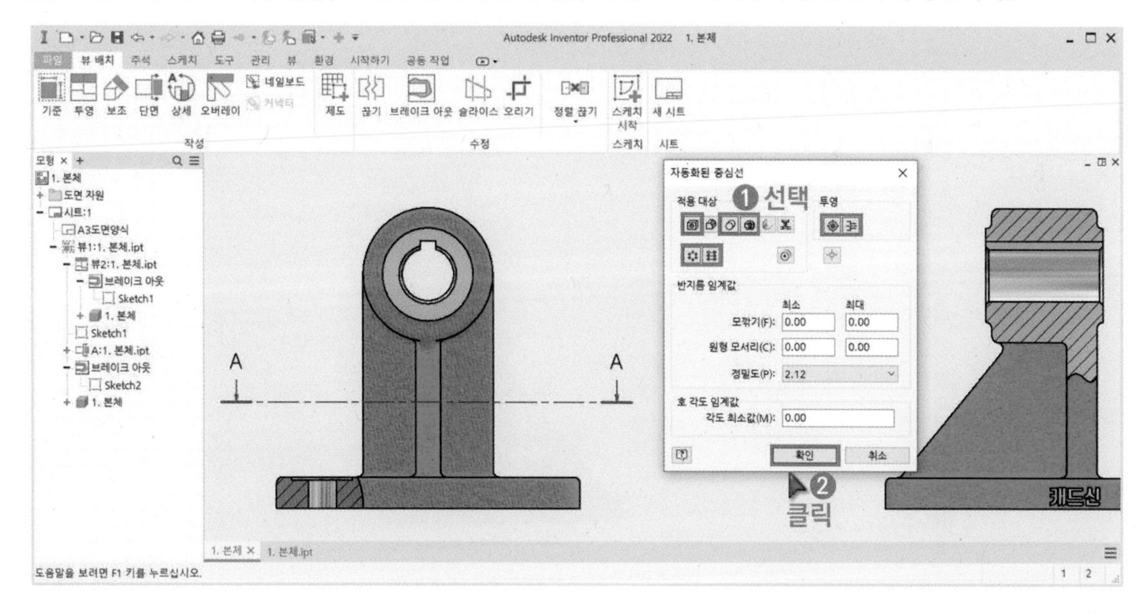

⑲ 불필요한 중심선은 삭제합니다. 길이가 짧은 중심선은 끝점을 드래그해서 형상의 외부로 중심선이 나오게 합니다.

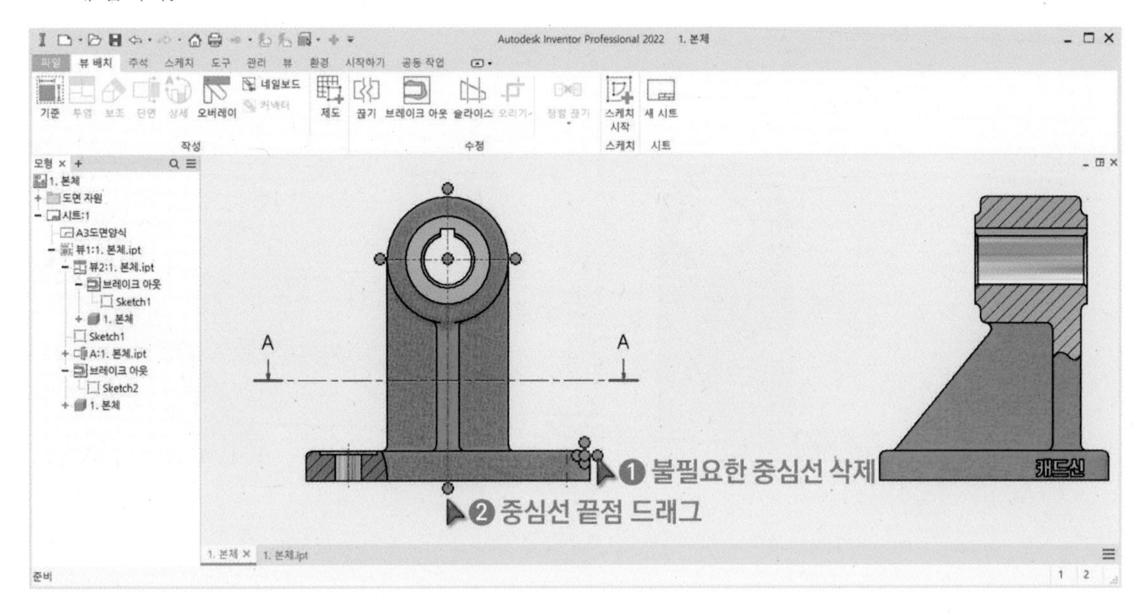

⑳ 「자동화된 중심선」 기능으로 우측면도에도 중심선을 작성합니다.

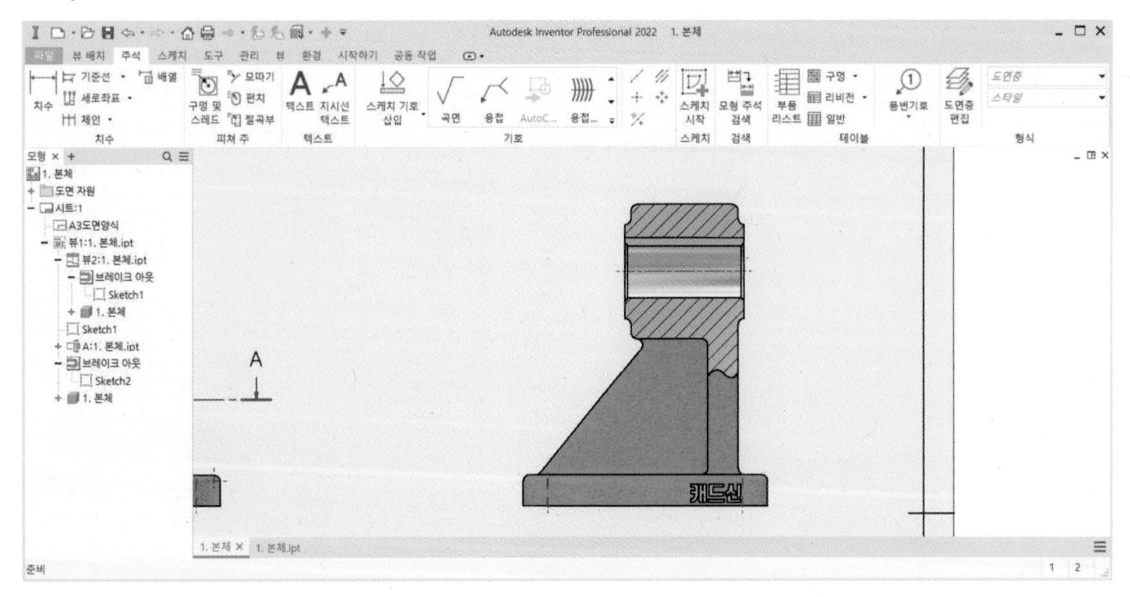

21 주석 도구모음의「-+- 중심표식」을 클릭합니다. 원을 클릭해서 중심선을 생성합니다.

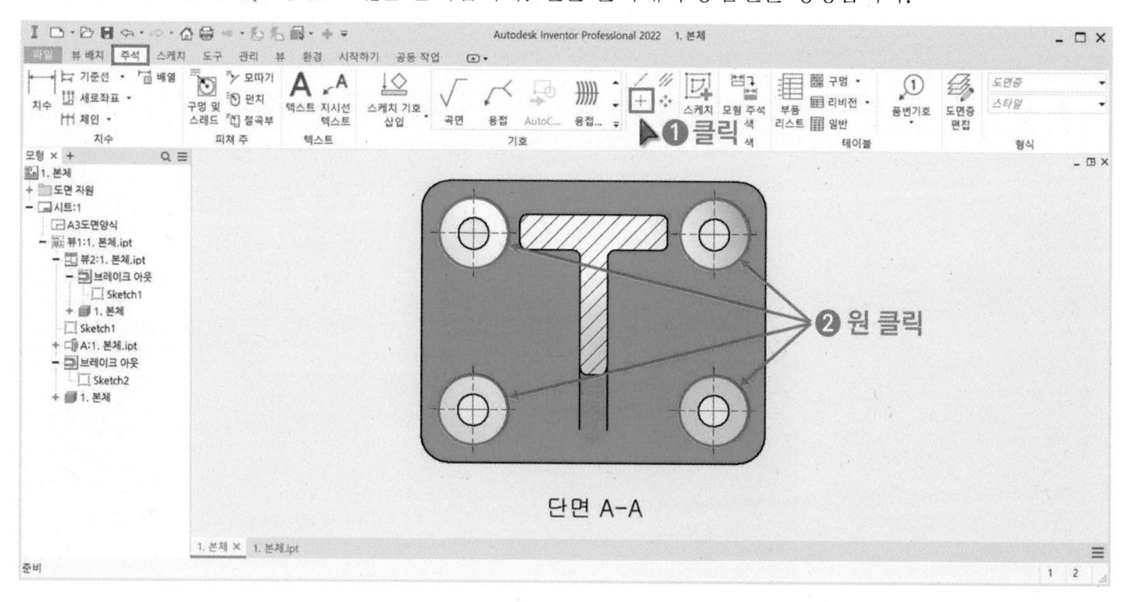

22「⁄ 중심선」을 클릭합니다. 2개의 점을 클릭해서 중심선을 작성합니다.

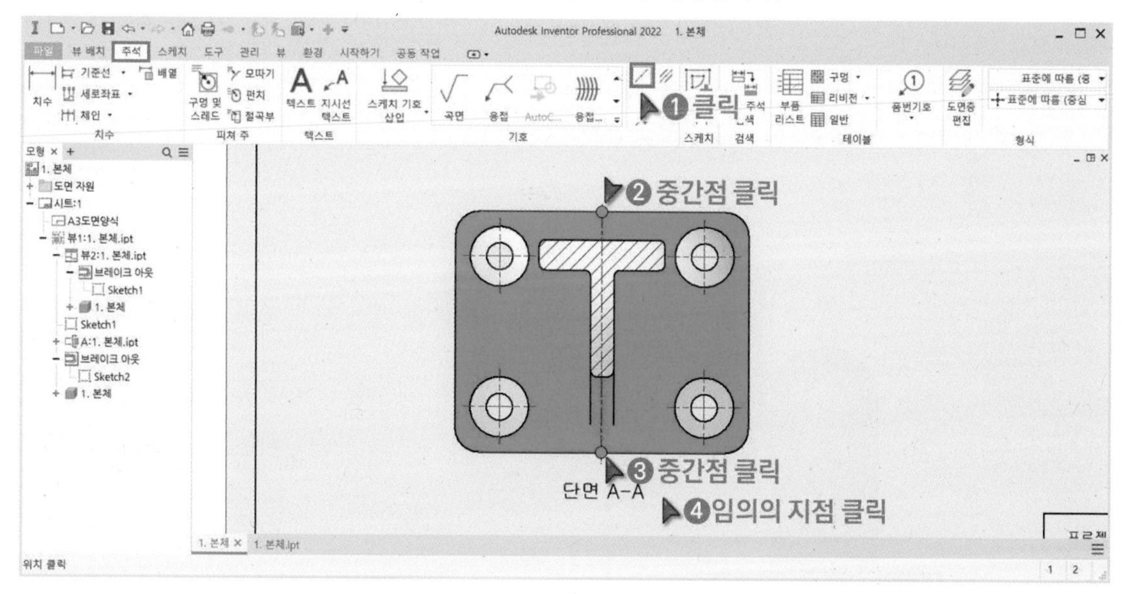

5 치수, 일반허용차, 끼워맞춤공차 기입 중요 Point 실습 Point

1 「⊢⊣ 치수」를 클릭합니다. 점, 선, 원 등을 클릭해서 다양한 치수를 기입할 수 있습니다. 「□ 작성 시 치수 편집」 기능을 체크 해제할 경우 치수 편집창이 자동 실행되지 않습니다.

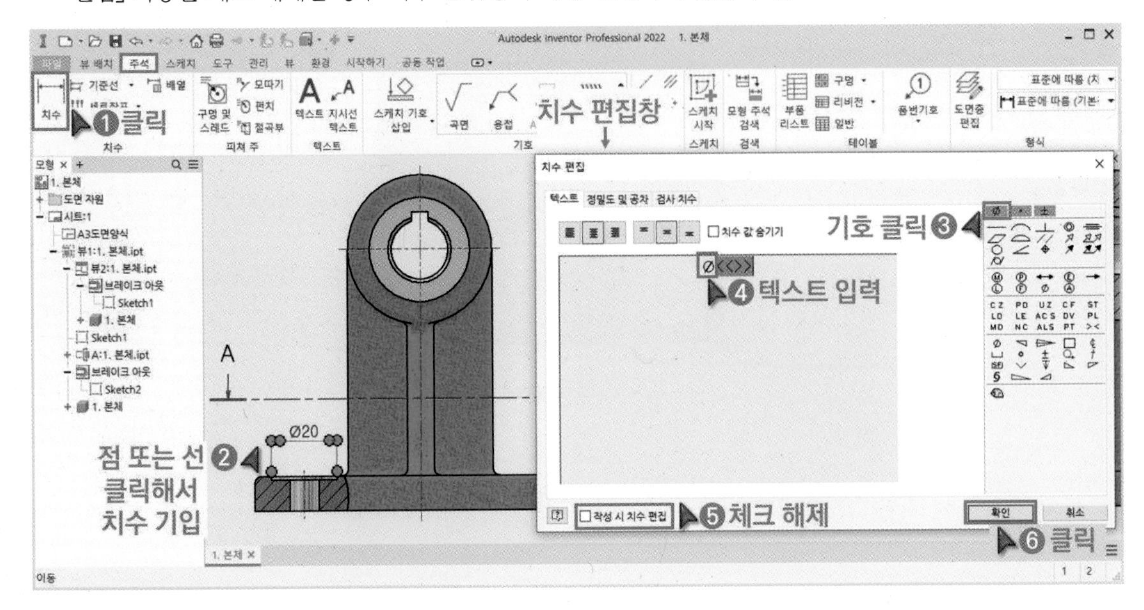

2 연습도면을 참고해서 치수를 기입합니다. 편집해야 하는 치수는 더블 클릭합니다. 정밀도 및 공차 탭에서 공차의 유형, 값, 단위를 선택해서 공차를 기입합니다.

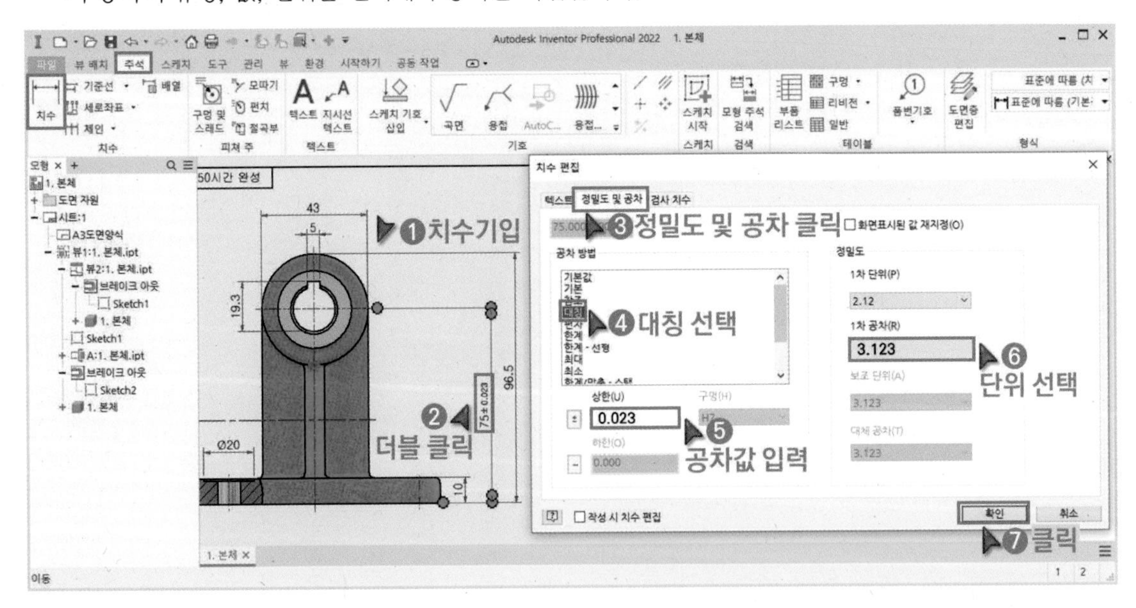

3 편집할 치수를 더블 클릭합니다. 공차의 유형, 값, 단위를 선택해서 공차를 기입합니다.

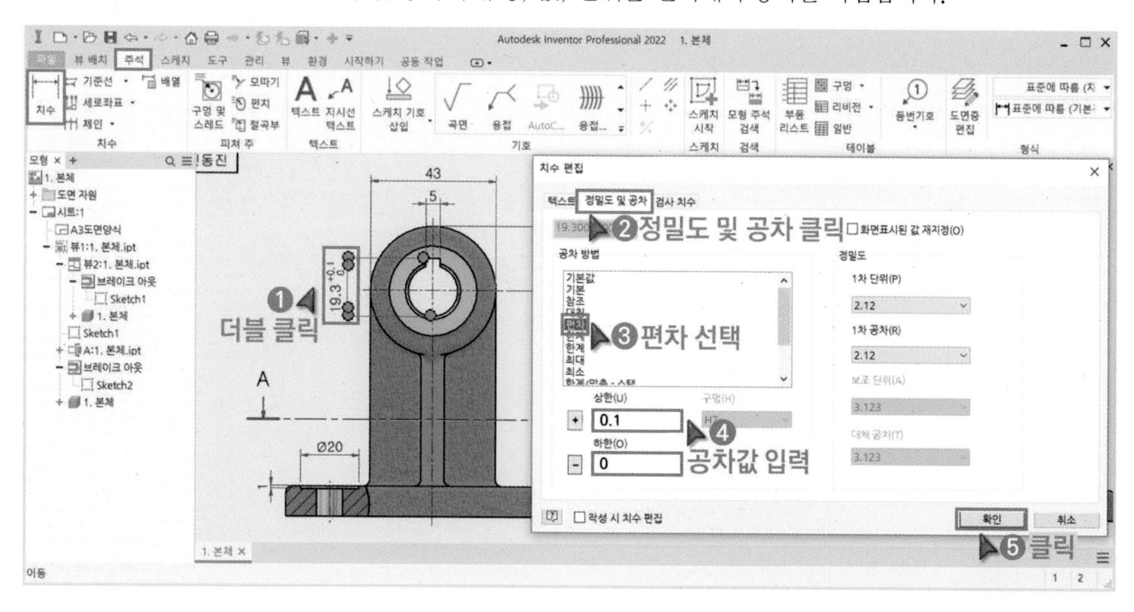

4 치수 기입 시 우클릭해서 치수의 유형을 변경합니다.

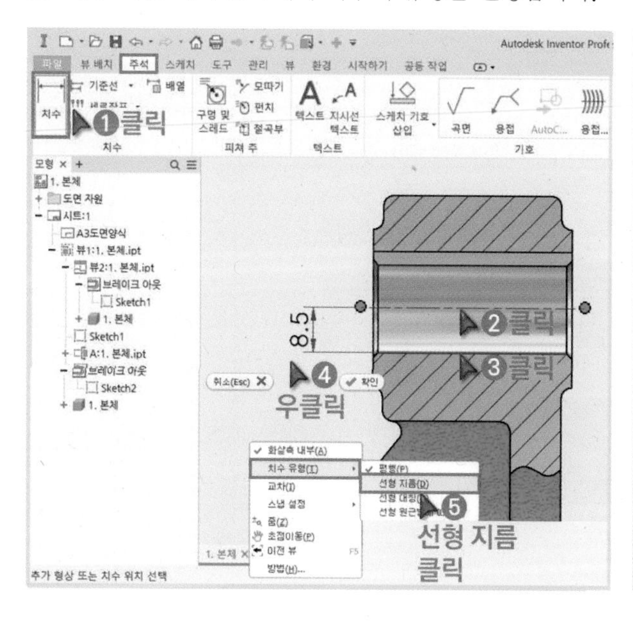

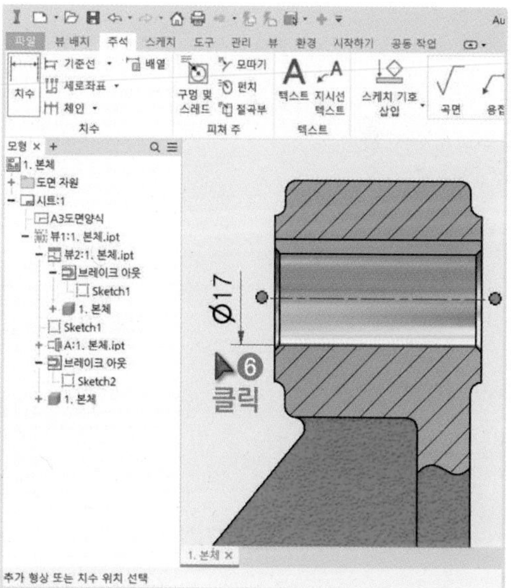

5 치수를 더블 클릭하고 끼워맞춤공차를 입력합니다.

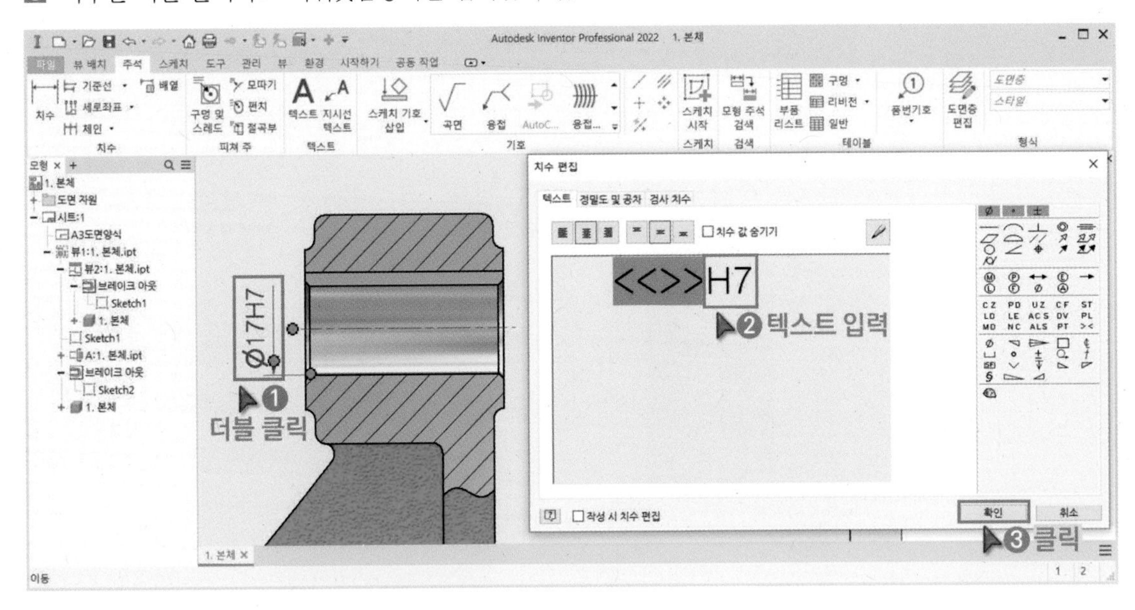

6 붙임 자료 「연습도면7. 2열 V벨트 유동장치」를 참고해서 나머지 치수를 기입합니다.

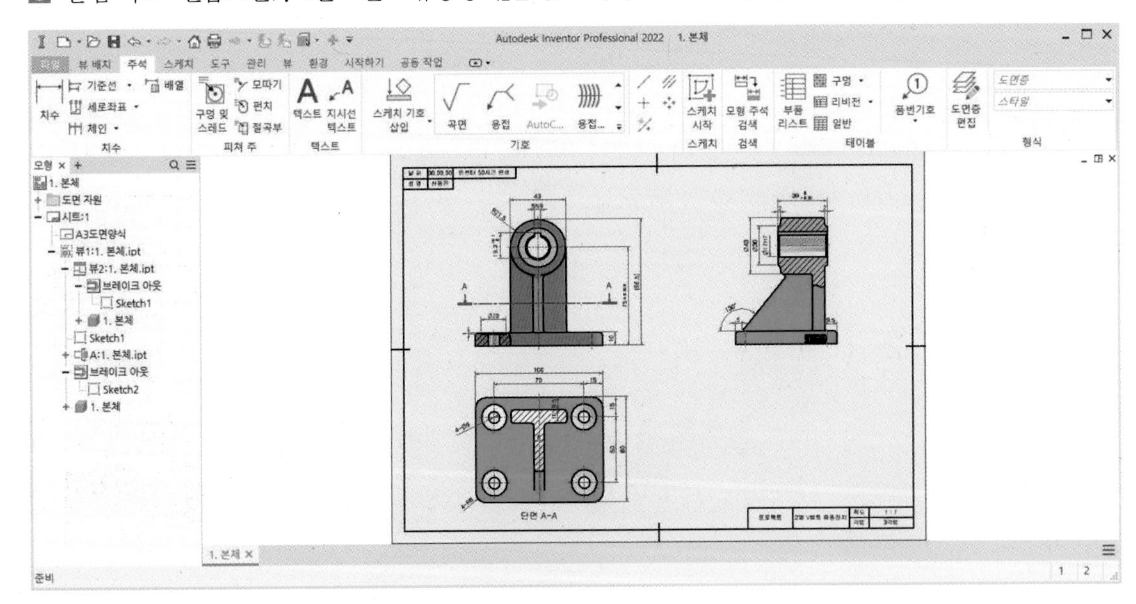

6 표면거칠기 기호 기입 중요 Point 실습 Point

1 주석 도구모음의 「 곡면」을 클릭합니다. 치수보조선을 더블 클릭해서 표면거칠기 기호의 위치를 지정합니다. 기호의 유형을 선택하고 텍스트를 입력합니다.

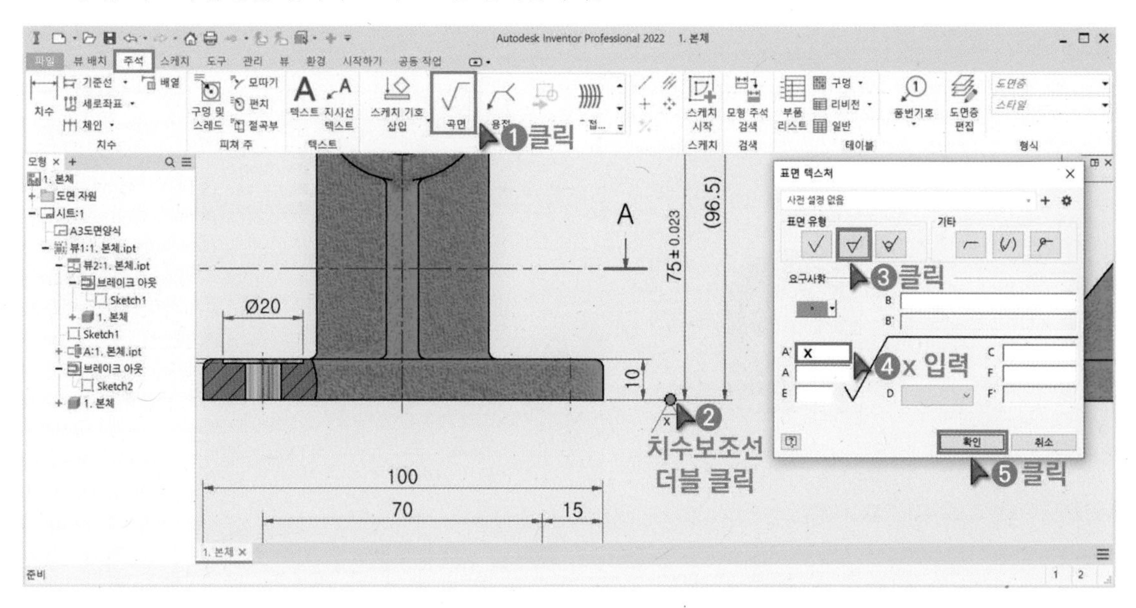

2 도면의 상단 중앙에 표면거칠기 기호를 기입합니다. 표면거칠기 기호를 선택하고 스타일을 「표면 텍스처 5.0」으로 변경합니다.

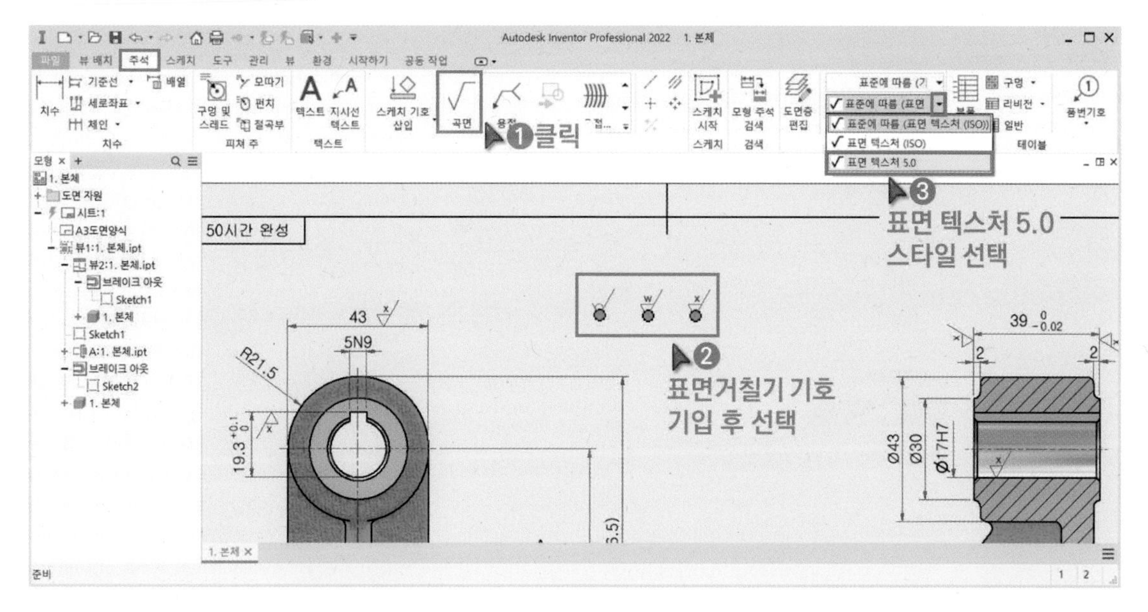

3 표면거칠기 기호를 선택하고 도면층을「외형선(ISO)」로 변경합니다.

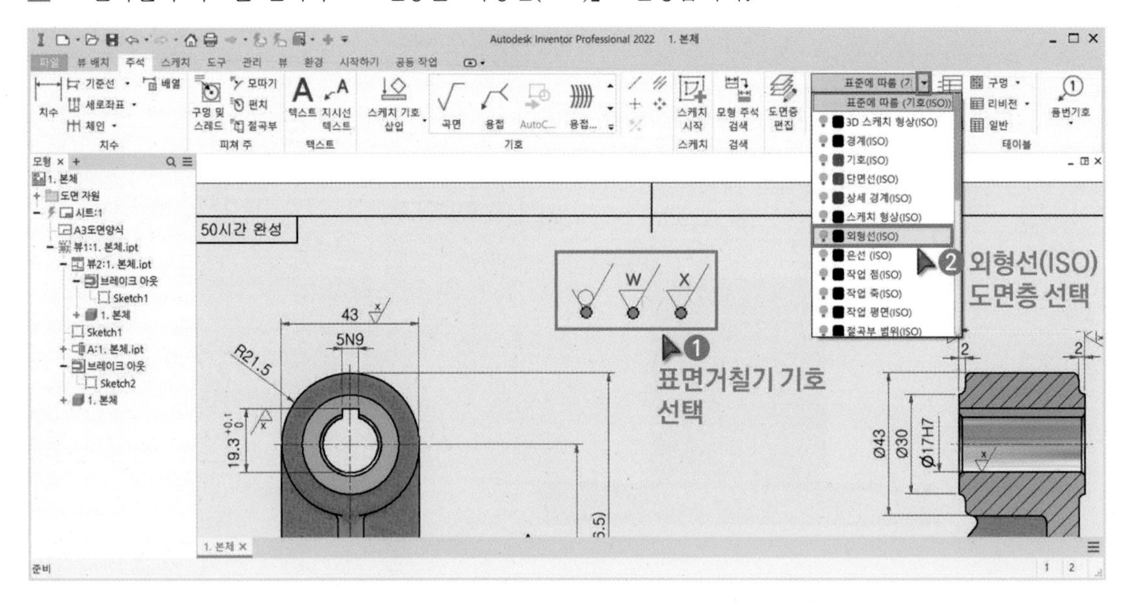

4 「스케치 시작」을 클릭하고 임의의 지점을 클릭합니다. 원, 문자, 호, 선 등을 작성합니다.

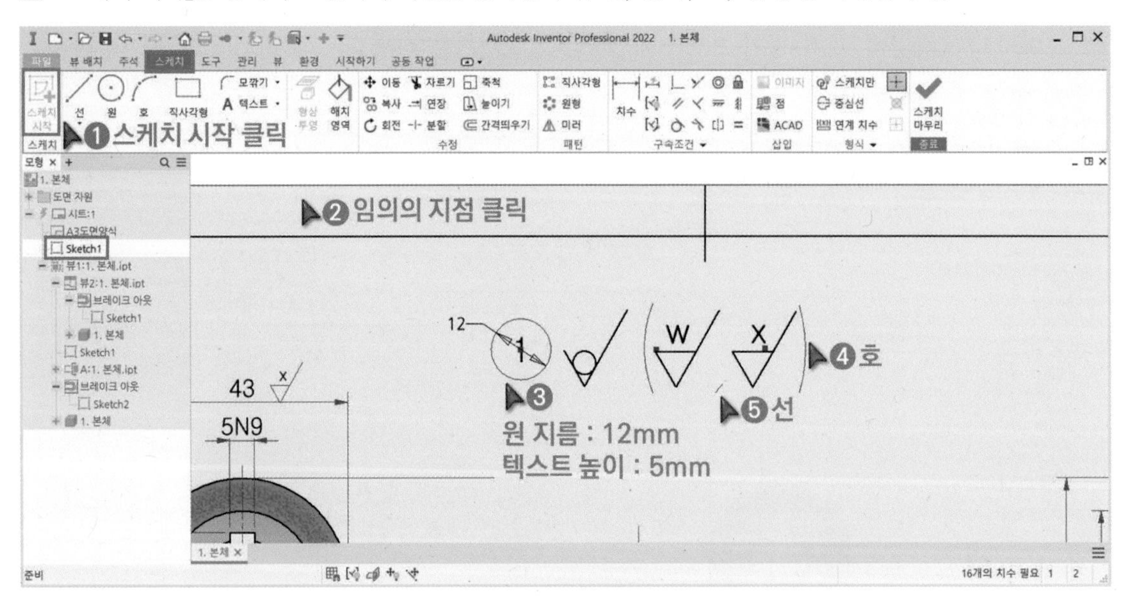

5 작성한 스케치를 선택하고 도면층을 「외형선(ISO)」로 변경합니다.

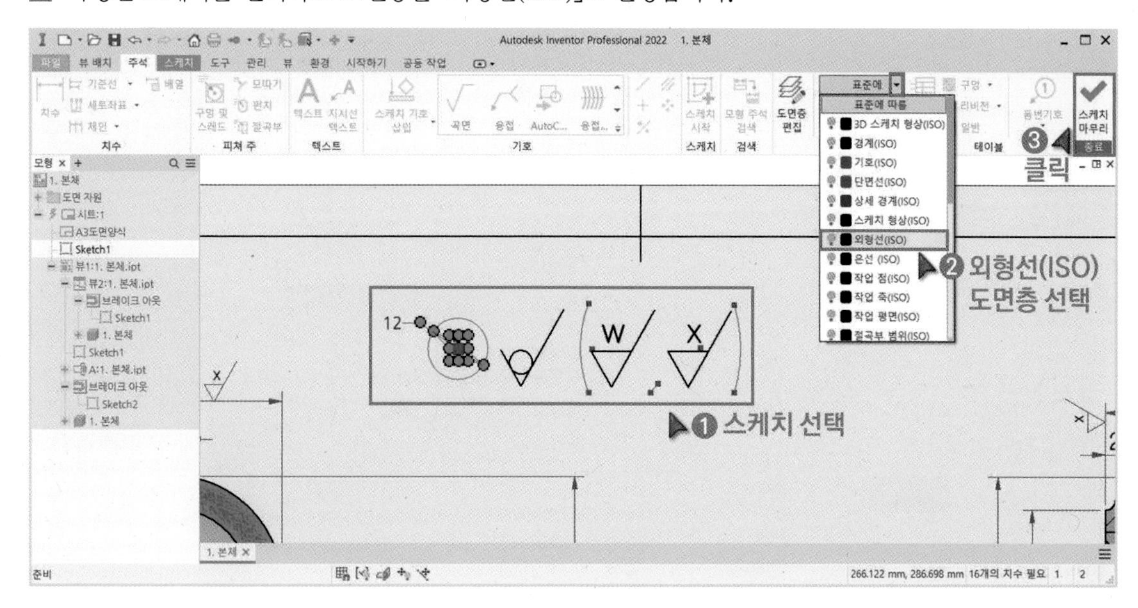

6 붙임 자료 「연습도면7. 2열 V벨트 유동장치」를 참고해서 나머지 표면거칠기 기호를 기입합니다.

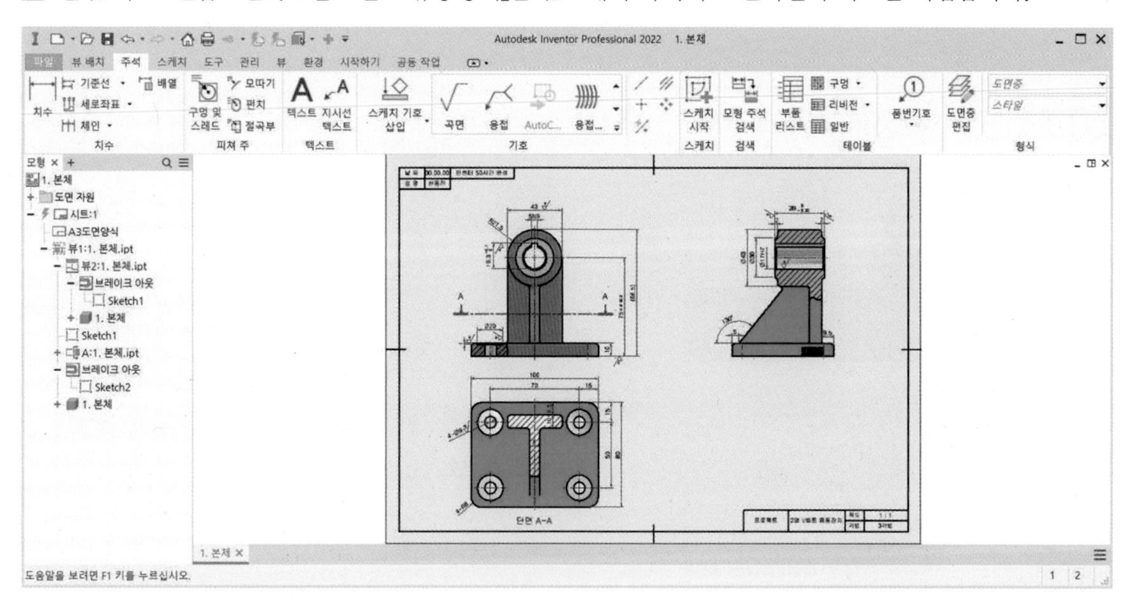

7 기하공차 기입 중요 Point 실습 Point

1 주석 도구모음의「A 데이텀」을 클릭합니다. 치수보조선을 클릭하고 데이텀의 위치를 지정합니다. 데이텀을 입력합니다.

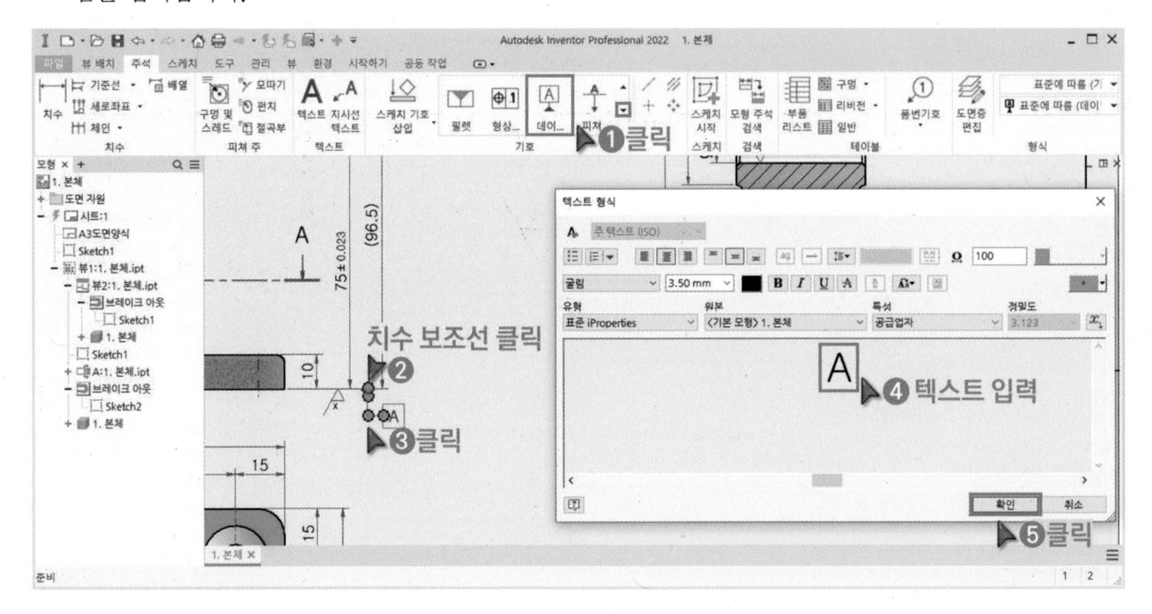

2 데이텀의 끝점을 드래그해서 위치를 변경합니다.

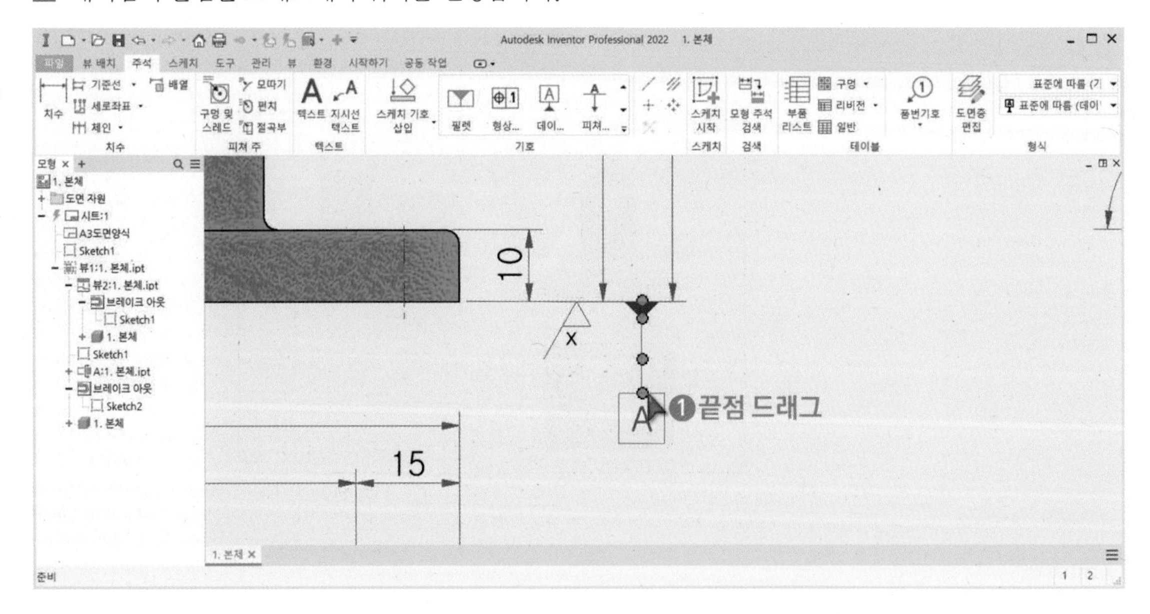

③ 「⊕.1 기하공차」를 클릭합니다. 치수선의 화살표 끝을 클릭합니다. Ctrl 키를 누른 상태에서 움직이면 수직 또는 수평 위치로 기하공차를 기입할 수 있습니다. 기하공차의 기호, 공차값, 데이텀을 입력합니다.

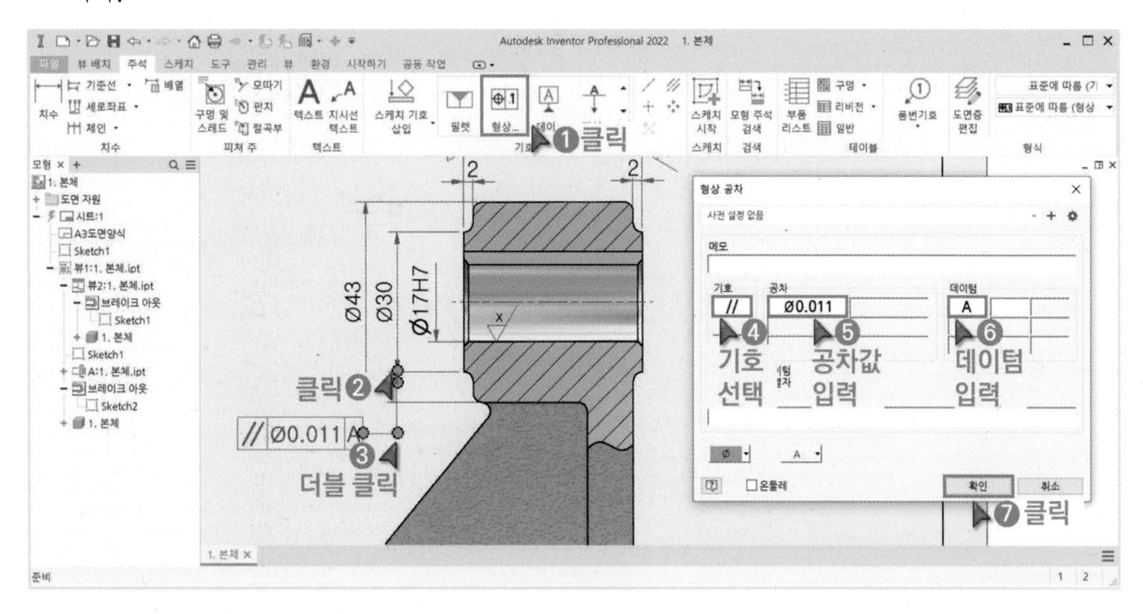

④ 붙임 자료「연습도면7. 2열 V벨트 유동장치」를 참고해서 나머지 기하공차를 기입합니다.

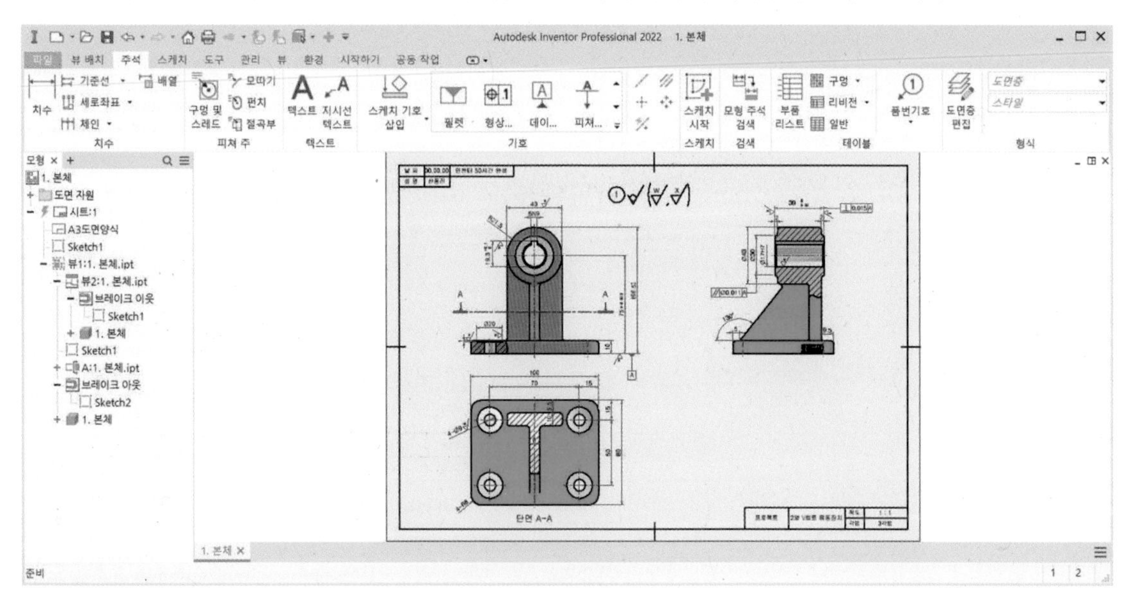

8 주서 기입 중요 Point 실습 Point

1 주석 도구모음의「텍스트」를 클릭합니다. 본체에 관한 정보를 주서로 작성합니다.

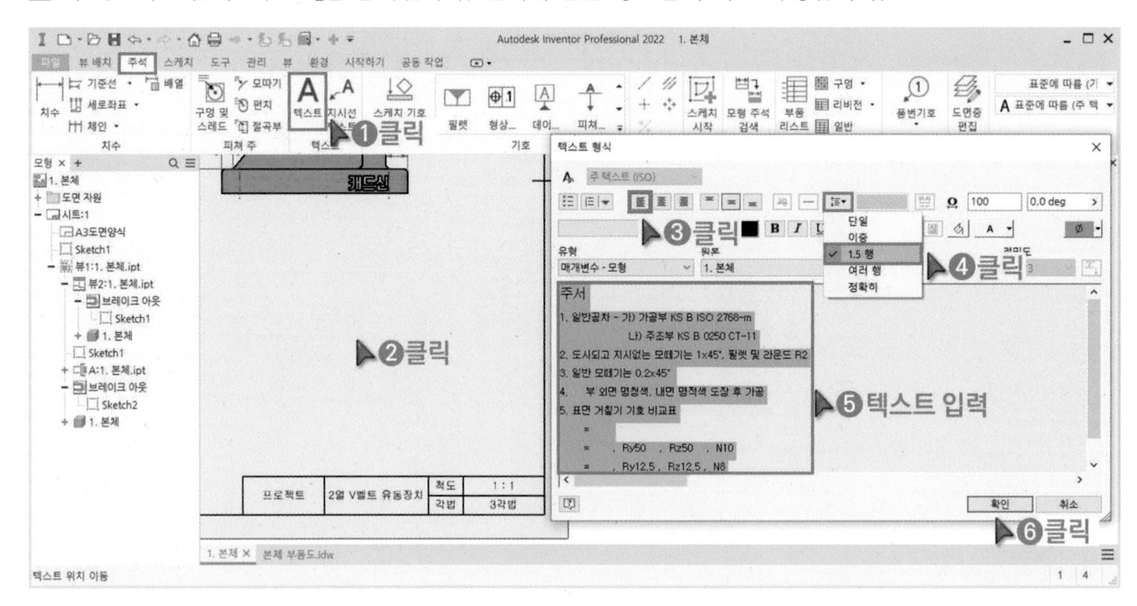

2 주서에 표면거칠기 기호를 기입합니다.

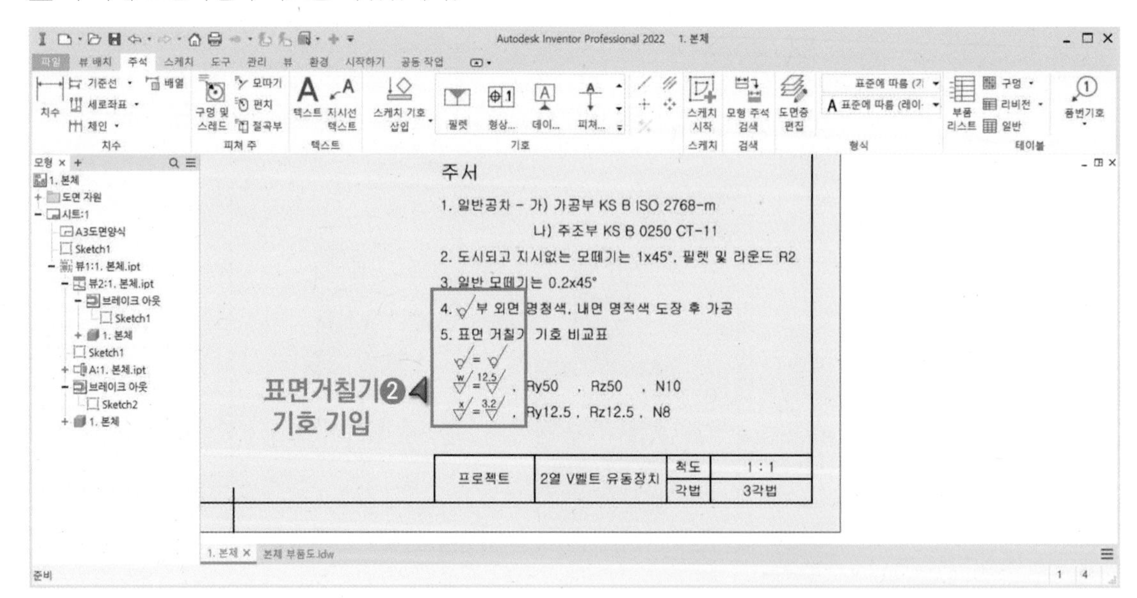

9 부품리스트 삽입 중요 Point 실습 Point

1 「부품 리스트」를 클릭합니다. 뷰를 클릭해서 부품 리스트를 생성합니다.

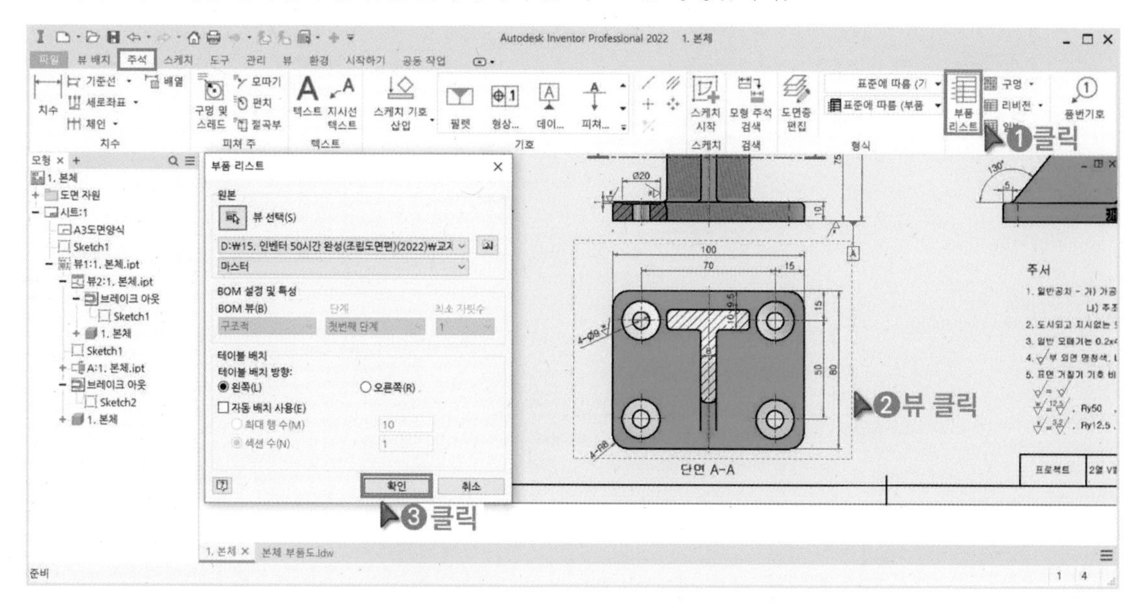

2 부품 리스트의 위치를 지정하고 품번과 재질을 입력합니다.

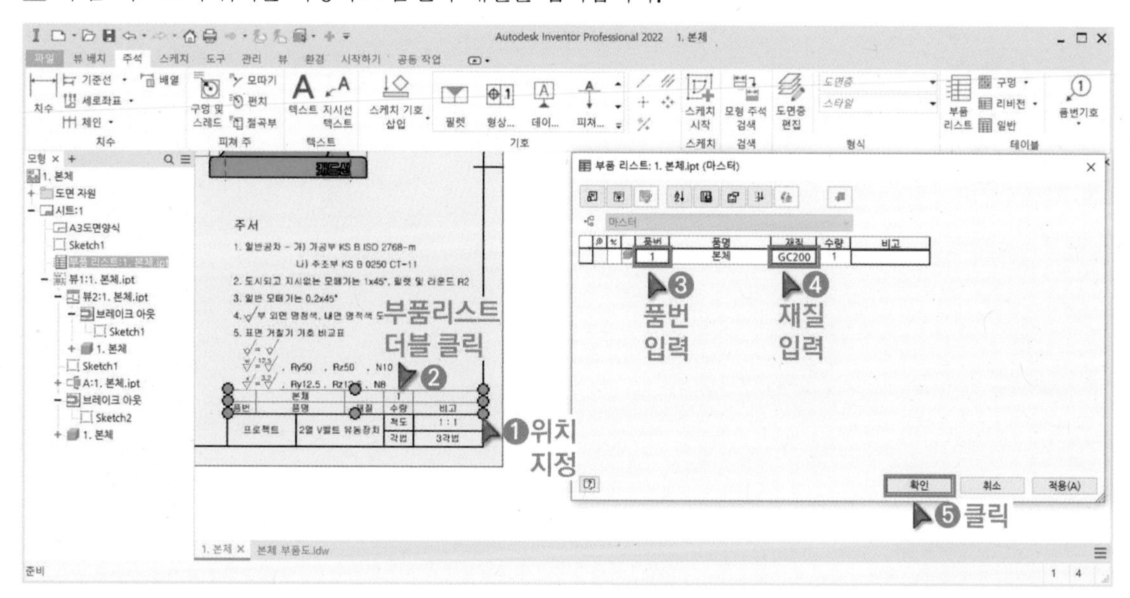

3 주서, 표면거칠기 기호, 부품 리스트의 도면층은「좁은 외형선(ISO)」로 변경합니다.

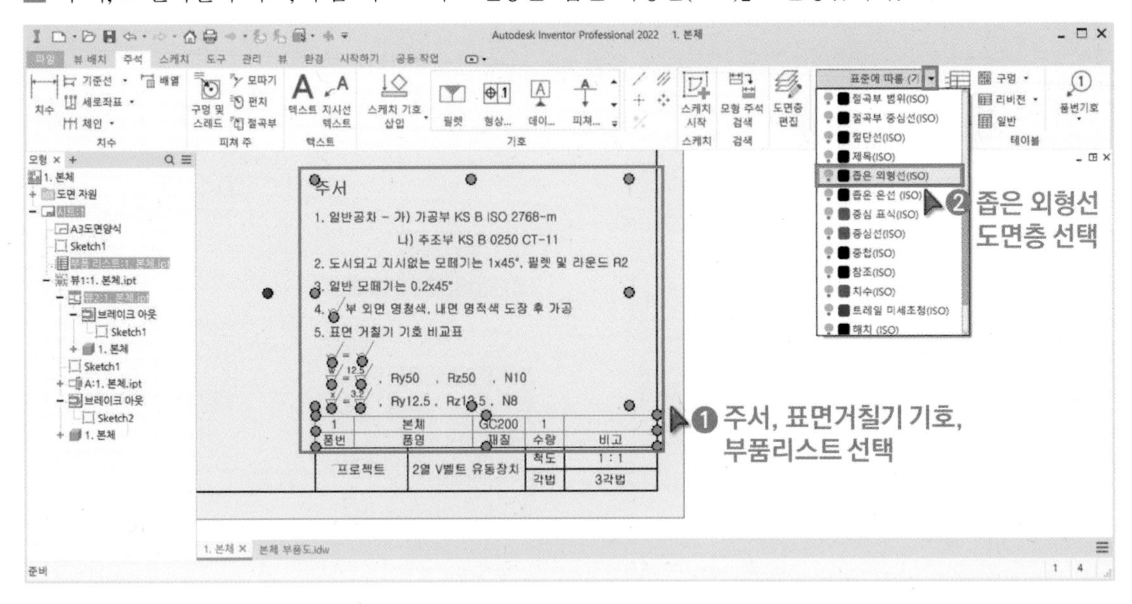

4 작업트리의 내용을 확인하고 완성한 도면을 저장합니다.

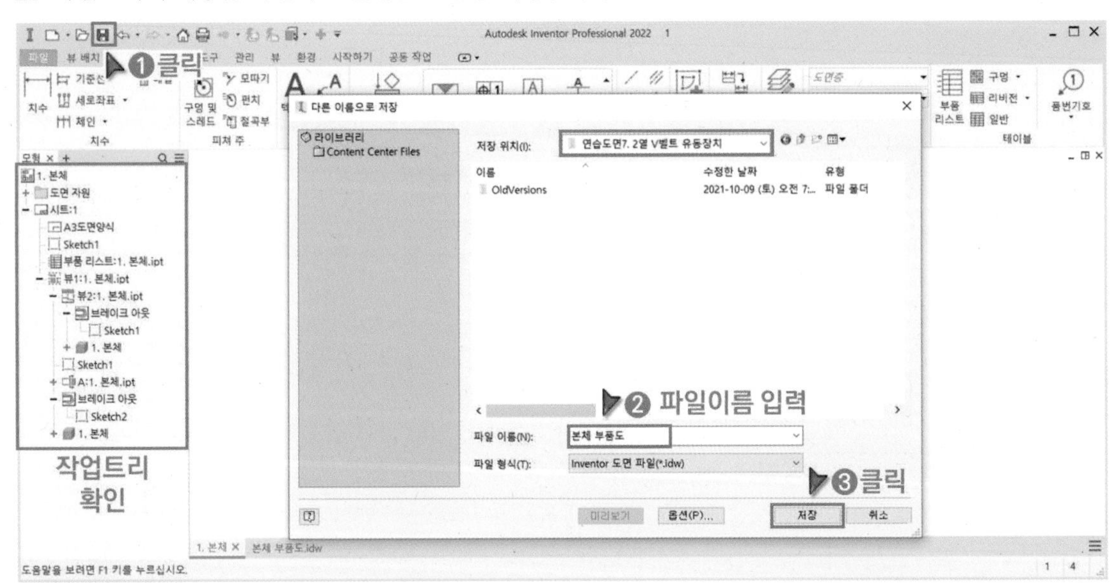

〈 붙임 〉 규격품 경로

연습도면4. 도어 가이드			
품번	품명	규격	컨텐츠 센터 경로
4	육각 너트	M3	조임쇠 〉 너트 〉 6각 〉 KS B 1012 모따기 안된 미터 〉 M3
5	깊은 홈 볼 베어링	683	샤프트 부품 〉 베어링 〉 볼 베어링 〉 깊은 그루브 볼 베어링 〉 KS B 2023 〉 683
6	둥근머리 육각 렌치 볼트	M3x16L	조임쇠 〉 볼트 〉 둥근 머리 〉 ISO 7380-1 〉 M3x16L

연습도면5. 바이스 조립품			
품번	품명	규격	컨텐츠 센터 경로
8	핀	4x32L	조임쇠 〉 핀 〉 원통형 〉 KS B 1320 A 〉 4x32L
9	핀	2x12L	조임쇠 〉 핀 〉 원통형 〉 KS B 1320 A 〉 2x12L
10	육각 구멍붙이 볼트	M4x8L	조임쇠 〉 볼트 〉 소켓머리 〉 KS B 1003 미터 〉 M4x8L
11	육각 구멍붙이 볼트	M4x16L	조임쇠 〉 볼트 〉 소켓머리 〉 KS B 1003 미터 〉 M4x16L

연습도면6. 글로브 밸브			
품번	품명	규격	컨텐츠 센터 경로
11	육각 머리 볼트	M12x50L	조임쇠 〉 볼트 〉 6각 머리 〉 KS B 1002 A-미터 〉 M12x50L
12	육각 머리 볼트	M20x50L	조임쇠 〉 볼트 〉 6각 머리 〉 KS B 1002 A+B-미터 〉 M20x50L
13	육각 너트	M20	조임쇠 〉 너트 〉 6각 〉 KS B 1012 스타일3 다듬질 〉 M20
14	육각 너트	M27	조임쇠 〉 너트 〉 6각 〉 KS B 1012 스타일3 다듬질 〉 M27

연습도면7. 2열 V벨트 유동장치			
품번	품명	규격	컨텐츠 센터 경로
5	평행키	5x5x18L	샤프트 부품 〉 키 〉 키-기계 〉 둥근 〉 KS B 1311(I) 〉 샤프트 지름 12-17, 5x5x18L
6	깊은 홈 볼 베어링	6203	샤프트 부품 〉 베어링 〉 볼 베어링 〉 깊은 그루브 볼 베어링 〉 KS B 2023 〉 6203
7	축용 C형 멈춤링	17x1	샤프트 부품 〉 써클립 〉 외부 〉 KS B 1336 〉 샤프트지름 17
8	구멍용 C형 멈춤링	40x1.8	샤프트 부품 〉 써클립 〉 내부 〉 KS B 1336 〉 구멍지름 40
9	로크 너트	AN03,M17x1	샤프트 부품 〉 잠금 너트 〉 KS B 2004 〉 AN03
10	로크 와셔	AW03	샤프트 부품 〉 스러스트 와셔 〉 JIS B 1554 X 〉 AW03X

연습도면8. 동력전달장치			
품번	품명	규격	컨텐츠 센터 경로
7	평행키	4x4x12L	샤프트 부품 〉 키 〉 키-기계 〉 둥근 〉 KS B 1311(I) 〉 샤프트 지름 10-12, 4x4x12L
8	평행키	4x4x14L	샤프트 부품 〉 키 〉 키-기계 〉 둥근 〉 KS B 1311(I) 〉 샤프트 지름 10-12, 4x4x14L
9	깊은 홈 볼 베어링	6202	샤프트 부품 〉 베어링 〉 볼 베어링 〉 깊은 그루브 볼 베어링 〉 KS B 2023 〉 6202
10	평와셔	M12	조임쇠 〉 와셔 〉 플레인 〉 KS B 1326 〉 호칭지름 12, Regular Circular
11	육각 너트	M12	조임쇠 〉 너트 〉 6각 〉 KS B 1012 스타일3 다듬질 〉 M12
12	육각 구멍붙이 볼트	M4x10L	조임쇠 〉 볼트 〉 소켓머리 〉 KS B 1003 미터 〉 M4x10L
13	오일실	15x25x4	샤프트 부품 〉 실링 〉 립실 〉 JIS B 2402(첫번째) 〉 15x25x4, 재질A
14	그리스 니플	M6x0.75	기타 부품 〉 그리스 부속품 〉 JIS B 1575 A-미터 〉 M6x0.75

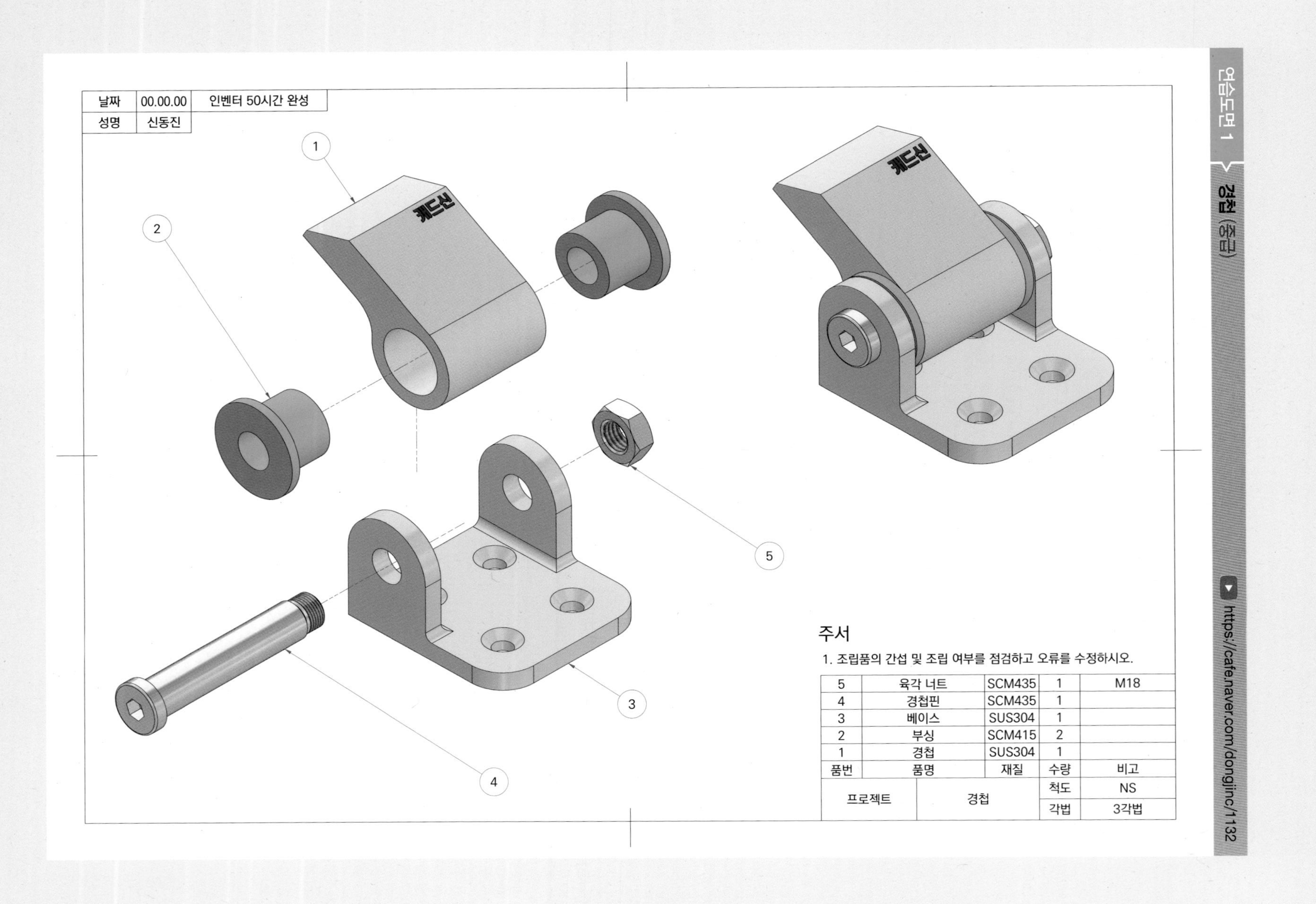
날짜 00.00.00 인벤터 50시간 완성
성명 신동진
1
2
3
4
5
캐드신
주서
1. 조립품의 간섭 및 조립 여부를 점검하고 오류를 수정하시오.
5 육각 너트 SCM435 1 M18
4 경첩핀 SCM435 1
3 베이스 SUS304 1
2 부싱 SCM415 2
1 경첩 SUS304 1
품번 품명 재질 수량 비고
프로젝트 경첩 척도 NS
각법 3각법

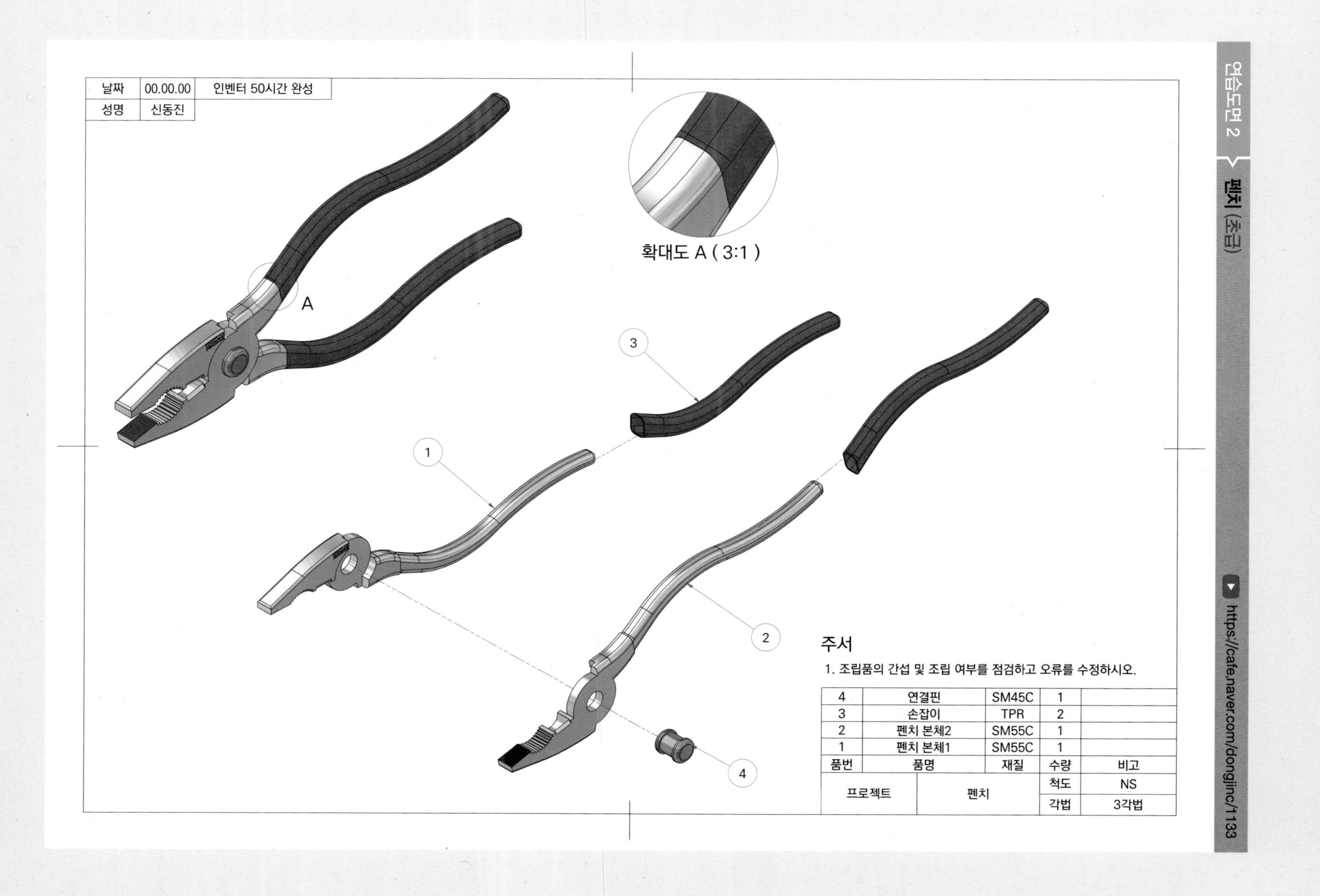

날짜 00.00.00 인벤터 50시간 완성
성명 신동진
확대도 A (3:1)
A
1
2
3
4
주서
1. 조립품의 간섭 및 조립 여부를 점검하고 오류를 수정하시오.
4 연결핀 SM45C 1
3 손잡이 TPR 2
2 펜치 본체2 SM55C 1
1 펜치 본체1 SM55C 1
품번 품명 재질 수량 비고
프로젝트 펜치 척도 NS
각법 3각법

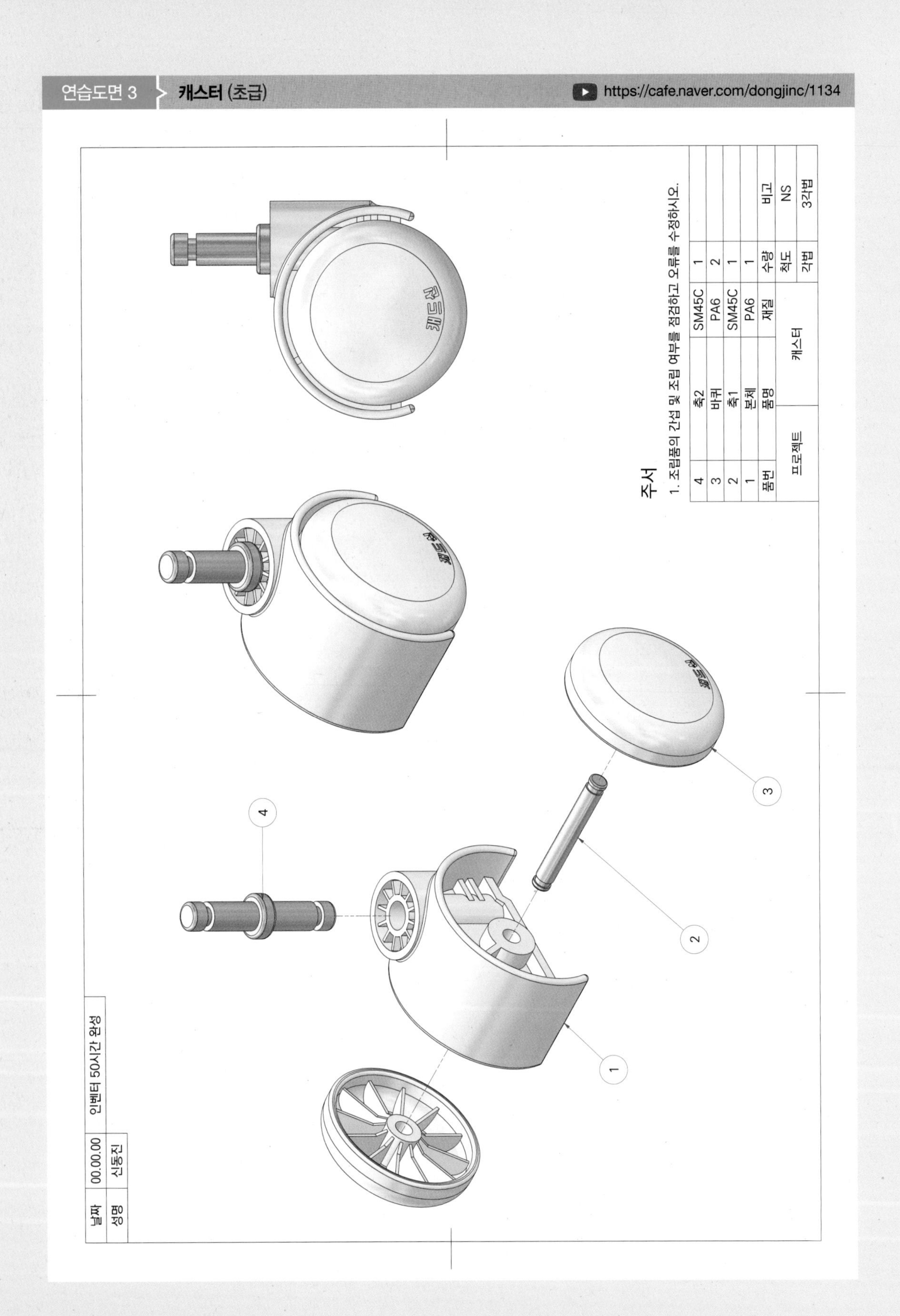
주서
1. 조립품의 간섭 및 조립 여부를 점검하고 오류를 수정하시오.
4 축2 SM45C 1
3 바퀴 PA6 2
2 축1 SM45C 1
1 본체 PA6 1
품번 품명 재질 수량 비고
프로젝트 캐스터 척도 NS
각법 3각법
날짜 00.00.00 인벤터 50시간 완성
성명 신동진
캐드신
1
2
3
4

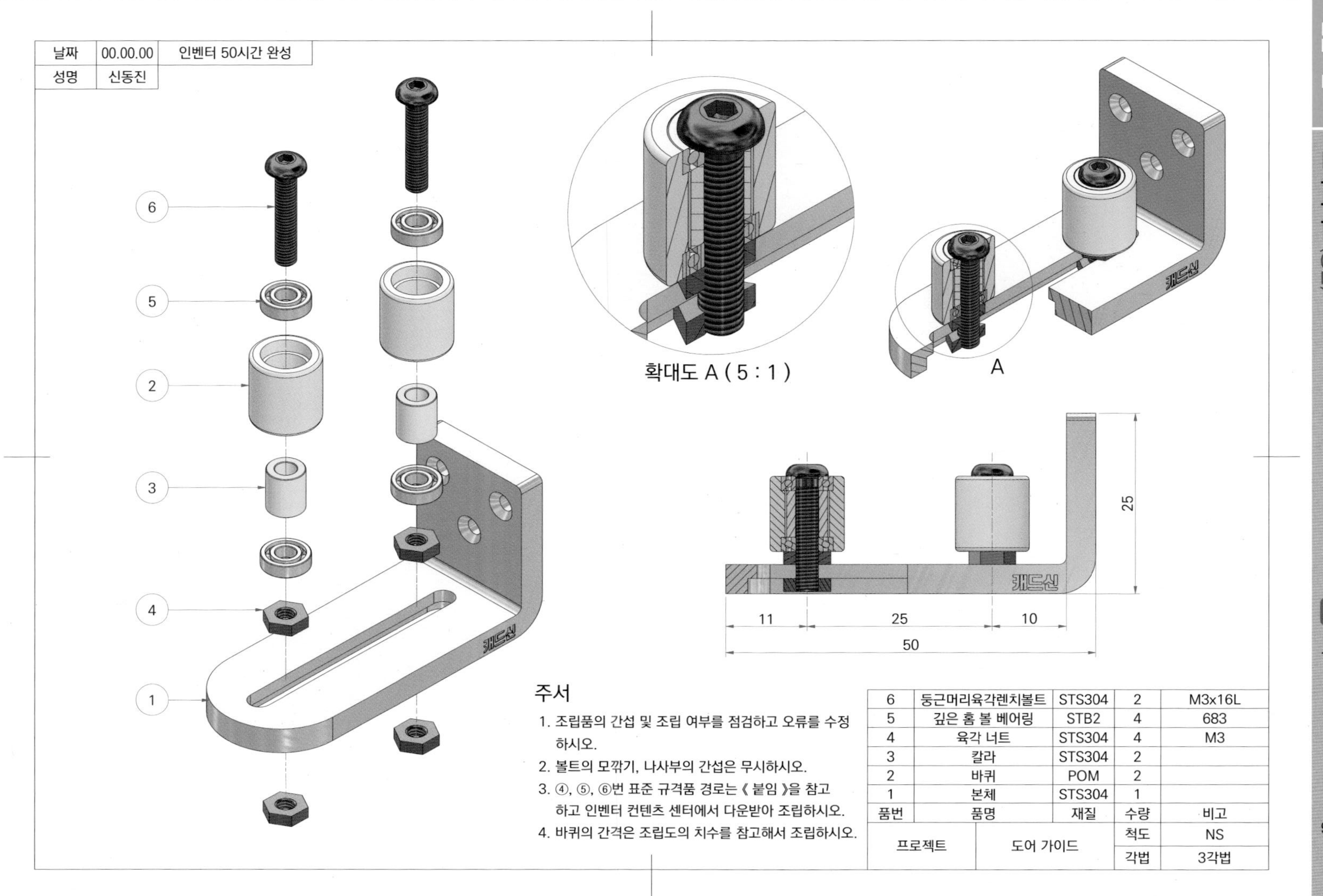

날짜 00.00.00 인벤터 50시간 완성
성명 신동진
6
5
2
3
4
1
확대도 A (5 : 1)
A
캐드신
25
11
25
10
50
주서
1. 조립품의 간섭 및 조립 여부를 점검하고 오류를 수정하시오.
2. 볼트의 모깎기, 나사부의 간섭은 무시하시오.
3. ④, ⑤, ⑥번 표준 규격품 경로는 《 붙임 》을 참고하고 인벤터 컨텐츠 센터에서 다운받아 조립하시오.
4. 바퀴의 간격은 조립도의 치수를 참고해서 조립하시오.
6 둥근머리육각렌치볼트 STS304 2 M3x16L
5 깊은 홈 볼 베어링 STB2 4 683
4 육각 너트 STS304 4 M3
3 칼라 STS304 2
2 바퀴 POM 2
1 본체 STS304 1
품번 품명 재질 수량 비고
프로젝트 도어 가이드 척도 NS
각법 3각법

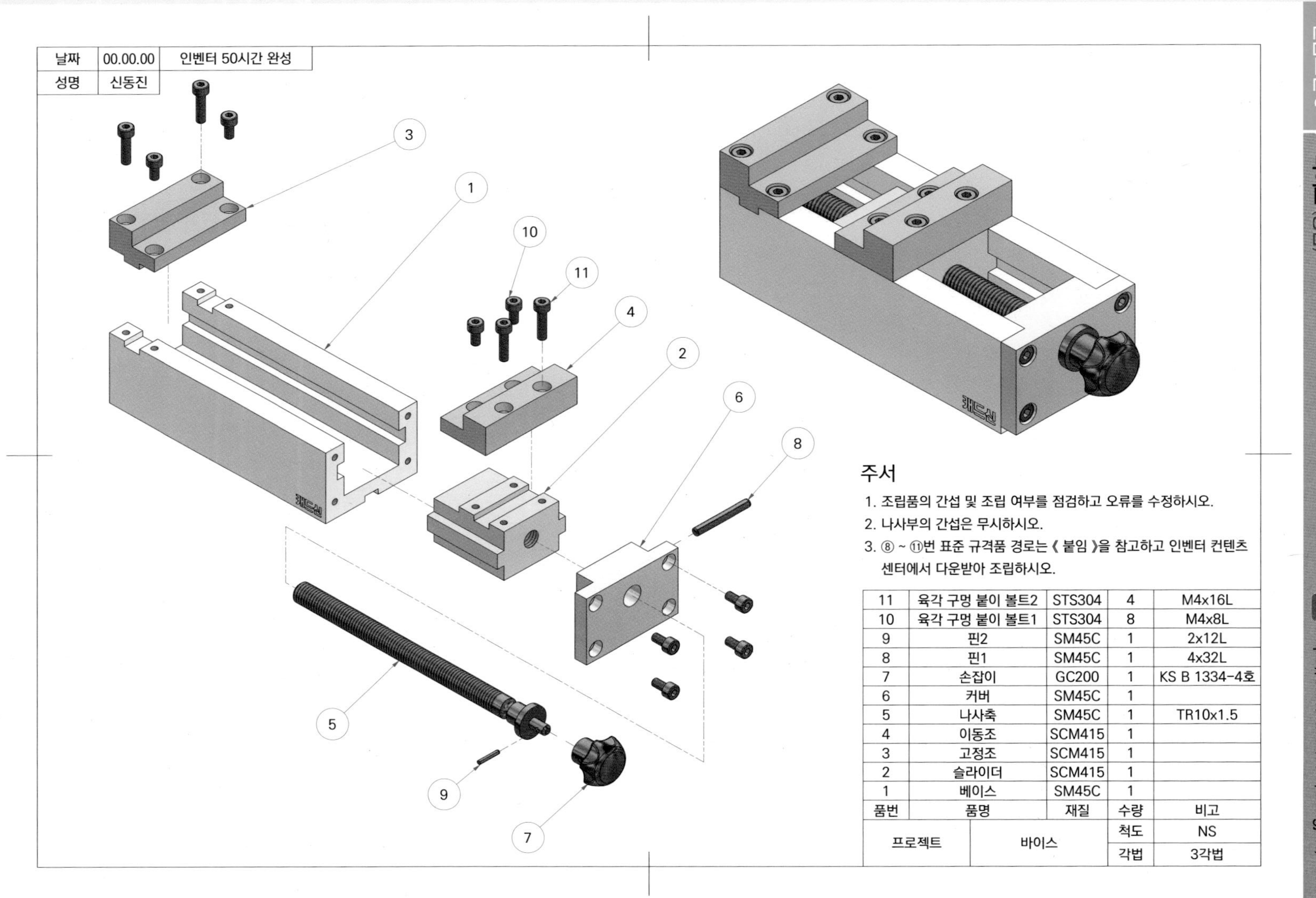

주서

1. 조립품의 간섭 및 조립 여부를 점검하고 오류를 수정하시오.
2. 나사부의 간섭은 무시하시오.
3. ⑧ ~ ⑪번 표준 규격품 경로는 《 붙임 》을 참고하고 인벤터 컨텐츠 센터에서 다운받아 조립하시오.

품번	품명	재질	수량	비고
11	육각 구멍 붙이 볼트2	STS304	4	M4x16L
10	육각 구멍 붙이 볼트1	STS304	8	M4x8L
9	핀2	SM45C	1	2x12L
8	핀1	SM45C	1	4x32L
7	손잡이	GC200	1	KS B 1334-4호
6	커버	SM45C	1	
5	나사축	SM45C	1	TR10x1.5
4	이동조	SCM415	1	
3	고정조	SCM415	1	
2	슬라이더	SCM415	1	
1	베이스	SM45C	1	
프로젝트	바이스		척도	NS
			각법	3각법

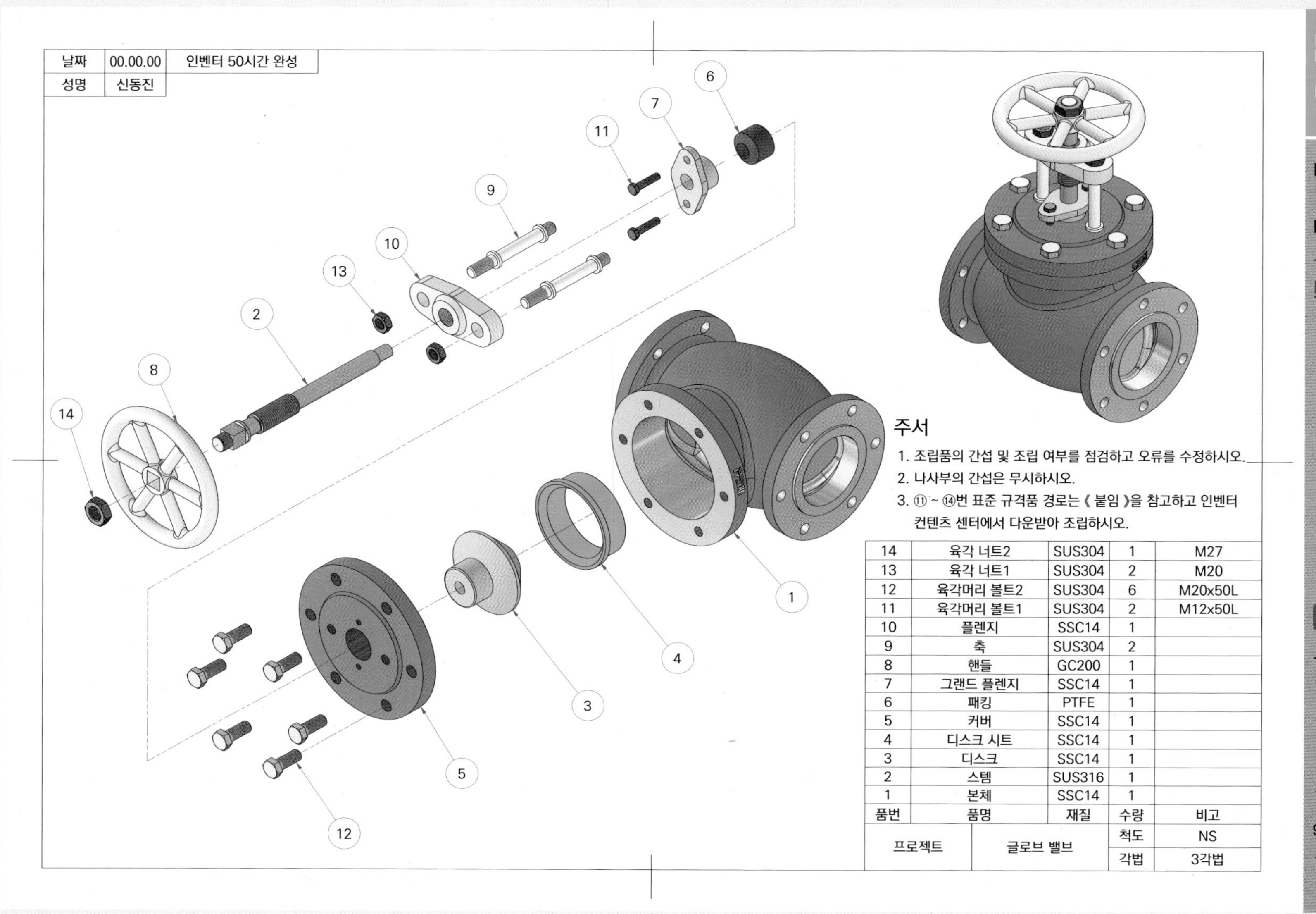

품번	품명	재질	수량	비고
14	육각 너트2	SUS304	1	M27
13	육각 너트1	SUS304	2	M20
12	육각머리 볼트2	SUS304	6	M20x50L
11	육각머리 볼트1	SUS304	2	M12x50L
10	플렌지	SSC14	1	
9	축	SUS304	2	
8	핸들	GC200	1	
7	그랜드 플렌지	SSC14	1	
6	패킹	PTFE	1	
5	커버	SSC14	1	
4	디스크 시트	SSC14	1	
3	디스크	SSC14	1	
2	스템	SUS316	1	
1	본체	SSC14	1	
프로젝트	글로브 밸브		척도	NS
			각법	3각법

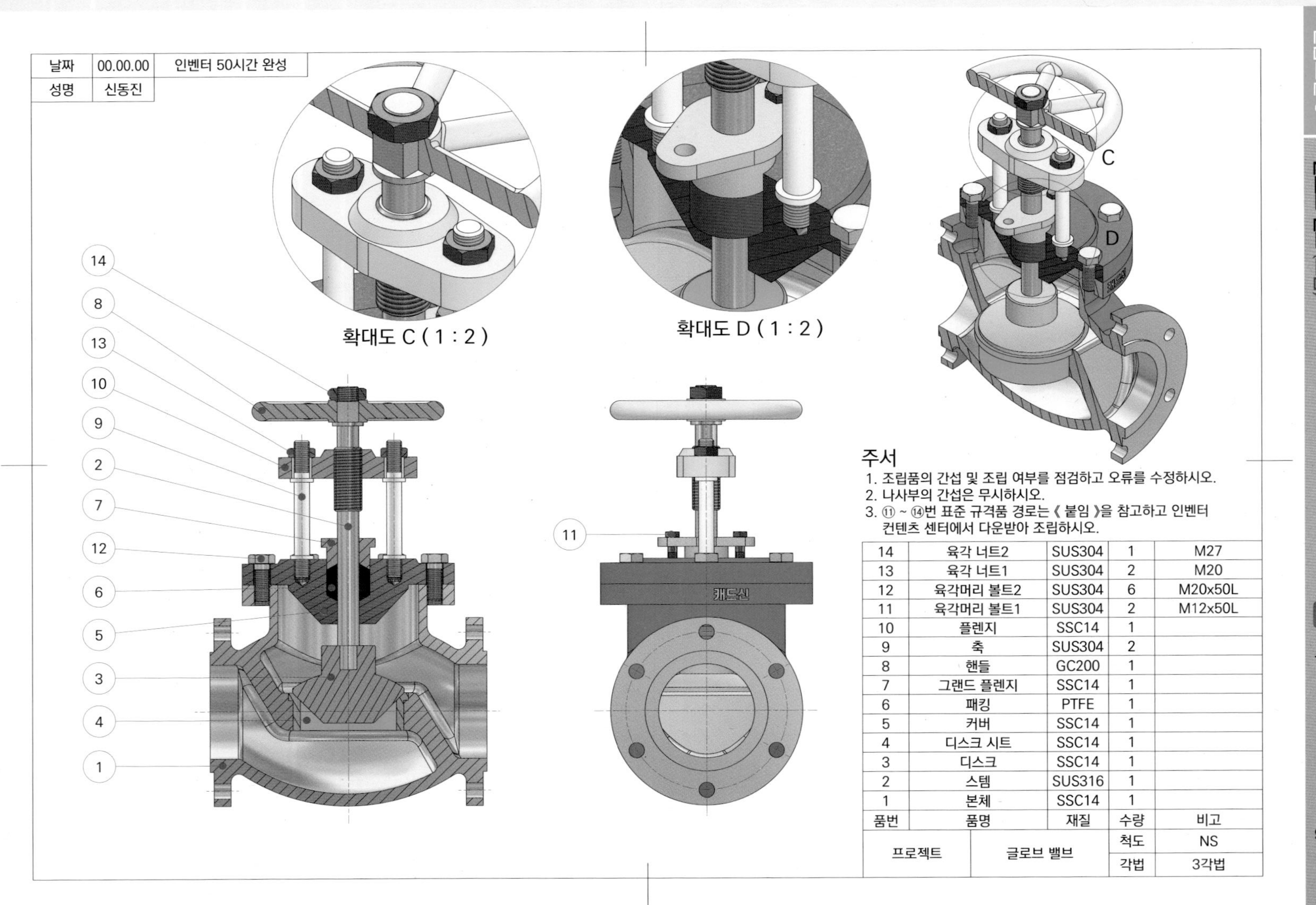

품번	품명	재질	수량	비고
14	육각 너트2	SUS304	1	M27
13	육각 너트1	SUS304	2	M20
12	육각머리 볼트2	SUS304	6	M20x50L
11	육각머리 볼트1	SUS304	2	M12x50L
10	플렌지	SSC14	1	
9	축	SUS304	2	
8	핸들	GC200	1	
7	그랜드 플렌지	SSC14	1	
6	패킹	PTFE	1	
5	커버	SSC14	1	
4	디스크 시트	SSC14	1	
3	디스크	SSC14	1	
2	스템	SUS316	1	
1	본체	SSC14	1	
프로젝트	글로브 밸브		척도	NS
			각법	3각법

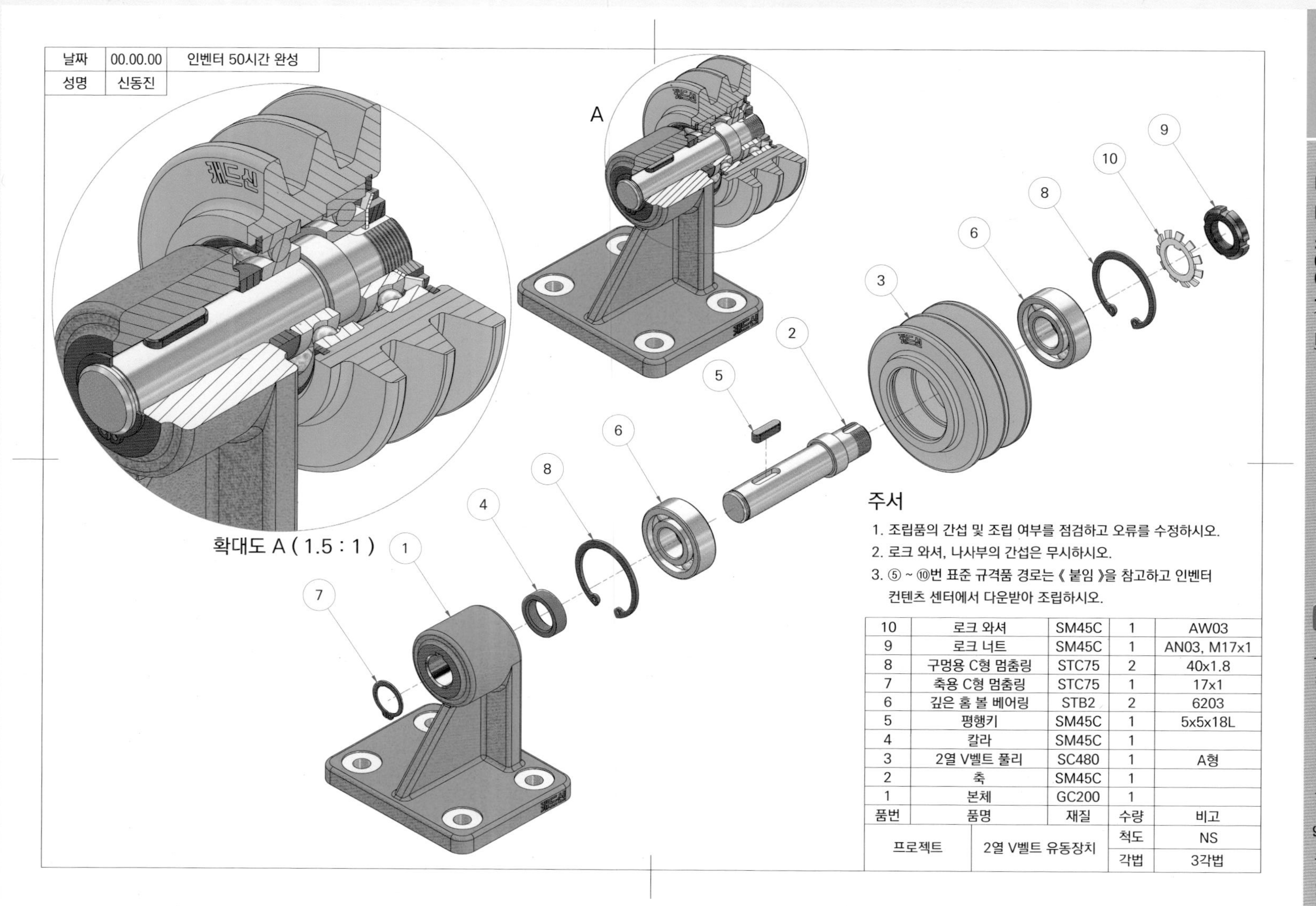

주서

1. 조립품의 간섭 및 조립 여부를 점검하고 오류를 수정하시오.
2. 로크 와셔, 나사부의 간섭은 무시하시오.
3. ⑤ ~ ⑩번 표준 규격품 경로는《 붙임 》을 참고하고 인벤터 컨텐츠 센터에서 다운받아 조립하시오.

10	로크 와셔	SM45C	1	AW03
9	로크 너트	SM45C	1	AN03, M17x1
8	구멍용 C형 멈춤링	STC75	2	40x1.8
7	축용 C형 멈춤링	STC75	1	17x1
6	깊은 홈 볼 베어링	STB2	2	6203
5	평행키	SM45C	1	5x5x18L
4	칼라	SM45C	1	
3	2열 V벨트 풀리	SC480	1	A형
2	축	SM45C	1	
1	본체	GC200	1	
품번	품명	재질	수량	비고
프로젝트	2열 V벨트 유동장치		척도	NS
			각법	3각법

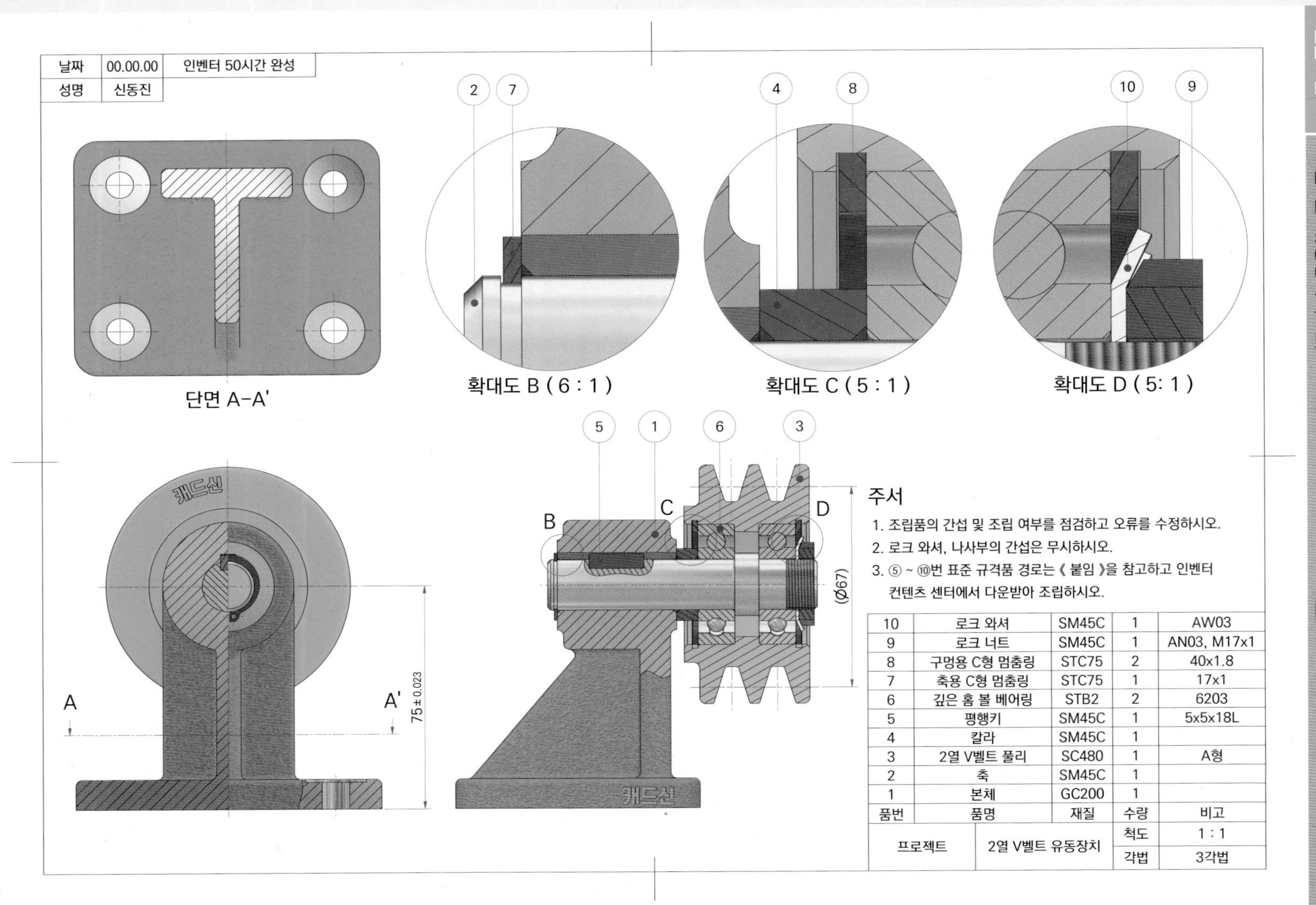

10	로크 와셔	SM45C	1	AW03
9	로크 너트	SM45C	1	AN03, M17x1
8	구멍용 C형 멈춤링	STC75	2	40x1.8
7	축용 C형 멈춤링	STC75	1	17x1
6	깊은 홈 볼 베어링	STB2	2	6203
5	평행키	SM45C	1	5x5x18L
4	칼라	SM45C	1	
3	2열 V벨트 풀리	SC480	1	A형
2	축	SM45C	1	
1	본체	GC200	1	
품번	품명	재질	수량	비고
프로젝트	2열 V벨트 유동장치		척도	1 : 1
			각법	3각법

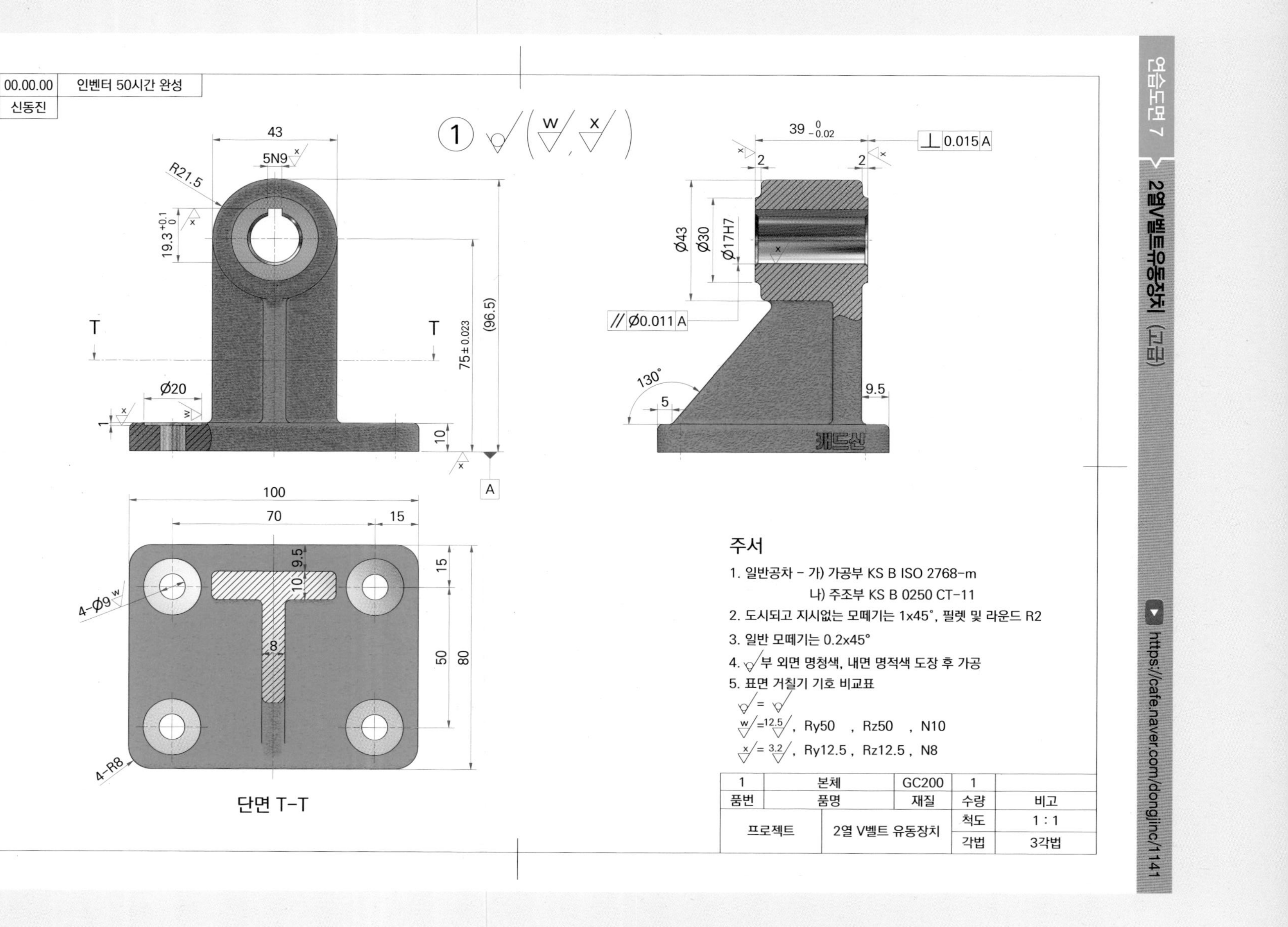
날짜 00.00.00 인벤터 50시간 완성
성명 신동진
단면 T-T
주서
1. 일반공차 - 가) 가공부 KS B ISO 2768-m
나) 주조부 KS B 0250 CT-11
2. 도시되고 지시없는 모떼기는 1x45°, 필렛 및 라운드 R2
3. 일반 모떼기는 0.2x45°
4. 부 외면 명청색, 내면 명적색 도장 후 가공
5. 표면 거칠기 기호 비교표
Ry50 , Rz50 , N10
Ry12.5 , Rz12.5 , N8
1 본체 GC200 1
품번 품명 재질 수량 비고
프로젝트 2열 V벨트 유동장치 척도 1 : 1
각법 3각법

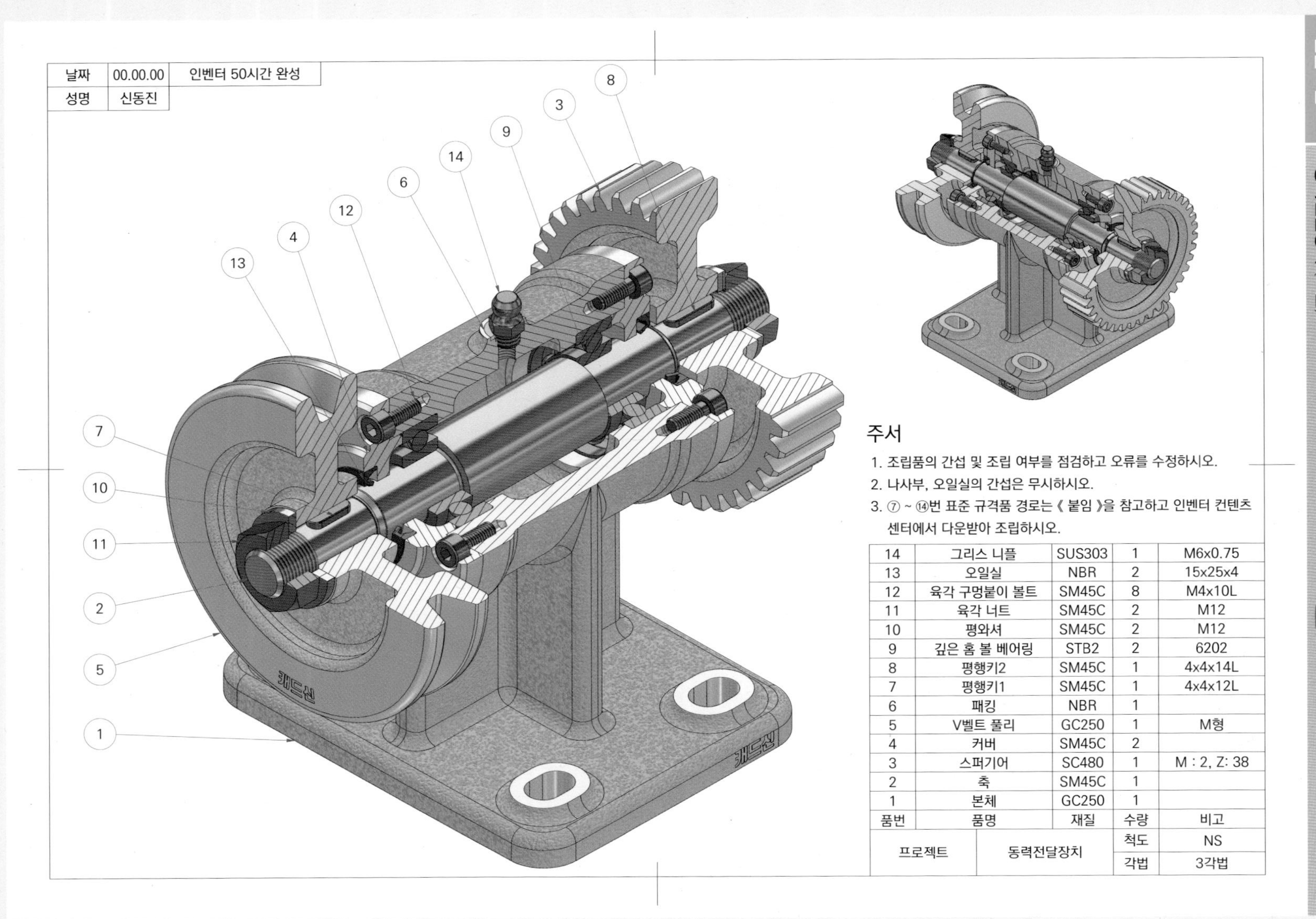

14	그리스 니플	SUS303	1	M6x0.75
13	오일실	NBR	2	15x25x4
12	육각 구멍붙이 볼트	SM45C	8	M4x10L
11	육각 너트	SM45C	2	M12
10	평와셔	SM45C	2	M12
9	깊은 홈 볼 베어링	STB2	2	6202
8	평행키2	SM45C	1	4x4x14L
7	평행키1	SM45C	1	4x4x12L
6	패킹	NBR	1	
5	V벨트 풀리	GC250	1	M형
4	커버	SM45C	2	
3	스퍼기어	SC480	1	M : 2, Z: 38
2	축	SM45C	1	
1	본체	GC250	1	
품번	품명	재질	수량	비고
프로젝트	동력전달장치		척도	NS
			각법	3각법

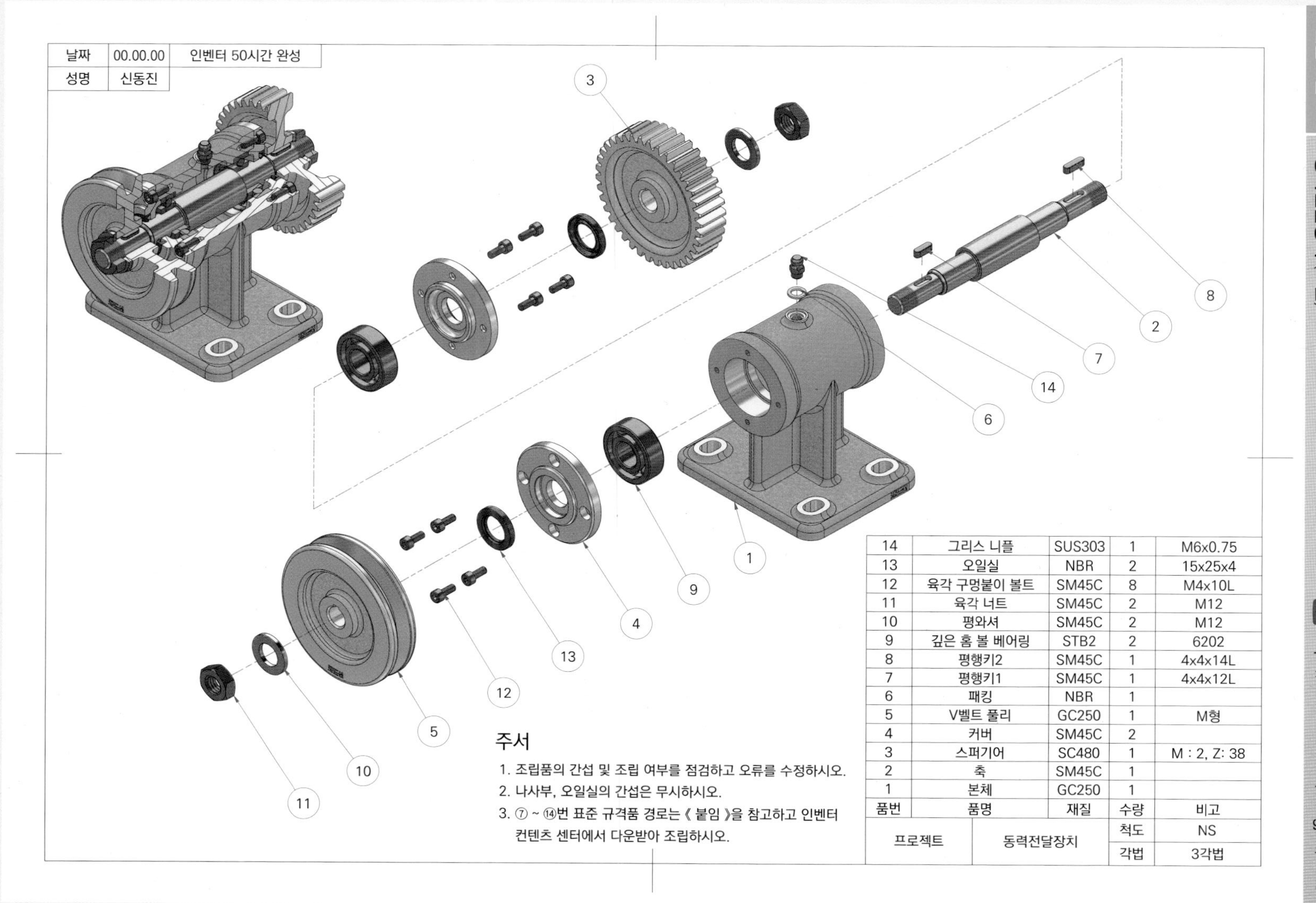

날짜	00.00.00	인벤터 50시간 완성
성명	신동진	

품번	품명	재질	수량	비고
14	그리스 니플	SUS303	1	M6x0.75
13	오일실	NBR	2	15x25x4
12	육각 구멍붙이 볼트	SM45C	8	M4x10L
11	육각 너트	SM45C	2	M12
10	평와셔	SM45C	2	M12
9	깊은 홈 볼 베어링	STB2	2	6202
8	평행키2	SM45C	1	4x4x14L
7	평행키1	SM45C	1	4x4x12L
6	패킹	NBR	1	
5	V벨트 풀리	GC250	1	M형
4	커버	SM45C	2	
3	스퍼기어	SC480	1	M : 2, Z: 38
2	축	SM45C	1	
1	본체	GC250	1	
프로젝트	동력전달장치		척도	NS
			각법	3각법

주서

1. 조립품의 간섭 및 조립 여부를 점검하고 오류를 수정하시오.
2. 나사부, 오일실의 간섭은 무시하시오.
3. ⑦ ~ ⑭번 표준 규격품 경로는 《 붙임 》을 참고하고 인벤터 컨텐츠 센터에서 다운받아 조립하시오.

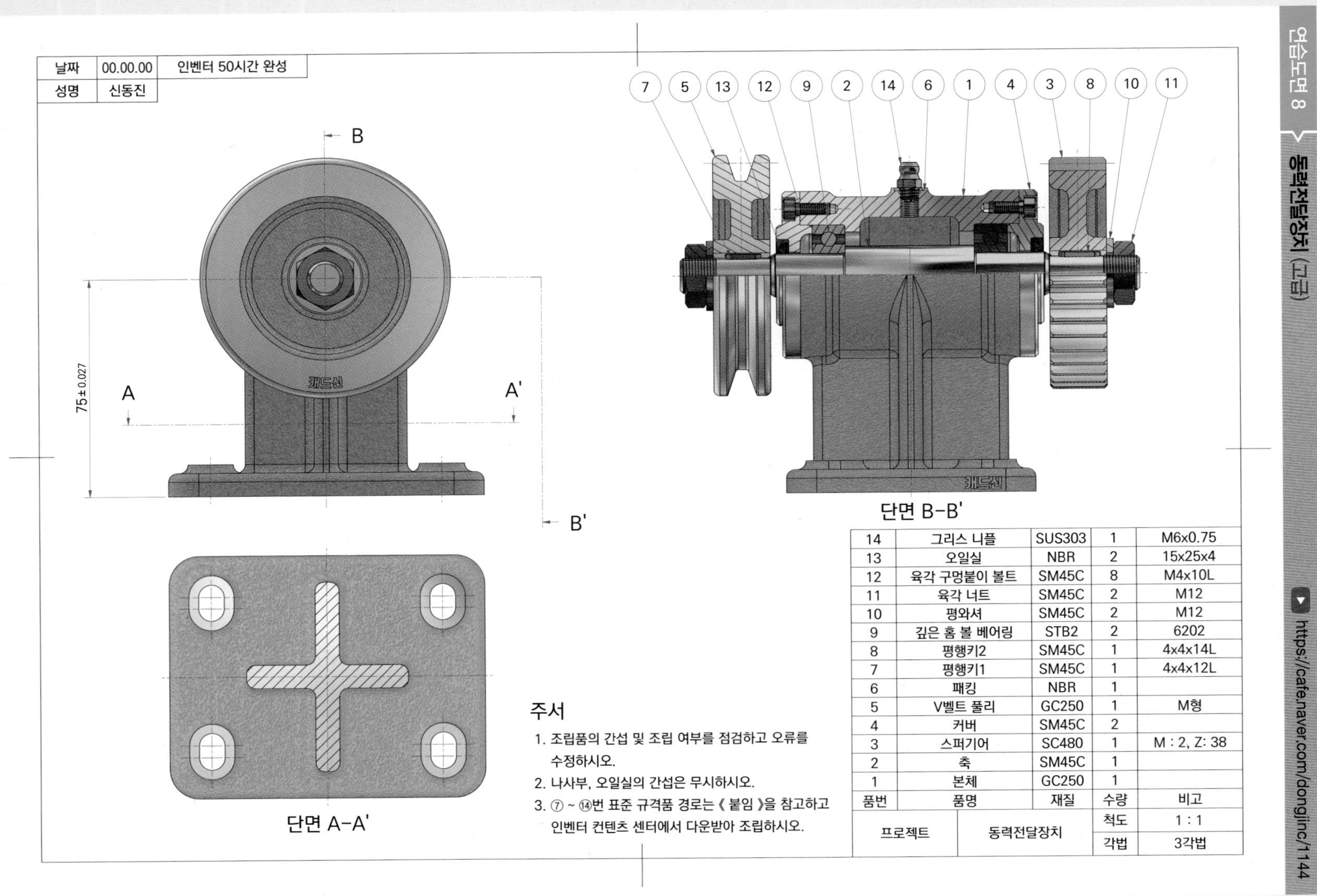

주서

1. 조립품의 간섭 및 조립 여부를 점검하고 오류를 수정하시오.
2. 나사부, 오일실의 간섭은 무시하시오.
3. ⑦ ~ ⑭번 표준 규격품 경로는《 붙임 》을 참고하고 인벤터 컨텐츠 센터에서 다운받아 조립하시오.

품번	품명	재질	수량	비고
14	그리스 니플	SUS303	1	M6x0.75
13	오일실	NBR	2	15x25x4
12	육각 구멍붙이 볼트	SM45C	8	M4x10L
11	육각 너트	SM45C	2	M12
10	평와셔	SM45C	2	M12
9	깊은 홈 볼 베어링	STB2	2	6202
8	평행키2	SM45C	1	4x4x14L
7	평행키1	SM45C	1	4x4x12L
6	패킹	NBR	1	
5	V벨트 풀리	GC250	1	M형
4	커버	SM45C	2	
3	스퍼기어	SC480	1	M : 2, Z: 38
2	축	SM45C	1	
1	본체	GC250	1	
프로젝트	동력전달장치		척도	1 : 1
			각법	3각법

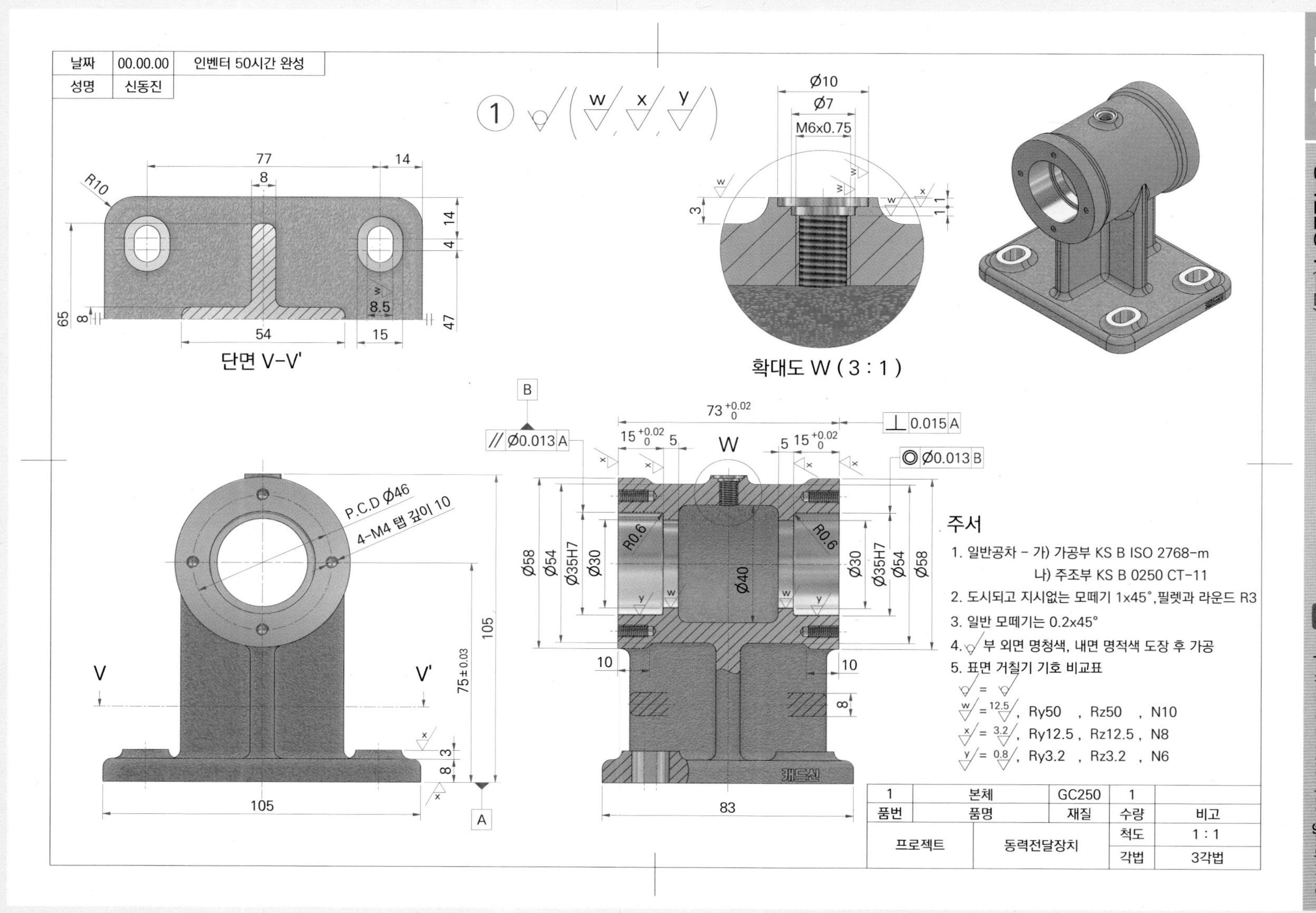
날짜 00.00.00 인벤터 50시간 완성
성명 신동진
단면 V-V'
확대도 W (3 : 1)
P.C.D Ø46
4-M4 탭 깊이 10
주서
1. 일반공차 - 가) 가공부 KS B ISO 2768-m
나) 주조부 KS B 0250 CT-11
2. 도시되고 지시없는 모떼기 1x45°,필렛과 라운드 R3
3. 일반 모떼기는 0.2x45°
4. 부 외면 명청색, 내면 명적색 도장 후 가공
5. 표면 거칠기 기호 비교표
Ry50 , Rz50 , N10
Ry12.5 , Rz12.5 , N8
Ry3.2 , Rz3.2 , N6
1 본체 GC250 1
품번 품명 재질 수량 비고
프로젝트 동력전달장치 척도 1 : 1
각법 3각법

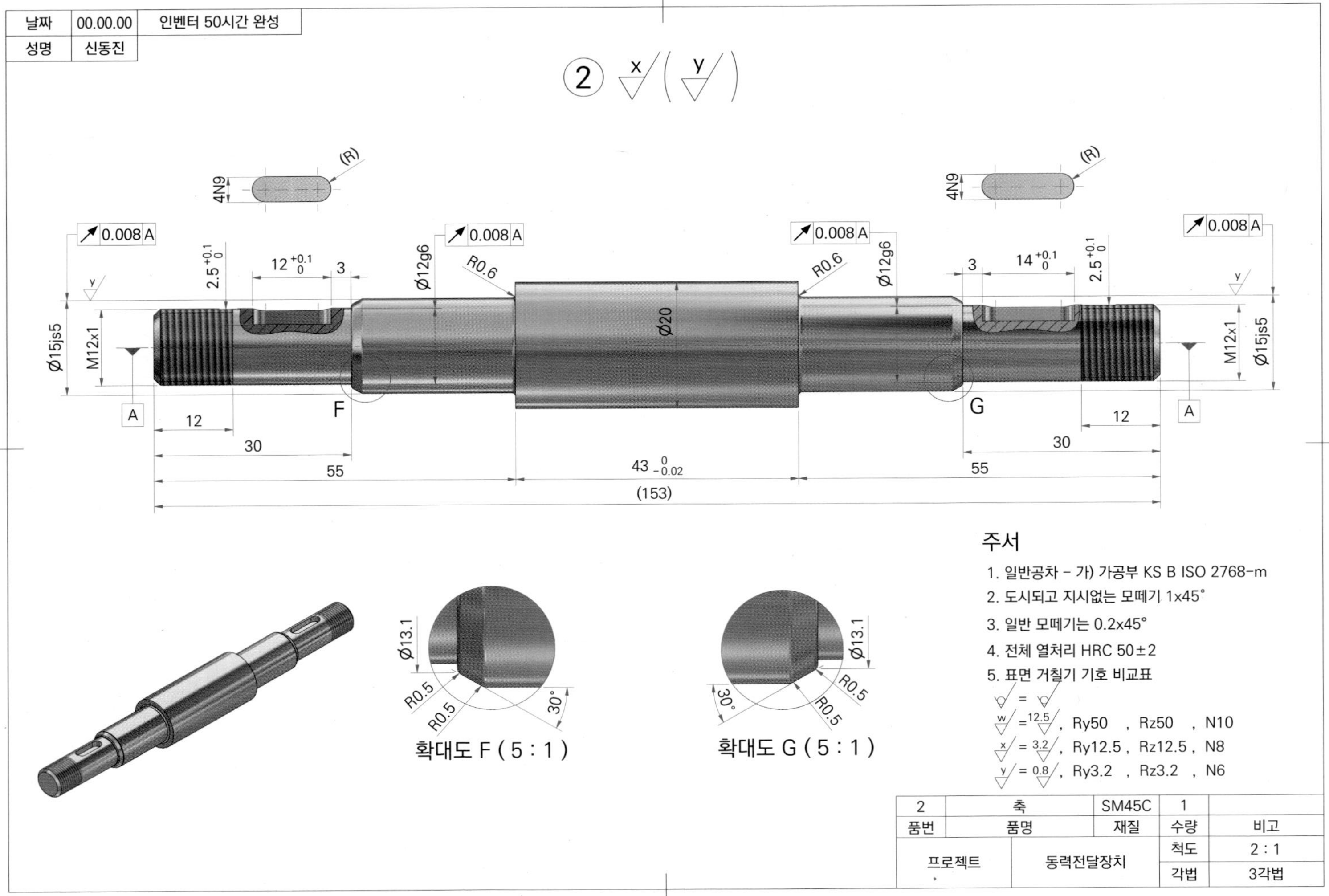
날짜 00.00.00 인벤터 50시간 완성
성명 신동진
② x/ (y/)
4N9
(R)
0.008 A
Ø15js5
M12x1
2.5 +0.1 0
12 +0.1 0
14 +0.1 0
3
Ø12g6
R0.6
Ø20
F
G
A
12
30
55
43 0 -0.02
(153)
Ø13.1
R0.5
30°
확대도 F (5 : 1)
확대도 G (5 : 1)
주서
1. 일반공차 - 가) 가공부 KS B ISO 2768-m
2. 도시되고 지시없는 모떼기 1x45°
3. 일반 모떼기는 0.2x45°
4. 전체 열처리 HRC 50±2
5. 표면 거칠기 기호 비교표
w/ = 12.5/ , Ry50 , Rz50 , N10
x/ = 3.2/ , Ry12.5 , Rz12.5 , N8
y/ = 0.8/ , Ry3.2 , Rz3.2 , N6
2 축 SM45C 1
품번 품명 재질 수량 비고
프로젝트 동력전달장치 척도 2 : 1
각법 3각법

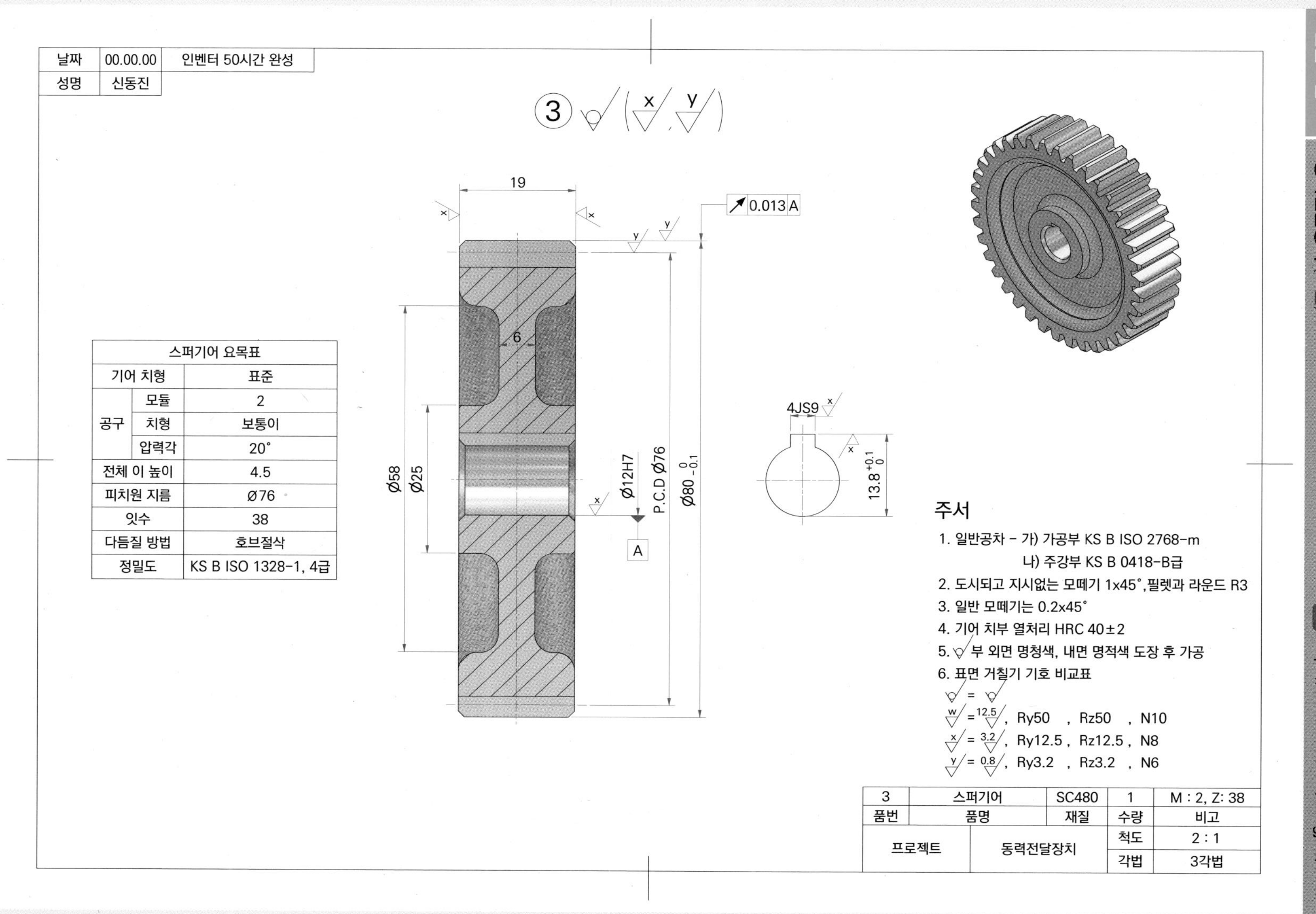

날짜 00.00.00 인벤터 50시간 완성
성명 신동진
3
19
0.013 A
6
Ø58
Ø25
Ø12H7
P.C.D Ø76
Ø80 0 -0.1
A
4JS9
13.8 +0.1 0
스퍼기어 요목표
기어 치형 표준
공구 모듈 2
치형 보통이
압력각 20°
전체 이 높이 4.5
피치원 지름 Ø76
잇수 38
다듬질 방법 호브절삭
정밀도 KS B ISO 1328-1, 4급
주서
1. 일반공차 - 가) 가공부 KS B ISO 2768-m
나) 주강부 KS B 0418-B급
2. 도시되고 지시없는 모떼기 1x45°,필렛과 라운드 R3
3. 일반 모떼기는 0.2x45°
4. 기어 치부 열처리 HRC 40±2
5. 부 외면 명청색, 내면 명적색 도장 후 가공
6. 표면 거칠기 기호 비교표
w = 12.5, Ry50 , Rz50 , N10
x = 3.2, Ry12.5 , Rz12.5 , N8
y = 0.8, Ry3.2 , Rz3.2 , N6
3 스퍼기어 SC480 1 M : 2, Z: 38
품번 품명 재질 수량 비고
프로젝트 동력전달장치 척도 2 : 1
각법 3각법

날짜	00.00.00	인벤터 50시간 완성
성명	신동진	

④ w (x, y)

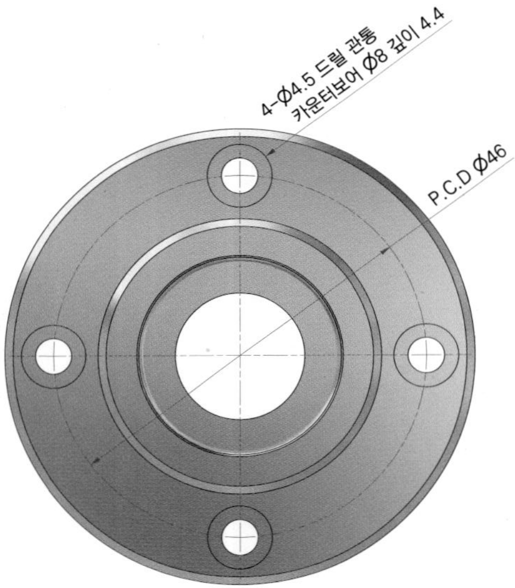
4-Ø4.5 드릴 관통
카운터보어 Ø8 깊이 4.4
P.C.D Ø46

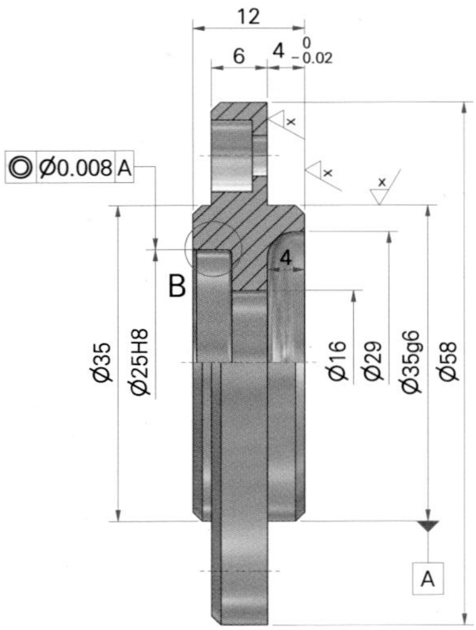
12
6
4 0 -0.02
Ø0.008 A
B
4
Ø35
Ø25H8
Ø16
Ø29
Ø35g6
Ø58
A

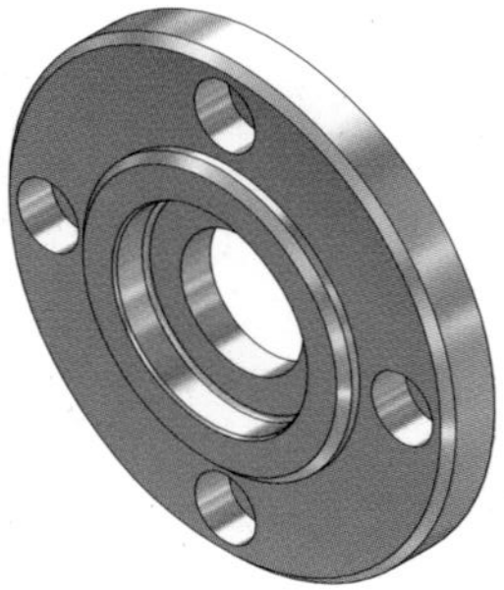

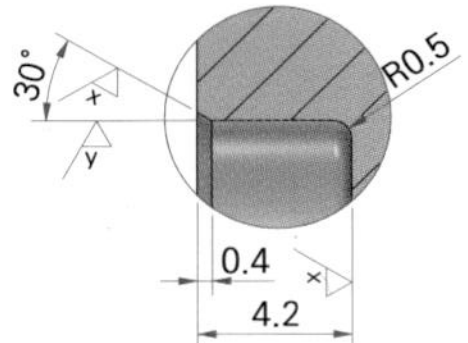
30°
R0.5
0.4
4.2

확대도 B (5 : 1)

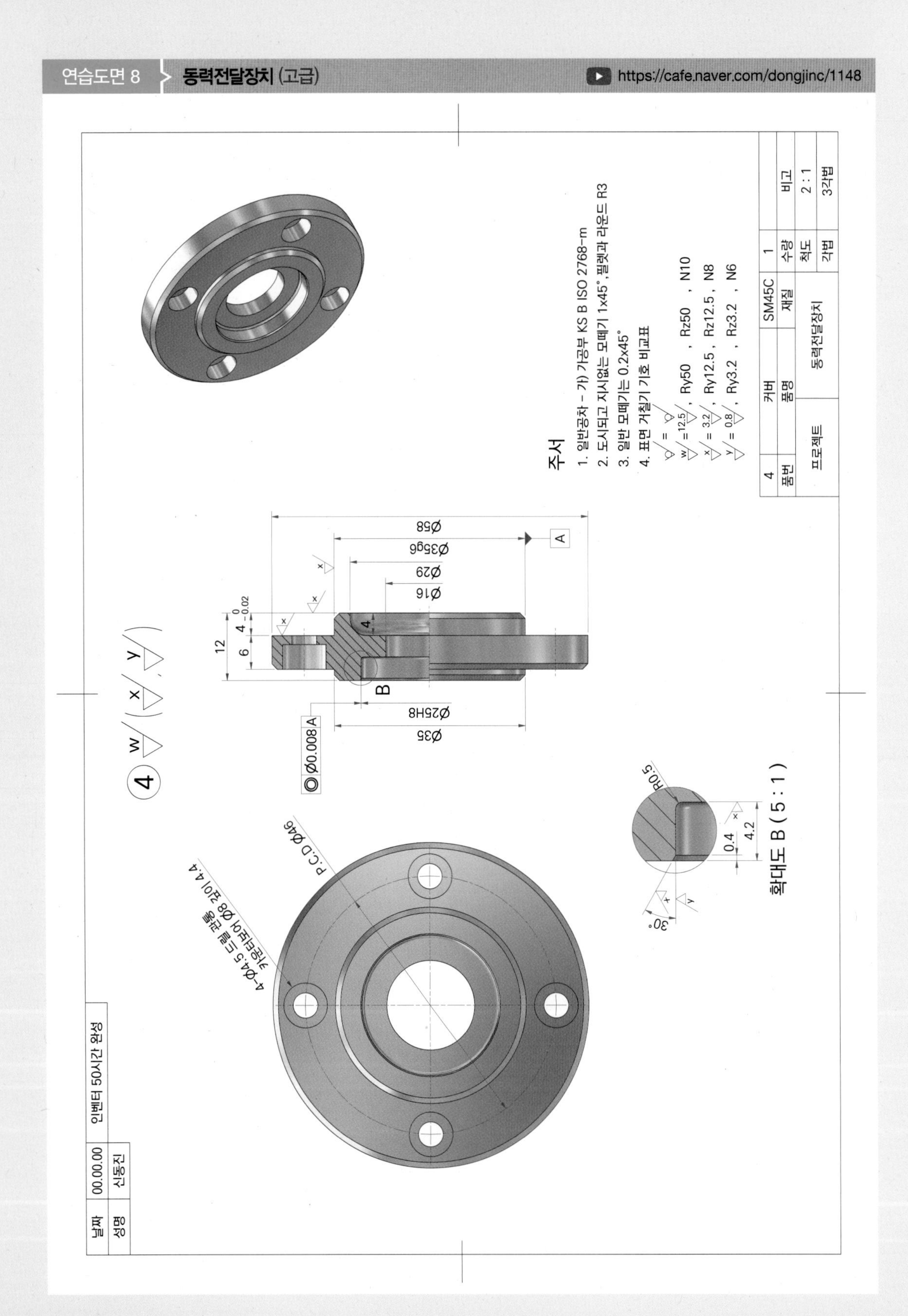

주서

1. 일반공차 - 가) 가공부 KS B ISO 2768-m
2. 도시되고 지시없는 모떼기 1x45°,필렛과 라운드 R3
3. 일반 모떼기는 0.2x45°
4. 표면 거칠기 기호 비교표

∀ = ∀

w = 12.5, Ry50 , Rz50 , N10

x = 3.2, Ry12.5 , Rz12.5 , N8

y = 0.8, Ry3.2 , Rz3.2 , N6

4	커버	SM45C	1	
품번	품명	재질	수량	비고
프로젝트	동력전달장치		척도	2 : 1
			각법	3각법

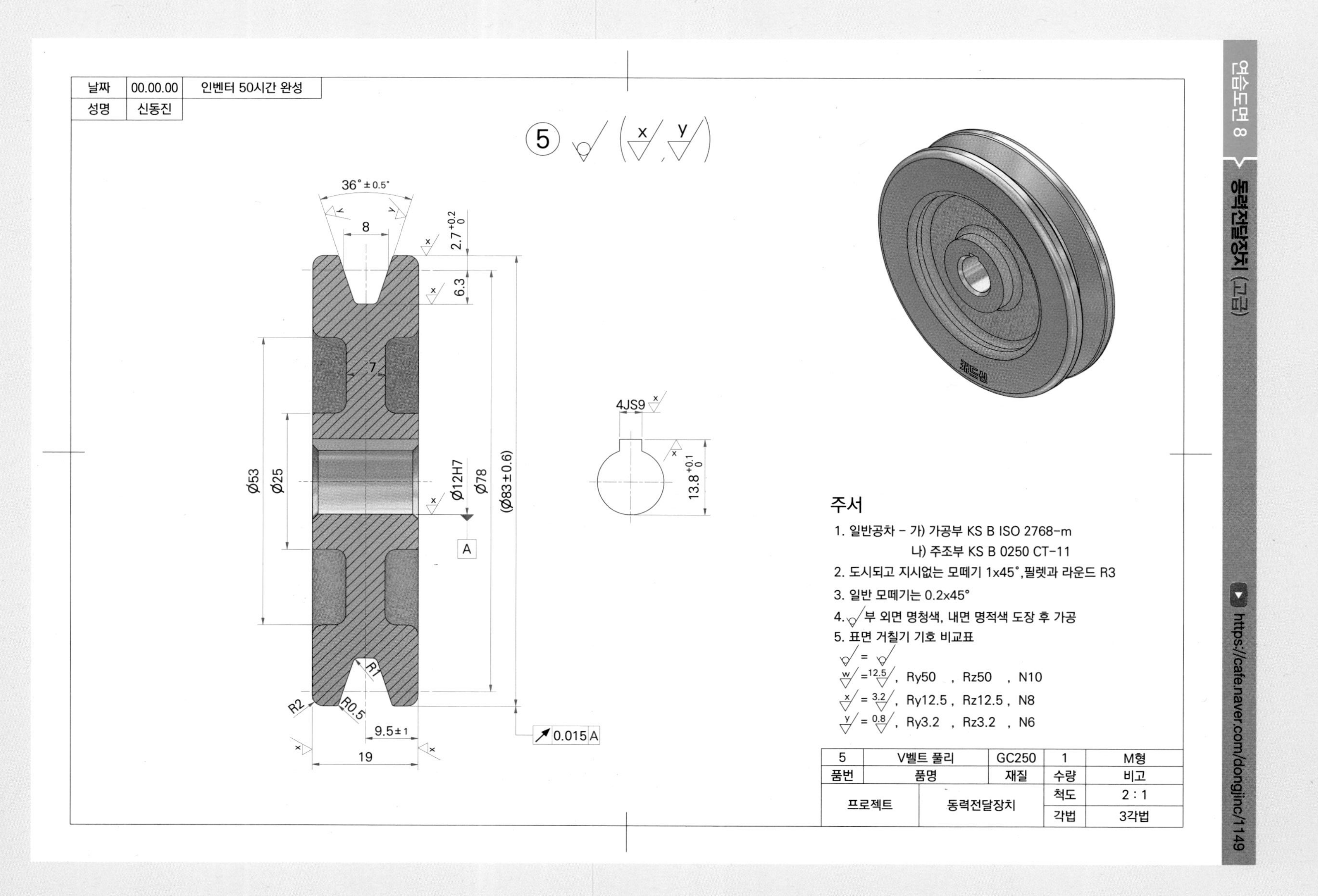
날짜 | 00.00.00 | 인벤터 50시간 완성
성명 | 신동진
5
36° ±0.5°
8
2.7 +0.2 0
6.3
7
Ø53
Ø25
Ø12H7
Ø78
(Ø83±0.6)
A
R1
R2
R0.5
9.5±1
19
0.015 A
4JS9
13.8 +0.1 0
주서
1. 일반공차 - 가) 가공부 KS B ISO 2768-m
나) 주조부 KS B 0250 CT-11
2. 도시되고 지시없는 모떼기 1x45°, 필렛과 라운드 R3
3. 일반 모떼기는 0.2x45°
4. 부 외면 명청색, 내면 명적색 도장 후 가공
5. 표면 거칠기 기호 비교표
w = 12.5, Ry50, Rz50, N10
x = 3.2, Ry12.5, Rz12.5, N8
y = 0.8, Ry3.2, Rz3.2, N6
5 | V벨트 풀리 | GC250 | 1 | M형
품번 | 품명 | 재질 | 수량 | 비고
프로젝트 | 동력전달장치 | 척도 | 2 : 1
각법 | 3각법